Springer-Lehrbuch

Chemie-Basiswissen
- Kompakt, übersichtlich, lernfreundlich für ein erfolgreiches Studium
- Geeignet für Bachelor- und Masterstudiengänge

Allgemeine Chemie
Chemie-Basiswissen I
Latscha, Hans Peter, Klein, Helmut Alfons, Mutz, Martin
10., vollst. überarb. Aufl., 2011, 306 S., 139 Abb., Geb.
ISBN: 978-3-642-17522-0

Organische Chemie
Chemie-Basiswissen II
Latscha, Hans Peter, Kazmaier, Uli, Klein, Helmut Alfons
6., vollst. überarb. Aufl., 2008, XXVI, 620 S., 91 Abb., Geb.
ISBN: 978-3-540-77106-7

Analytische Chemie
Chemie-Basiswissen III
Latscha, Hans Peter, Linti, Gerald W., Klein, Helmut Alfons
4., vollst. überarb. Aufl., 2004, XV, 513 S., 177 Abb., 100 in Farbe, Geb.
ISBN: 978-3-540-40291-6

Chemie der Elemente
Chemie-Basiswissen IV
Latscha, Hans Peter, Mutz, Martin
1. Aufl., 2011, XIII, 284 S., 83 Abb., Geb.
ISBN: 978-3-642-16914-4

Hans Peter Latscha · Martin Mutz

Chemie der Elemente

Chemie-Basiswissen IV

Prof. Dr. Hans Peter Latscha
Ladenburger Str. 80
69120 Heidelberg
Deutschland

Dr. Martin Mutz
Braustr. 44
68309 Mannheim
Deutschland
Mutz.Martin@gmx.net

ISSN 0937-7433
ISBN 978-3-642-16914-4   e-ISBN 978-3-642-16915-1
DOI 10.1007/978-3-642-16915-1
Springer Heidelberg Dordrecht London New York

Die Deutsche Nationalbibliothek verzeichnet diese Publikation in der Deutschen Nationalbibliografie; detaillierte bibliografische Daten sind im Internet über http://dnb.d-nb.de abrufbar.

© Springer-Verlag Berlin Heidelberg 2011
Dieses Werk ist urheberrechtlich geschützt. Die dadurch begründeten Rechte, insbesondere die der Übersetzung, des Nachdrucks, des Vortrags, der Entnahme von Abbildungen und Tabellen, der Funksendung, der Mikroverfilmung oder der Vervielfältigung auf anderen Wegen und der Speicherung in Datenverarbeitungsanlagen, bleiben, auch bei nur auszugsweiser Verwertung, vorbehalten. Eine Vervielfältigung dieses Werkes oder von Teilen dieses Werkes ist auch im Einzelfall nur in den Grenzen der gesetzlichen Bestimmungen des Urheberrechtsgesetzes der Bundesrepublik Deutschland vom 9. September 1965 in der jeweils geltenden Fassung zulässig. Sie ist grundsätzlich vergütungspflichtig. Zuwiderhandlungen unterliegen den Strafbestimmungen des Urheberrechtsgesetzes.
Die Wiedergabe von Gebrauchsnamen, Handelsnamen, Warenbezeichnungen usw. in diesem Werk berechtigt auch ohne besondere Kennzeichnung nicht zu der Annahme, dass solche Namen im Sinne der Warenzeichen- und Markenschutz-Gesetzgebung als frei zu betrachten wären und daher von jedermann benutzt werden dürften.

Einbandentwurf: WMXDesign GmbH, Heidelberg

Gedruckt auf säurefreiem Papier

Springer ist Teil der Fachverlagsgruppe Springer Science+Business Media (www.springer.com)

Vorwort

Aufgrund der Einführung eines einheitlichen europäischen Hochschulwesens bis zum Jahr 2010 („Bologna-Prozess") kam es zur Umstrukturierung der Lehrpläne weg vom Vordiplom/Diplomstudiengang hin zum Bachelor (B.Sc.)/Masterstudiengang (M.Sc.). Es macht deshalb Sinn, unser erfolgreiches Konzept des Basiswissens zu erweitern und den Stoff neu aufzuteilen. Das bisherige „Basiswissen I – Anorganische Chemie" wird zum „Basiswissen I – Allgemeine Chemie" und „Basiswissen IV – Chemie der Elemente".

Dieser Band befasst sich mit der anorganischen Chemie (Stoffchemie), mit den Elementen und wichtigen Verbindungen. Wir sind davon überzeugt, dass vertiefte Kenntnisse in der „Stoffchemie" eine gute Grundlage für das Verständnis der Chemie insgesamt bilden.

„Basiswissen IV – Chemie der Elemente" soll vor allem eine Hilfe bei der Erarbeitung chemischer Grundkenntnisse sein für:

Chemiestudenten an Universitäten und Fachhochschulen,
Studenten der Ingenieurwissenschaften,
Lehramtskandidaten,
Geowissenschaftler und
Physiker.

In Aufbau, Stoffauswahl und Umfang haben wir versucht, den Wünschen dieser Zielgruppen weitgehend gerecht zu werden.

Die gute Aufnahme, die unsere Bücher beim Leser finden, haben uns ermutigt, auch für diesen Band das bewährte Basiswissen-Konzept grundsätzlich beizubehalten.

Der Inhalt wurde gegenüber „Basiswissen I – Anorganische Chemie" überarbeitet und korrigiert. Es wurden Ergänzungen und Verbesserungen im Detail vorgenommen. Erstmals wurde die *Geschichte der Elemente* in knapper Form berücksichtigt. Es soll damit beispielhaft gezeigt werden, dass unsere chemischen Kenntnisse nicht „vom Himmel gefallen" sind.

Heidelberg, im Januar 2011   H. P. LATSCHA
M. MUTZ

Inhaltsverzeichnis

Einführung 1
1 Chemische Elemente 1
   1.1 Verbreitung der Elemente 2
2 Aufbau der Atome 2
   2.1 Atomkern 3
      2.1.1 Kernregeln 5
      2.1.2 Atommasse 5
      2.1.3 Massendefekt 6
      2.1.4 Isotopieeffekte 6
      2.1.5 Trennung von Isotopen 7
      2.1.6 Radioaktive Strahlung 7
      2.1.7 Radioaktive Zerfallsreihen 8
   2.2 Elektronenhülle 8
   2.3 Atommodell von *Niels Bohr* (1913) 9
      2.3.1 *Bohr*sches Modell vom Wasserstoffatom 9
      2.3.2 Atomspektren (Absorptions- und Emissionsspektroskopie) 11
      2.3.3 Verbesserungen des Bohrschen Modells 12
      2.3.4 Elektronenspin 13
   2.4 *Pauli*-Prinzip, *Pauli*-Verbot 14
   2.5 *Hund*sche Regel 14

3 Periodensystem der Elemente 16
   3.1 Einteilung der Elemente
      auf Grund ähnlicher Elektronenkonfiguration 22
      3.1.1 Edelgase 22
      3.1.2 Hauptgruppenelemente
            ("repräsentative" Elemente, s- und p-Block-Elemente) 22
      3.1.3 Übergangselemente bzw. Nebengruppenelemente 24
   3.2 Valenzelektronenzahl und Oxidationsstufen 25
   3.3 Periodizität einiger Eigenschaften 25
      3.3.1 Atom- und Ionenradien 26
      3.3.2 Elektronenaffinität (EA) 26
      3.3.3 Ionisierungspotential / Ionisierungsenergie 27
      3.3.4 Elektronegativität 28
      3.3.5 Metallischer und nichtmetallischer Charakter der Elemente 29

Hauptgruppenelemente 31
   Wasserstoff (H) 31
      Stellung von Wasserstoff im Periodensystem der Elemente (PSE) 31
      Reaktionen und Verwendung von Wasserstoff 34
      Wasserstoff-Verbindungen 34
   I. Hauptgruppe – Alkalimetalle (Li, Na, K, Rb, Cs, Fr) 37
      Lithium (Li) 39
         Lithium-Verbindungen 41
      Natrium (Na) 42
         Natrium-Verbindungen 43
      Kalium (K) 46
         Kalium-Verbindungen 47
      Rubidium (Rb) und Cäsium (Cs) 48
      Francium (Fr) 49
   II. Hauptgruppe – Erdalkalimetalle (Be, Mg, Ca, Sr, Ba, Ra) 51
      Beryllium (Be) 53
         Beryllium-Verbindungen 53
      Magnesium (Mg) 54
         Magnesium-Verbindungen 55
      Calcium (Ca) 57
         Calcium-Verbindungen 57
         Mörtel 60
      Strontium (Sr) 61
      Barium (Ba) 61
         Barium-Verbindungen 62
      Radium (Ra) 62
   III. Hauptgruppe – Borgruppe (B, Al, Ga, In, Tl) 65
      Bor (B) 67
         Bor-Verbindungen 67
            Borwasserstoffe, Borane 67
            Carborane 69
            Borhalogenide 70
            Borsauerstoff-Verbindungen 71
            Borstickstoff-Verbindungen 73
      Aluminium (Al) 74
         Aluminium-Verbindungen 76
      Gallium (Ga), Indium (In) und Thallium (Tl) 78
   IV. Hauptgruppe – Kohlenstoffgruppe (C, Si, Ge, Sn, Pb) 79
      Kohlenstoff (C) 79
         Graphit-Verbindungen 83
         Kohlenstoff-Verbindungen 85
            Isosterie 87
            Boudouard-Gleichgewicht 88

    Carbide 89
Silicium (Si) 89
    Silicium-Verbindungen 90
    Kieselsäuren 92
Germanium (Ge) 96
Zinn (Sn) 97
    Zinn-Verbindungen 98
        Zinn(II)–Verbindungen 98
        Zinn(IV)-Verbindungen 99
Blei (Pb) 99
    Blei-Verbindungen 100
        Blei(II)-Verbindungen 100
        Blei(IV)-Verbindungen 101
        Inert-pair-Effekt 102

V. Hauptgruppe – Stickstoffgruppe (N, P, As, Sb, Bi) 103
    Stickstoff (N) 103
        Stickstoff-Verbindungen 106
        Stickstoff-Halogen-Verbindungen 116
    Phosphor (P) 116
        Phosphor-Verbindungen 118
            Phosphor-Sauerstoff-Verbindungen 119
            Phosphorsäuren 119
            Phosphor-Halogen-Verbindungen 123
            Pseudorotation (Berry-Mechanismus) 123
            Phosphor-Stickstoff-Verbindungen 124
    Arsen (As) 125
        Arsen-Verbindungen 127
            Arsen-Sauerstoff-Verbindungen 127
            Arsen-Halogen-Verbindungen 127
            Arsen-Schwefel-Verbindungen 128
    Antimon (Sb) 128
        Antimon-Verbindungen 129
    Bismut (Bi) (früher Wismut) 130
        Bismut-Verbindungen 131
        Ausnahmen von der Doppelbindungsregel 132

VI. Hauptgruppe – Chalkogene (O, S, Se, Te, Po) 133
    Sauerstoff (O) 133
        Sauerstoff-Verbindungen 137
        Oxide 140
    Schwefel (S) 141
        Schwefel-Verbindungen 143
            Schwefel-Halogen-Verbindungen 143
            Schwefelchloride und Schwefelbromide 144
            Schwefeloxidhalogenide SOX_2 (X = F, Cl, Br) 145

Schwefeloxide und Schwefelsäuren 146
Schwefel-Stickstoff-Verbindungen 151
Selen (Se) 152
Selen-Verbindungen 153
Tellur (Te) 153
Tellur-Verbindungen 154
Polonium (Po) 154

VII. Hauptgruppe – Halogene (F, Cl, Br, I, At) 157
Fluor 159
Fluor-Verbindungen 160
Fluor-Sauerstoff-Verbindungen 161
Chlor (Cl) 162
Chlor-Verbindungen 162
Sauerstoffsäuren von Chlor 164
Oxide des Chlors 166
Brom (Br) 167
Brom-Verbindungen 168
Iod (I) 169
Iod-Verbindungen 171
Iodoxide 172
Astat (At) 172
Bindungsenthalpie und Acidität 173
Salzcharakter der Halogenide 173
Photographischer Prozess (Schwarz-Weiß-Photographie) 173
Interhalogenverbindungen 174
Pseudohalogene — Pseudohalogenide 175

VIII. Hauptgruppe – Edelgase (He, Ne, Ar, Kr, Xe, Rn) 179
Edelgas-Verbindungen 181
Edelgas-Halogenide 181
Xenon-Oxide 182
„Physikalische Verbindungen" 183
Beschreibung der Bindung in Edelgasverbindungen 183

Allgemeine Verfahren zur Reindarstellung von Metallen (Übersicht) 185
I. Reduktion der *Oxide* zu den Metallen 185
II. *Elektrolytische* Verfahren 186
III. Spezielle Verfahren 186

Nebengruppenelemente 187
Oxidationszahlen 191
Qualitativer Vergleich der Standardpotenziale
von einigen Metallen in verschiedenen Oxidationsstufen 191
Qualitativer Vergleich der Atom- und Ionenradien der
Nebengruppenelemente 192
Atomradien 192

Lanthanoiden-Kontraktion ... 193
Ionenradien ... 193

I. Nebengruppe – Kupfer-Gruppe (Cu, Ag, Au) ... 195
Übersicht ... 195
Kupfer (Cu) ... 196
 Kupfer-Verbindungen ... 197
Silber (Ag) ... 199
 Silber-Verbindungen ... 200
Gold (Au) ... 201

II. Nebengruppe – Zink-Gruppe (Zn, Cd, Hg) ... 203
Übersicht ... 203
Zink (Zn) ... 204
 Zink-Verbindungen ... 204
Cadmium (Cd) ... 205
 Cadmium-Verbindungen ... 206
Quecksilber (Hg) ... 207
 Quecksilber-Verbindungen ... 207

III. Nebengruppe – Scandiumgruppe (Sc, Y, La, Ac) ... 209
Übersicht ... 209
Scandium (Sc) ... 209
Yttrium (Y) ... 210
Lanthan (La) ... 210
Actinium (Ac) ... 211

IV. Nebengruppe – Titan-Gruppe (Ti, Zr, Hf) ... 213
Übersicht ... 213
Titan (Ti) ... 213
 Titan-Verbindungen ... 214
Zirconium (Zr) und Hafnium (Hf) ... 216

V. Nebengruppe – Vanadium-Gruppe (V, Nb, Ta) ... 219
Übersicht ... 219
Vanadium (V) (früher Vanadin) ... 219
 Vanadium-Verbindungen ... 220
Niob (Nb) und Tantal (Ta) ... 223
 Niob- und Tantal-Verbindungen ... 224

VI. Nebengruppe – Chrom-Gruppe (Cr, Mo, W) ... 225
Übersicht ... 225
Chrom (Cr) ... 225
 Chrom-Verbindungen ... 226
Molybdän (Mo) ... 229
 Molybdän-Verbindungen ... 230
Wolfram (W) ... 231
 Transportreaktionen ... 232

Wolfram-Verbindungen 232
    Wolframate, Polysäuren 232

VII. Nebengruppe – Mangan-Gruppe (Mn, Tc, Re) 235
    Übersicht 235
    Mangan (Mn) 235
        Mangan-Verbindungen 236
    Technetium (Tc) 238
        Technetium-Verbindungen 238
    Rhenium (Re) 238
        Rhenium-Verbindungen 239
        Rhenium-Halogenide 239

VIII. Nebengruppe – Eisen-Platin-Gruppe
(Fe, Co, Ni – Ru, Rh, Pd – Os, Ir, Pt) 241
    Eisenmetalle (Fe, Co, Ni) 242
    Eisen (Fe) 242
        Eisen-Verbindungen 245
            Eisen(II)-Verbindungen 245
            Eisen(III)–Verbindungen 246
    Cobalt (Co) und Nickel (Ni) 249
        Cobalt-Verbindungen 249
        Nickel-Verbindungen 251
    Platinmetalle (Ru, Rh, Pd – Os, Ir, Pt) 252
        Verbindungen der Platinmetalle 253
        Ruthenium und Osmium 253
        Rhodium und Iridium 253
        Palladium und Platin 253

Lanthanoide, Ln 255
    Übersicht 255
    Lanthanoiden-Verbindungen 256

Actinoide, An 257
    Übersicht 257
    Actinoiden-Verbindungen 258

Anhang 259
    Edelsteine 259
    Düngemittel 260
        Handelsdünger aus *natürlichen* Vorkommen 260
        Kunstdünger 261
        Mineraldünger 261
        Stickstoffdünger 261
        Phosphatdünger 262
        Kaliumdünger 262
        Mehrstoffdünger 263

Literaturauswahl und Quellennachweis 265
   1. Große Lehrbücher 265
   2. Kleine Lehrbücher 265
   3. Darstellungen der allgemeinen Chemie 266
   4. Monographien über Teilgebiete 266
   5. Nachschlagewerke und Übersichtsartikel 267

Abbildungsnachweis 269

Sachverzeichnis 271

Einführung

1 Chemische Elemente

Robert Boyle definierte 1661 ein chemisches Element als einen Reinstoff, der mit chemischen Methoden nicht weiter zerlegt werden kann und verwendete somit den Begriff ganz anders als die bis dahin gängige Unterteilung in die vier Elemente (Feuer, Wasser, Erde und Luft).

Die aktuelle Bedeutung des Begriffs Element nimmt für die Stoffe eine Einteilung nach ihren Bestandteilen, den Atomen vor. Er geht auf *John Dalton* und seine Atomhypothese zurück. Seine praktische Bedeutung liegt darin, dass er Atome mit gleichem chemischen Verhalten bei chemischen Reaktionen zusammenfasst. Das sind Atome mit gleicher Protonenzahl.

Die Elemente ordnet man nach ihrer Kernladungszahl (Ordnungszahl) und der Elektronenkonfiguration ihrer Atome im Periodensystem der Elemente (PSE) in Gruppen und Perioden an (s. S. 17).

Viele Grundeigenschaften chemischer Elemente lassen sich aus dem Aufbau ihrer Atome ableiten. Das *Bohr*sche Atommodell (s. S. 11) liefern dazu die theoretischen Grundlagen.

Weitere Eigenschaften der Elemente ergeben sich durch die Beachtung der Kernkonfigurationen eines Elementatoms (s. S. 5). Kerne ein und desselben Elements können mit einer unterschiedlichen Anzahl an Neutronen bestückt sein. Diese nach der Anzahl der Neutronen verschiedenen Atome eines Elements heißen Isotope (s. S. 6), abgeleitet von griech: isos topos, was sinngemäß gleicher Platz (im Periodensystem) bedeutet.

Die *Elemente* (s. S. 31) lassen sich unterteilen in *Metalle* (z.B. Eisen, Aluminium), *Nichtmetalle* (z.B. Kohlenstoff, Wasserstoff, Schwefel) und sog. *Halbmetalle* (z.B. Arsen, Antimon), die weder ausgeprägte Metalle noch Nichtmetalle sind.

Zurzeit kennt man etwa 117 chemische Elemente. Davon zählen 20 zu den Nichtmetallen und 7 zu den Halbmetallen, die restlichen sind Metalle. Bei 20 °C sind von 92 natürlich vorkommenden Elementen **11 Elemente** gasförmig (Wasserstoff, Stickstoff, Sauerstoff, Chlor, Fluor und die 6 Edelgase), **2 flüssig** (Quecksilber und Brom) und **79 fest**. Die Elemente werden durch die Anfangsbuchstaben ihrer latinisierten Namen gekennzeichnet. *Beispiele:* Wasserstoff H (Hydrogenium), Sauerstoff (Oxygenium), Gold Au (Aurum). Dieses Buch beschäftigt sich mit den Elementen und seinen Verbindungen.

Tabelle 1. Häufigkeit der Elemente auf der Erde und im menschlichen Körper

Elemente		in Luft, Meeren und zugänglichen Teilen der festen Erdrinde	im menschlichen Körper
		Massenanteil in %	Massenanteil in %
Sauerstoff		49,4	65,0
Silicium		25,8	0,002
	Summe:	75,2	
Aluminium		7,5	0,001
Eisen		4,7	0,01
Calcium		3,4	2,01
Natrium		2,6	0,109
Kalium		2,4	0,265
Magnesium		1,9	0,036
	Summe:	97,7	
Wasserstoff		0,9	10,0
Titan		0,58	–
Chlor		0,19	0,16
Phosphor		0,12	1,16
Kohlenstoff		0,08	18,0
Stickstoff		0,03	3,0
	Summe:	99,6	99,753
alle übrigen Elemente		0,4	0,24
	Summe:	100	100

1.1 Verbreitung der Elemente

Die Elemente sind auf der Erde sehr unterschiedlich verbreitet. Einige findet man häufig, oft jedoch nur in geringer Konzentration. Andere Elemente sind weniger häufig, treten aber in höherer Konzentration auf (Anreicherung in Lagerstätten).

Eine Übersicht über die Häufigkeit der Elemente auf der Erde und im menschlichen Körper zeigt Tabelle 1.

2 Aufbau der Atome

Zu Beginn des 20. Jd.s war aus Experimenten bekannt, dass **Atome** aus mindestens zwei Arten von Teilchen bestehen, aus negativ geladenen **Elektronen** und positiv geladenen **Protonen.** Über ihre Anordnung im Atom informierten Versuche von *Philipp Eduard Anton Lenard* (1903), *Ernest Rutherford* (1911) u.a. Danach befindet sich im Zentrum eines Atoms der **Atomkern.** Er enthält den größten Teil der Masse (99,95–99,98 %) und die gesamte positive Ladung des

Atoms. Den Kern umgibt die **Atomhülle**. Sie besteht aus Elektronen = **Elektronenhülle** und macht das Gesamtvolumen des Atoms aus.

Der **Durchmesser** des Wasserstoff**atoms** beträgt ungefähr 10^{-10} m (= $\mathbf{10^{-8}}$ **cm** = 0,1 nm = 100 pm = 1 Å). Der Durchmesser eines Atom**kerns** liegt bei $\mathbf{10^{-12}}$ **cm**, d.h. er ist um ein Zehntausendstel kleiner. Die Dichte des Atomkerns hat etwa den Wert 10^{14} g/cm³.

2.1 Atomkern

Nach der Entdeckung der Radioaktivität durch *Antoine Henri Becquerel* 1896 fand man, dass aus den Atomen eines Elements (z.B. Radium) Atome anderer Elemente (z.B. Blei und Helium) entstehen können. Aus vielen Beobachtungen bzw. Experimenten erkannte man, dass die Kerne aus *subatomaren* Teilchen aufgebaut sind. Die Physik kennt heute mehr als 100 davon. Tatsächlich bestehen die Kerne aller Atome aus den gleichen für die Chemie wichtigen Kernbausteinen = ***Nucleonen***, den **Protonen** und den **Neutronen** (Tabelle 2). (Diese vereinfachte Darstellung genügt für unsere Zwecke.) Beim kompletten Atom kommen noch die Elektronen, s. Elektronenhülle, hinzu.

Aus den Massen von Elektron und Proton sieht man, dass das Elektron nur den 1/1837 Teil der Masse des Protons besitzt. (Über die Bedeutung von u s. S. 7.)

Die Ladung eines Elektrons wird auch „elektrische Elementarladung" (e_0) genannt. Sie beträgt: e_0 = 1,6022 · 10^{-19} A · s (1 A · s = 1 C). Alle elektrischen Ladungsmengen sind ein ganzzahliges Vielfaches von e_0.

Die Atome verschiedener Elemente unterscheiden sich durch die Anzahl der subatomaren Teilchen.

Jedes chemische Element ist durch die Anzahl der Protonen im Kern seiner Atome charakterisiert.

Die Protonenzahl heißt auch ***Kernladungszahl***. Diese Zahl ist gleich der **Ordnungszahl**, nach der die Elemente im Periodensystem (s. S. 25) angeordnet sind. Die Anzahl der Protonen nimmt von Element zu Element jeweils um 1 zu. Ein chemisches Element besteht also aus Atomen gleicher Kernladung.

Tabelle 2. Wichtige Elementarteilchen (subatomare Teilchen)

	Symbol	Ladung	Relative Masse	Ruhemasse	
Elektron	e	–1 (–e)	10^{-4}	0,0005 u;	m_e = 9,110·10^{-31} kg
Proton	p	+1 (+e)	1	1,0072 u;	m_p = 1,673·10^{-27} kg
Neutron	n	0	1	1,0086 u;	m_n = 1,675·10^{-27} kg
		(elektrisch neutral)		(Die Massen sind in der 3. Stelle nach dem Komma aufgerundet)	

Da ein Atom elektrisch neutral ist, ist die Anzahl seiner Protonen gleich der Anzahl seiner Elektronen.

Es wurde bereits erwähnt, dass der Atomkern praktisch die gesamte Atommasse in sich vereinigt und nur aus Protonen und Neutronen besteht. **Die Summe aus der Zahl der Protonen und Neutronen wird** *Nucleonenzahl* **oder** *Massenzahl* **genannt**. Sie ist stets ganzzahlig und bezieht sich auf ein bestimmtes Nuclid (Atomart).

$$\text{Nucleonenzahl} = \text{Protonenzahl} + \text{Neutronenzahl}$$

Mit wachsender Kernladungszahl nimmt die Neutronenzahl überproportional zu. Der Neutronenüberschuss ist für die Stabilität der Kerne notwendig.

Die Massenzahl entspricht in den meisten Fällen nur ungefähr der Atommasse eines Elements. Chlor z.B. hat die Atommasse 35,45. Genauere Untersuchungen ergaben, dass Chlor in der Natur mit zwei **Atomarten** *(Nucliden)* vorkommt, die 18 bzw. 20 Neutronen neben jeweils 17 Protonen im Kern enthalten. Derartige Atome mit unterschiedlicher Massenzahl, aber gleicher Protonenzahl, heißen **Isotope** des betreffenden Elements. Nur 22 der Elemente sind sog. *Reinelemente* (anisotope Elemente) von denen in der Natur nur ein einziges Isotop existiert:

$^{9}_{4}$Be, $^{19}_{9}$F, $^{23}_{11}$Na, $^{27}_{13}$Al, $^{31}_{15}$P, $^{45}_{21}$Sc, $^{55}_{25}$Mn, $^{59}_{27}$Co, $^{75}_{33}$As, $^{89}_{39}$Y, $^{91}_{43}$Nb, $^{103}_{45}$Rh, $^{127}_{53}$I, $^{133}_{55}$Cs, $^{141}_{59}$Pr, $^{159}_{65}$Tb, $^{165}_{67}$Ho, $^{169}_{69}$Tm, $^{197}_{79}$Au, $^{209}_{83}$Bi, $^{232}_{90}$Th

und $^{244}_{94}$Pu. Die beiden letzten sind nicht stabil (radioaktiv).

Die übrigen Elemente sind Isotopengemische, sog. *Mischelemente*.

Die Isotope eines Elements haben chemisch die gleichen Eigenschaften. Wir erkennen daraus, dass ein Element nicht durch seine Massenzahl, sondern durch seine Kernladungszahl charakterisiert werden muss. Sie ist bei allen Atomen eines Elements gleich, während die Anzahl der Neutronen variieren kann. Es ist daher notwendig, zur Kennzeichnung der Nuclide und speziell der Isotope eine besondere Schreibweise zu verwenden. Die vollständige Kennzeichnung eines Nuclids von einem Element ist auf folgende Weise möglich:

Nucleonenzahl   Ladungszahl
(Massenzahl)

Elementsymbol

Ordnungszahl

Beispiel: $^{16}_{8}\text{O}^{2-}$ besagt: doppelt negativ geladenes, aus Sauerstoff der Kernladungszahl 8 und der Masse 16 aufgebautes Ion.

Anmerkung: Im PSE S. 25 ist bei den Elementsymbolen die Atommasse angegeben. Sie bezieht sich dort auf das jeweilige **Nuclidgemisch** des entsprechenden Elements.

2.1.1 Kernregeln

*Die **Aston-Regel*** lautet: Elemente mit ungerader Kernladungszahl haben höchstens zwei Isotope.

Die ***Mattauch-Regel*** sagt aus: Es gibt keine stabilen Isobare (vgl. unten) von Elementen mit unmittelbar benachbarter Kernladungszahl. Z.B. ist $^{87}_{38}$Sr stabil, aber $^{87}_{37}$Rb ein β-Strahler.

Einige Begriffe aus der Atomphysik

Nuclid: Atomart, definiert durch Kernladungszahl und Massenzahl. *Beispiel*: $^{1}_{1}$H

Isotope: Nuclide gleicher Kernladungszahl und verschiedener Massenzahl. *Beispiel*: $^{1}_{1}$H, $^{2}_{1}$H, $^{3}_{1}$H

Isobare: Nuclide gleicher Massenzahl und verschiedener Kernladungszahl. *Beispiel*: $^{97}_{40}$Sr, $^{97}_{42}$Mo

Reinelement besteht aus einer einzigen Nuclidgattung.

Mischelement besteht aus verschiedenen Nucliden gleicher Kernladungszahl.

2.1.2 Atommasse

Die Atommasse ist die Masse eines *Atoms* und wird in der gesetzlichen atomphysikalischen Masseneinheit u angegeben. Kurzzeichen: u (unified atomic mass unit), **amu** (veraltet, von atomic mass unit) **oder Dalton (Da).**

Eine atomare Masseneinheit u ist 1/12 der Masse des Kohlenstoffisotops der Masse 12 ($^{12}_{6}$C). In Gramm ausgedrückt ist **u = 1,660538782 · 10^{-24} g** = 1,660538782 · 10^{-27} kg.

Mit Bezug auf die Masse des $^{12}_{6}$C-Isotops ist die Masse eines Protons und eines Neutrons etwa 1 u oder 1 amu oder 1 Dalton.

Die **Atommasse eines Elements** errechnet sich aus den Atommassen der Isotope unter Berücksichtigung der natürlichen Isotopenhäufigkeit.

Beispiele:

Die Atommasse von Wasserstoff ist:

A_H = 1,0079 u   bzw. 1,0079 · 1,6605·10^{-24} g = 1,674 · 10^{-24} g.

Die Atommasse von Chlor ist:

A_{Cl} = 35,453 u   bzw. 35,453 · 1,6605·10^{-24} g = 58,870 · 10^{-24} g.

Die Zahlenwerte **vor** dem u sind die **relativen** (dimensionslosen) **Atommassen**. (relativ = bezogen auf die Masse des Nuclids $^{12}_{6}$C als Standardmasse.) Die in Gramm angegebenen Massen sind die **absoluten** (wirklichen) **Atommassen**.

2.1.3 Massendefekt

In einem Atomkern werden die Nucleonen durch sog. **Kernkräfte** zusammengehalten. Starken Kernkräften entsprechen hohe nucleare Bindungsenergien zwischen Protonen und Neutronen. Ermitteln lässt sich die Bindungsenergie aus dem sog. Massendefekt.

Massendefekt heißt die Differenz zwischen der tatsächlichen Masse eines Atomkerns und der Summe der Massen seiner Bausteine.

Bei der Kombination von Nucleonen zu einem (stabilen) Kern wird Energie frei (exothermer Vorgang). Dieser nuclearen Bindungsenergie entspricht nach dem Äquivalenzprinzip von *Albert Einstein* ($E = m \cdot c^2$) ein entsprechender Massenverlust, der Massendefekt.

Beispiel: Der Heliumkern besteht aus 2 Protonen und 2 Neutronen. Addiert man die Massen der Nucleonen, erhält man für die berechnete Kernmasse 4,0338 u. Der Wert für die experimentell gefundene Kernmasse ist 4,0030 u. Die Differenz — der Massendefekt — ist 0,0308 u. Dies entspricht einer nuclearen Bindungsenergie von $E = m \cdot c^2 = 0{,}0308 \cdot 1{,}6 \cdot 10^{-27} \cdot 3^2 \cdot 10^{16}$ kg $\cdot$ m^2 $\cdot$ s^{-2} = 4,4$\cdot 10^{-12}$ J = 28,5 MeV. (1 MeV = 10^6 eV; 1 u = 931 MeV, c = 2,99793$\cdot 10^8$ m $\cdot$ s^{-1})

Beachte: Im Vergleich hierzu beträgt der Energieumsatz bei **chemischen Reaktionen** nur einige eV.

2.1.4 Isotopieeffekte

Untersucht man das physikalische Verhalten isotoper Nuclide, findet man gewisse Unterschiede. Diese sind im Allgemeinen recht klein, können jedoch zur Isotopentrennung genutzt werden.

Unterschiede zwischen isotopen Nucliden auf Grund verschiedener Masse nennt man **Isotopieeffekte**.

Kinetischer Isotopieeffekt heißt die Erscheinung, dass die *Reaktionsgeschwindigkeit* z.B. von Deuterium mit anderen Elementen oder Verbindungen meist **geringer** ist als die von Wasserstoff.

Tabelle 3. Physikalische Eigenschaften von Wasserstoff

Eigenschaften	H_2	HD	D_2	T_2
Siedepunkt in K	20,39	22,13	23,67	25,04
Gefrierpunkt in K	13,95	16,60	18,65	–
Verdampfungswärme beim Siedepunkt in J $\cdot$ mol^{-1}	904,39	–	1226,79	1394,27

Tabelle 4. Physikalische Eigenschaften von H_2O und D_2O

Eigenschaften	H_2O	D_2O
Siedepunkt in °C	100	101,42
Gefrierpunkt in °C	0	3,8
Temperatur des Dichtemaximums in °C	3,96	11,6
Verdampfungswärme bei 25 °C in $kJ \cdot mol^{-1}$	44,02	45,40
Schmelzwärme in $kJ \cdot mol^{-1}$	6,01	6,34
Dichte bei 20 °C in $g \cdot cm^{-3}$	0,99823	1,10530
Kryoskopische Konstante in $grad \cdot g \cdot mol^{-1}$	1,859	2,050
Ionenprodukt bei 25 °C in $mol^2 \cdot L^{-2}$	$1,01 \cdot 10^{-14}$	$0,195 \cdot 10^{-14}$

Die Isotopieeffekte sind bei den Wasserstoff-Isotopen H, D (Deuterium) und T (Tritium) größer als bei den Isotopen anderer Elemente, weil das Verhältnis der Atommassen 1 : 2 : 3 ist.

Die Bindungsenergien von Deuterium mit anderen Elementen sind meist größer als diejenigen von Wasserstoff.

Die Tabellen 3 und 4 zeigen einige Beispiele für Unterschiede in den physikalischen Eigenschaften von H_2, HD, D_2 und T_2 sowie von H_2O (Wasser) und D_2O (schweres Wasser).

2.1.5 Trennung von Isotopen

Die Trennung bzw. Anreicherung von Isotopen erfolgt umso leichter, je größer die relativen Unterschiede der Massenzahlen der Isotope sind, am leichtesten also beim Wasserstoff.

Eine exakte Trennung erfolgt im *Massenspektrometer*. In diesem Gerät wird ein ionisierter Gasstrom dem Einfluss eines elektrischen und eines magnetischen Feldes ausgesetzt (s. Bd. III). Die Ionen mit verschiedener Masse werden unterschiedlich stark abgelenkt und treffen an verschiedenen Stellen eines Detektors (z.B. Photoplatte) auf.

Quantitative Methoden zur Trennung eines Isotopengemisches sind Anreicherungsverfahren wie z.B. die fraktionierte Diffusion, Destillation oder Fällung, die Thermodiffusion im Trennrohr oder die Zentrifugation.

2.1.6 Radioaktive Strahlung
(Zerfall instabiler Isotope)

Isotope werden auf Grund ihrer Eigenschaften in **stabile** und **instabile** Isotope eingeteilt. Stabile Isotope zerfallen nicht. Instabile Isotope gibt es von leichten und schweren Elementen. Der größte stabile Kern ist $^{209}_{83}Bi$.

Instabile Isotope (Radionuclide) sind **radioaktiv**, d.h. sie zerfallen in andere Nuclide und geben beim Zerfall Heliumkerne, Elektronen, Photonen usw. ab. Man nennt die Erscheinung *radioaktive Strahlung* oder *Radioaktivität*.

2.1.7 Radioaktive Zerfallsreihen

Bei Kernreaktionen können auch Nuclide entstehen, die selbst radioaktiv sind. Mit Hilfe der radioaktiven Verschiebungssätze lässt sich ermitteln, dass *vier* verschiedene *radioaktive Zerfallsreihen* möglich sind. Endprodukt der Zerfallsreihen ist entweder ein *Blei-* oder *Bismut-Isotop*. Drei Zerfallsreihen kommen in der Natur vor: *Thorium-Reihe* (4 n + 0), *Uran-Reihe* (4 n + 2), *Actinium-Reihe* (4 n + 3). Die vierte Zerfallsreihe wurde künstlich hergestellt: *Neptunium-Reihe* (4 n + 1).

Beachte: In den Klammern sind die Reihen angegeben, mit denen sich die Massenzahlen der Glieder der Reihe errechnen lassen; n ist dabei eine ganze Zahl.

2.2 Elektronenhülle

Erhitzt man Gase oder Dämpfe chemischer Substanzen in der Flamme eines Bunsenbrenners oder im elektrischen Lichtbogen, so strahlen sie Licht aus. Wird dieses Licht durch ein Prisma oder Gitter zerlegt, erhält man ein diskontinuierliches Spektrum, d.h. ein **Linienspektrum**.

Trotz einiger Ähnlichkeiten hat jedes Element ein charakteristisches Linienspektrum (*Robert Bunsen, Gustav Kirchhoff*, 1860).

Die Spektrallinien entstehen dadurch, dass die Atome Licht nur in diskreten Quanten (Photonen) ausstrahlen. Dies hat seinen Grund in der Struktur der Elektronenhülle.

Abb. 1 zeigt einen Ausschnitt aus dem Emissionsspektrum von atomarem Wasserstoff.

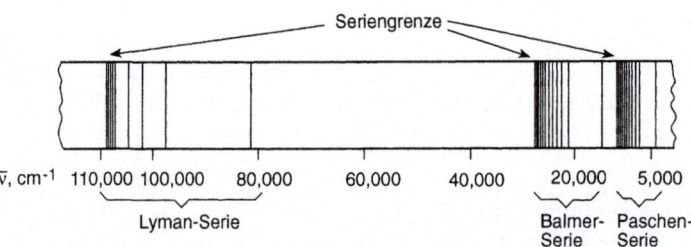

Abb. 1. Ausschnitt aus dem Emissionsspektrum von atomarem Wasserstoff

Das Wasserstoffspektrum besteht aus fünf **Serienspektren.** Jede Serie schließt mit einer *Seriengrenze*. Die Wellenzahlen $\bar{v}$ der einzelnen Emissionslinien errechnen sich nach folgender allgemeinen Formel:

$$\bar{v} = R_H \left(\frac{1}{m^2} - \frac{1}{n^2} \right) \quad m = 1, 2, 3, 4 \ldots$$

$$n = (m+1), (m+2), (m+3) \ldots$$

$$R_H = 109{,}678 \text{ cm}^{-1}$$

R_H ist eine empirische Konstante (*Rydberg*-Konstante für Wasserstoff).

Für die einzelnen Serien ergibt sich damit:

			Spektralgebiet
Lyman-Serie	$\frac{1}{\lambda} = \bar{v} = R_H \left(\frac{1}{1^2} - \frac{1}{n^2} \right)$	$n = 2, 3, 4, 5, 6 \ldots$	ultraviolett
Balmer-Serie	$\frac{1}{\lambda} = \bar{v} = R_H \left(\frac{1}{2^2} - \frac{1}{n^2} \right)$	$n = 3, 4, 5, 6 \ldots$	sichtbar
Paschen-Serie	$\frac{1}{\lambda} = \bar{v} = R_H \left(\frac{1}{3^2} - \frac{1}{n^2} \right)$	$n = 4, 5, 6 \ldots$	infrarot (ultrarot)
Brackett-Serie	$\frac{1}{\lambda} = \bar{v} = R_H \left(\frac{1}{4^2} - \frac{1}{n^2} \right)$	$n = 5, 6 \ldots$	infrarot (ultrarot)
Pfund-Serie	$\frac{1}{\lambda} = \bar{v} = R_H \left(\frac{1}{5^2} - \frac{1}{n^2} \right)$	$n = 6 \ldots$	infrarot (ultrarot)

(λ ist das Symbol für Wellenlänge)

2.3 Atommodell von *Niels Bohr* (1913)

Von den klassischen Vorstellungen über den Bau der Atome wollen wir hier nur das *Bohr*sche Atommodell skizzieren.

2.3.1 *Bohr*sches Modell vom Wasserstoffatom

Das Wasserstoffatom besteht aus einem Proton und einem Elektron. Das Elektron (Masse m, Ladung –e) bewegt sich auf einer Kreisbahn vom Radius r ohne Energieverlust = **strahlungsfrei** mit der Lineargeschwindigkeit v = ungefähre Lichtgeschwindigkeit um den Kern (Masse m_p, Ladung +e).

Die Umlaufbahn ist stabil, weil die *Zentrifugalkraft*, die auf das Elektron wirkt (mv^2/r), gleich ist der *Coulombschen Anziehungskraft* zwischen Elektron und Kern ($e^2/4\pi\varepsilon_0 r^2$), d.h. es gilt:

$$\frac{mv^2}{r} = \frac{e^2}{4\pi\varepsilon_0 r^2} \quad \text{oder} \quad mv^2 = \frac{e^2}{4\pi\varepsilon_0 r}; \quad \varepsilon_0 = 8{,}8 \cdot 10^{-12} \, A^2 \cdot s^4 \cdot kg^{-1} \cdot m^{-3}$$

Die Energie E des Elektrons auf seiner Umlaufbahn setzt sich zusammen aus der potentiellen Energie E_{pot} und der kinetischen Energie E_{kin}:

$$E = E_{pot} + E_{kin}$$

$$E_{kin} = \frac{mv^2}{2} = \frac{e^2}{8\pi\varepsilon_0 r}; \quad E_{pot} = \int_{\infty}^{r} \frac{e^2}{4\pi\varepsilon_0 r^2} dr = \frac{-e^2}{4\pi\varepsilon_0 r} = -2\,E_{kin}$$

$$E = -2\,E_{kin} + E_{kin} = -E_{kin} = -\frac{e^2}{8\pi\varepsilon_0 r}$$

Nach der Energiegleichung sind für das Elektron (in Abhängigkeit vom Radius r) alle Werte erlaubt von 0 (für $r = \infty$) bis ∞ (für $r = 0$). Damit das Modell mit den Atomspektren vereinbar ist, ersann *N. Bohr* eine **Quantisierungsbedingung**. Er verknüpfte den Bahndrehimpuls (mvr) des Elektrons mit dem Planckschen Wirkungsquantum h (beide haben die Dimension einer Wirkung):

$$mvr = \mathbf{n} \cdot h/2\pi; \qquad h = 6{,}626 \cdot 10^{-34} \, J \cdot s$$

Für *n (= Hauptquantenzahl)* dürfen nur ganze Zahlen (1, 2, ... bis ∞) eingesetzt werden. Zu jedem Wert von n gehört eine Umlaufbahn mit einer bestimmten Energie, welche einem *„stationären" Zustand* (diskretes Energieniveau) des Atoms entspricht. Kombiniert man die Gleichungen für v und E mit der Quantisierungsvorschrift, erhält man für den Bahnradius und die Energie des Elektrons auf einer Umlaufbahn:

$$v = \frac{e^2}{2h \cdot \varepsilon_0} \cdot \frac{1}{n}; \quad r = \frac{\varepsilon_0 \cdot h^2}{\pi \cdot m \cdot e^2} \cdot n^2 \quad \text{und} \quad E = -\frac{m \cdot e^4}{8\varepsilon_0^2 \cdot h^2} \cdot \frac{1}{n^2}$$

Für $\quad n = 1$ ist $r_1 = 52{,}84$ pm $\qquad$ und $\qquad E_1 = -1313$ kJ $\cdot$ mol^{-1}

$\qquad n = 2$ ist $r_2 = 212$ pm $\qquad$ und $\qquad E_2 = -328$ kJ $\cdot$ mol^{-1}

Für $\quad n = 1,2,3,4,...$ gilt für die Energiewerte: $E = E_1, \frac{1}{4}E_1, \frac{1}{9}E_1, \frac{1}{16}E_1, ...$

$r_1 = a_0 \quad$ heißt auch ***Bohrscher* Atomradius** (vom H-Atom).

$$v = \frac{1}{n} \cdot 2{,}18 \cdot 10^6 \, m \cdot s^{-1}; \qquad \text{für } n = 1: \quad v = 2 \cdot 10^6 \, m \cdot s^{-1}$$

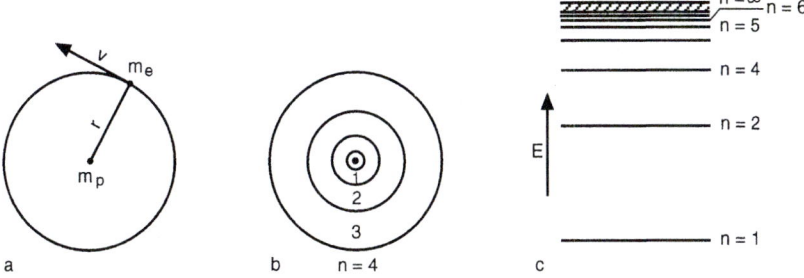

Abb. 2 a-c. *Bohr*sches Atommodell. **a** *Bohr*sche Kreisbahn. **b** *Bohr*sche Kreisbahnen für das Wasserstoffatom mit n = 1, 2, 3 und 4. **c** Energieniveaus für das Wasserstoffatom mit n = 1, 2, 3, 4 ..., ∞

Durch das negative Vorzeichen wird deutlich gemacht, dass der Wert für E_2 weniger negativ ist als derjenige für E_1. Daraus folgt, dass der Zustand E_1 die niedrigere Energie besitzt.

Der stabilste Zustand eines Atoms *(Grundzustand)* ist der Zustand niedrigster Energie.

Höhere Zustände (Bahnen) heißen *angeregte Zustände*. Abb. 2 zeigt die Elektronenbahnen und die zugehörigen Energien für das Wasserstoffatom in Abhängigkeit von der Hauptquantenzahl n.

Der Energieabstand der *Bohr*schen Kreisbahnen nimmt wegen $1/n^2$ (in der Energieformel) mit zunehmenden n ab.

2.3.2 Atomspektren (Absorptions- und Emissionsspektroskopie)

Nach *N. Bohr* sind Übergänge zwischen verschiedenen Bahnen bzw. energetischen Zuständen (Energieniveaus) möglich, wenn die Energiemenge, die der Energiedifferenz zwischen den betreffenden Zuständen entspricht, entweder zugeführt (**absorbiert**) oder in Form von elektromagnetischer Strahlung (Photonen) ausgestrahlt (**emittiert**) wird. Erhöht sich die Energie eines Atoms, und entspricht die Energiezufuhr dem Energieunterschied zwischen zwei Zuständen E_m und E_n, dann wird ein Elektron auf die höhere Bahn mit E_n angehoben. Kehrt es in den günstigeren Zustand E_m zurück, wird die Energiedifferenz $\Delta E = E_n - E_m$ als Licht (Photonen) ausgestrahlt, s. Abb. 2.

Für den Zusammenhang der Energie eines Photons mit seiner Frequenz ν gilt eine von *A. Einstein* (1905) angegebene Beziehung:

$$E = h \cdot \nu$$

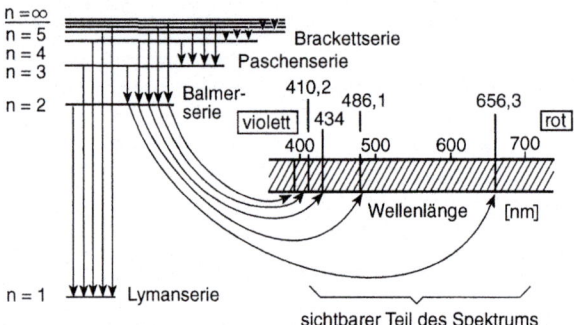

Abb. 3. Elektronenübergänge und Spektrallinien am Beispiel des Wasserstoffspektrums. (Nach *E. Mortimer*)

Die Frequenz einer Spektrallinie in einem Atomspektrum ist demnach gegeben durch ν = ΔE/h. Die Linien in einem Spektrum entsprechen allen möglichen Elektronenübergängen, vgl. Abb. 3.

2.3.3 Verbesserungen des Bohrschen Modells

Arnold Sommerfeld und *Kenneth G. Wilson* erweiterten das *Bohr*sche Atommodell, indem sie es auf **Ellipsenbahnen** ausdehnten. Ellipsenbahnen haben im Gegensatz zum Kreis **zwei** Freiheitsgrade, denn sie sind durch die beiden Halbachsen bestimmt. Will man daher die Atomspektren durch Übergänge zwischen Ellipsenbahnen beschreiben, braucht man demzufolge zwei Quantenbedingungen. Man erhält zu der Hauptquantenzahl n die sog. azimutale Quantenzahl k. Um Spektren von Atomen mit mehreren Elektronen erklären zu können, wurde k durch die *Nebenquantenzahl ℓ* ersetzt (k = ℓ − 1).

Die Nebenquantenzahl ℓ bestimmt den Bahndrehimpuls des Elektrons.

(Bahndrehimpuls = $\sqrt{\ell(\ell+1)} \cdot \dfrac{h}{2\pi}$, h [Js] = Wirkung)

Als **dritte** Quantenzahl wurde die *magnetische Quantenzahl m* eingeführt.

m bestimmt die Neigung der Ebene einer Ellipsenbahn gegen ein äußeres magnetisches Feld. Der Zahlenwert von m kennzeichnet die räumliche Ausrichtung des Bahndrehimpulses in einer vorgegebenen Richtung.

Trotz dieser und anderer Verbesserungen versagt das *Bohr*sche Modell in mehreren Fällen. Vor allem aber entbehren die stationären Zustände jeder theoretischen Grundlage.

Detaillierte Ausführung und die Beschreibung des wellenmechanischen Atommodells findet man im Bd. I.

Ein Zentralbegriff des wellenmechanischen Atommodells ist das Orbital (AO, *Robert S. Mulliken* 1931).

AO sind sog. Eigenfunktionen. Die sind Lösungen der „*Schrödinger*-Gleichung". Das Wort „Orbital" ist ein Kunstwort. AO werden durch ihre Nebenquantenzahl ℓ gekennzeichnet. Man sagt ein Elektron „besetzt" ein AO und meint damit, es kann durch eine Wellenfunktion beschrieben werden, die eine Lösung der *Schrödinger*-Gleichung ist. Man spricht von einem s-Orbital oder p-Orbital und versteht darunter ein AO für das die Nebenquantenzahl ℓ den Wert 0 bzw. 1 hat.

$$\ell = 0, \ 1, \ 2, \ 3$$
$$s, \ p, \ d, \ f$$

Zustände gleicher Hauptquantenzahl bilden eine sog. **Schale**. Innerhalb einer Schale bilden die Zustände gleicher Hauptquantenzahl ein sog. **Niveau** (= Unterschale): z.B. s-Niveau, p-Niveau usw.

2.3.4 Elektronenspin

Die Quantenzahlen n, ℓ und m genügen nicht zur vollständigen Erklärung der Atomspektren, denn sie beschreiben gerade die Hälfte der erforderlichen Elektronenzustände. Dies veranlasste 1925 *George Eugene Uhlenbeck* und *Samuel Abraham Goudsmit* zu der Annahme, dass jedes Elektron neben seinem räumlich gequantelten Bahndrehimpuls einen Eigendrehimpuls hat. Dieser kommt durch eine Drehung des Elektrons um seine eigene Achse zustande und wird ***Elektronenspin*** genannt. Der Spin ist ebenfalls gequantelt. Je nachdem ob die Spinstellung parallel oder antiparallel zum Bahndrehimpuls ist, nimmt die ***Spinquantenzahl*** *s* die Werte +½ oder –½ an. Die Spinrichtung wird durch einen Pfeil angedeutet: ↑ bzw. ↓. (Die Werte der Spinquantenzahl wurden spektroskopisch bestätigt.)

Beachte: Mit dem Elektronenspin ist ein magnetisches Moment verbunden

Durch die vier Quantenzahlen n, ℓ, m und s ist der Zustand eines Elektrons im Atom eindeutig charakterisiert.

Jeder Satz aus den vier Quantenzahlen kennzeichnet einen anderen Typ von Elektronenbewegung.

n	gibt die „Schale" an (K, L, M usw.) und bestimmt die Orbitalgröße.
ℓ	gibt Auskunft über die Form eines Orbitals (s, p, d usw.).
m	gibt Auskunft über die Orientierung eines Orbitals im Raum.
s	gibt Auskunft über die Spinrichtung (Drehsinn) eines Elektrons.

2.4 *Pauli*-Prinzip, *Pauli*-Verbot

Nach einem von *Wolfgang Pauli* ausgesprochenen Prinzip stimmen keine zwei Elektronen in allen vier Quantenzahlen überein.

Haben zwei Elektronen z.B. gleiche Quantenzahlen n, ℓ, m, müssen sie sich in der Spinquantenzahl s unterscheiden. Hieraus folgt:

Ein Atomorbital kann höchstens mit zwei Elektronen, und zwar mit antiparallelem Spin besetzt werden.

2.5 *Hund*sche Regel

Besitzt ein Atom energetisch gleichwertige (entartete) Elektronenzustände, z.B. für $\ell = 1$ drei entartete p-Orbitale, und werden mehrere Elektronen eingebaut, so erfolgt der Einbau derart, dass die Elektronen die Orbitale zuerst mit parallelem Spin besetzen. Anschließend erfolgt paarweise Besetzung mit antiparallelem Spin, falls genügend Elektronen vorhanden sind.

Beispiel: Es sollen drei und vier Elektronen in ein p-Niveau eingebaut werden:

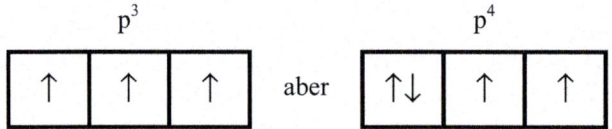

Beachte: **Niveaus unterschiedlicher Energie werden in der Reihenfolge zunehmender Energie mit Elektronen besetzt** (Abb. 4).

Die Elektronenzahl in einem Niveau wird als Index rechts oben an das Orbitalsymbol geschrieben. Die Kennzeichnung der Schale, zu welcher das Niveau gehört, erfolgt so, dass man die zugehörige Hauptquantenzahl vor das Orbitalsymbol schreibt. *Beispiel:* $1s^2$ (sprich: eins s zwei) bedeutet: In der K-Schale ist das s-Niveau mit zwei Elektronen besetzt.

Die Elektronenanordnung in einem Atom nennt man auch seine ***Elektronenkonfiguration.*** Jedes Element hat seine charakteristische Elektronenkonfiguration, s. S. 20.

Abb. 4 gibt die energetische Reihenfolge der Orbitale in (neutralen) Mehrelektronenatomen an, wie sie experimentell gefunden wird.

Ist die Hauptquantenzahl n = 1, so existiert nur das 1s-AO.

Besitzt ein Atom ein Elektron und befindet sich dieses im 1s-AO, besetzt das Elektron den stabilsten Zustand (Grundzustand).

Abb. 5 zeigt den Zusammenhang zwischen den vier Quantenzahlen und die mögliche Besetzung der einzelnen Schalen und Niveaus mit Elektronen.

2 Aufbau der Atome   15

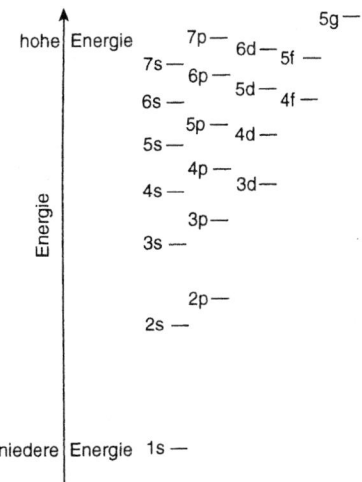

Abb. 4. Energieniveauschema für vielelektronige Atome

Schale	Hauptquantenzahl n	Nebenquantenzahl l	Elektronentypus	Magnetische Quantenzahl m	Spinquantenzahl $s = \pm 1/2$	Elektronen je Teilschale maximal	Maximale Elektronenzahl für die ganze Schale
K	1	0	s	0	± 1/2	2	2
L	2	0	s	0	± 1/2	2	8
		1	p	-1,0,+1	± 1/2	3 x 2 = 6	
M	3	0	s	0	± 1/2	2	18
		1	p	-1,0,+1	± 1/2	3 x 2 = 6	
		2	d	-2,-1,0,+1,+2	± 1/2	5 x 2 = 10	
N	4	0	s	0	± 1/2	2	32
		1	p	-1,0,+1	± 1/2	3 x 2 = 6	
		2	d	-2,-1,0,+1,+2	± 1/2	5 x 2 = 10	
		3	f	-3,-2,-1,0,+1,+2,+3,	± 1/2	7 x 2 = 14	

Abb. 5

Die maximale Elektronenzahl einer Schale ist 2 n².

Für die Reihenfolge der Besetzung beachte Abb. 4!

Beachte: In Abb. 4 sieht man: 1. Die Abstände zwischen den einzelnen Energieniveaus werden mit höherer Hauptquantenzahl n kleiner. 2. Bei gleichem Wert für n ergeben sich wegen verschiedener Werte für ℓ und m unterschiedliche Energiewerte; so ist das 4s–Niveau energetisch günstiger (tieferer Energiewert) als das 3d-Niveau. Siehe auch S. 19 und 20.

Geschichtliches:

Elektron: Experimenteller Nachweis sowie Beschreibung seiner Eigenschaften *Joseph John Thomson* 1897 („Kathodenstrahlen").

Proton: „Kanalstrahlen" *Eugen Goldstein* 1886.
Protonenmasse: *J. J. Thomson* 1906.

Neutron: 1920 von *Ernest Rutherford* postuliert.
1932 von *James Chadwick* nachgewiesen.

3 Periodensystem der Elemente

Das 1869 von *Dmitri Iwanowitsch Mendelejew* und *Lothar Meyer* unabhängig voneinander aufgestellte Periodensystem der Elemente ist ein gelungener Versuch, die Elemente auf Grund ihrer chemischen und physikalischen Eigenschaften zu ordnen. Beide Forscher benutzten die Atommasse als ordnendes Prinzip. Da die Atommasse von der Häufigkeit der Isotope eines Elements abhängt, wurden einige Änderungen nötig, als man zur Ordnung der Elemente ihre Kernladungszahl heranzog. *Henry Moseley* konnte 1913 experimentell ihre lückenlose Reihenfolge bestätigen. Er erkannte, dass zwischen der reziproken Wellenlänge ($1/\lambda$) der K_α-Röntgenlinie und der Kernladungszahl (Z) aller Elemente die Beziehung besteht:

$$\frac{1}{\lambda} = \frac{3}{4} R_\infty (Z-1)^2 \qquad (R_\infty = \textit{Rydberg}\text{-Konstante})$$

Damit war es möglich, aus den Röntgenspektren der Elemente ihre Kernladungszahl zu bestimmen.

Anmerkung: K_α-Linie heißt diejenige Emissionslinie, die man erhält, wenn mit Kathodenstrahlen ein Elektron aus der K-Schale herausgeschossen wird und sein Platz von einem Elektron aus der L-Schale eingenommen wird. Einzelheiten s. Lehrbücher der Physik.

Ordnet man die Elemente mit zunehmender **Kernladungszahl = Ordnungszahl** und fasst chemisch ähnliche („verwandte") Elemente in Gruppen zusammen, erhält man das **„Periodensystem der Elemente" (PSE)**, wie es Abb. 9 zeigt.

Geschichtliches

1829	Triadenregel, *Johann Wolfgang Döbereiner* (1780–1849)
1864	Charakteristische Elementgruppen, *Lothar Meyer* (1830–1895)
1865	Gesetz der Oktaven, *John Newlands* (1838–1898)
1869	Periodensystem der Elemente von *Dmitrij Iwanowitsch Mendelejew* (1834–1907) und *Lothar Meyer*

Eine logische Ableitung des Periodensystems aus den Elektronenzuständen der Elemente erlaubt das **„Aufbauprinzip"**. Ausgehend vom Wasserstoffatom werden die Energieniveaus entsprechend ihrer energetischen Reihenfolge mit Elektronen besetzt. Abb. 6 zeigt die Reihenfolge der Besetzung. Tabelle 5 und Abb. 7 enthalten das Ergebnis in Auszügen.

Erläuterungen zu Abb. 6 und Abb. 7:

Bei der Besetzung der Energieniveaus ist auf folgende Besonderheit zu achten:

Nach der Auffüllung der **3p**-Orbitale mit sechs Elektronen bei den Elementen Al, Si, P, S, Cl, Ar wird das **4s**-Orbital bei den Elementen **K** (s^1) und **Ca** (s^2) besetzt.

Jetzt wird bei **Sc** das erste Elektron in das **3d**-Niveau eingebaut. Sc ist somit das *erste Übergangselement* (s. S. 20). Es folgen: Ti, V, Cr, Mn, Fe, Co, Ni, Cu, Zn. Zn hat die Elektronenkonfiguration $4s^2 3d^{10}$.

Anschließend wird erst das **4p**-Niveau besetzt bei den Elementen Ga, Ge, As, Se, Br, Kr.

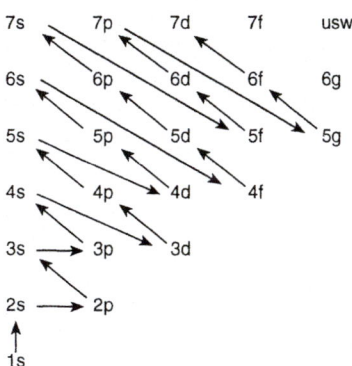

Abb. 6. Reihenfolge der Besetzung von Atomorbitalen

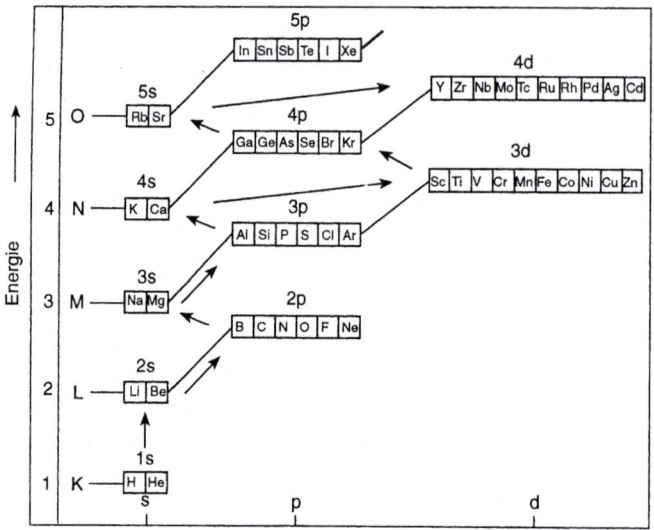

Abb. 7. Energieniveauschemata der wichtigsten Elemente. Die Niveaus einer Schale sind jeweils miteinander verbunden. Durch Pfeile wird die Reihenfolge der Besetzung angezeigt

Aus Tabelle 5 geht hervor, dass es Ausnahmen von der in Abb. 6 angegebenen Reihenfolge gibt. **Halb**- und **voll**besetzte Niveaus sind nämlich besonders stabil; außerdem ändern sich die Energiewerte der Niveaus mit der Kernladungszahl. Bei höheren Schalen werden zudem die Energieunterschiede zwischen einzelnen Niveaus immer geringer, vgl. Abb. 4, S. 16.

Tabelle 5. Besetzung der Schalen

Z		K	L		M			N				O				P			Q
		1s	2s	2p	3s	3p	3d	4s	4p	4d	4f	5s	5p	5d	5f	6s	6p	6d	7s
1	H	1																	
2	**He**	**2**																	
3	Li	2	1																
4	Be	2	2																
5	B	2	2	1															
6	C	2	2	2															
7	N	2	2	3															
8	O	2	2	4															
9	F	2	2	5															
10	**Ne**	2	**2**	**6**															

Tabelle 5. Besetzung der Schalen (Fortsetzung)

Z		K	L		M			N				O				P			Q
		1s	2s	2p	3s	3p	3d	4s	4p	4d	4f	5s	5p	5d	5f	6s	6p	6d	7s
11	Na	2	2	6	1														
12	Mg	2	2	6	2														
13	Al	2	2	6	2	1													
14	Si	2	2	6	2	2													
15	P	2	2	6	2	3													
16	S	2	2	6	2	4													
17	Cl	2	2	6	2	5													
18	**Ar**	2	2	6	**2**	**6**													
19	K	2	2	6	2	6		1											
20	Ca	2	2	6	2	6		2											
21	Sc	2	2	6	2	6	**1**	2											
22	Ti	2	2	6	2	6	2	2											
23	V	2	2	6	2	6	3	2											
24	**Cr**	2	2	6	2	6	**5**	**1**											
25	Mn	2	2	6	2	6	5	2											
26	Fe	2	2	6	2	6	6	2											
27	Co	2	2	6	2	6	7	2											
28	Ni	2	2	6	2	6	8	2											
29	**Cu**	2	2	6	2	6	**10**	**1**											
30	Zn	2	2	6	2	6	**10**	2											
31	Ga	2	2	6	2	6	10	2	1										
32	Ge	2	2	6	2	6	10	2	2										
33	As	2	2	6	2	6	10	2	3										
34	Se	2	2	6	2	6	10	2	4										
35	Br	2	2	6	2	6	10	2	5										
36	**Kr**	2	2	6	2	6	10	**2**	**6**										
37	Rb	2	2	6	2	6	10	2	6			1							
38	Sr	2	2	6	2	6	10	2	6			2							
39	Y	2	2	6	2	6	10	2	6	1		2							
40	Zr	2	2	6	2	6	10	2	6	2		2							
41	Nb	2	2	6	2	6	10	2	6	4		1							
42	Mo	2	2	6	2	6	10	2	6	5		1							
43	Tc	2	2	6	2	6	10	2	6	6		1							
44	Ru	2	2	6	2	6	10	2	6	7		1							
45	Rh	2	2	6	2	6	10	2	6	8		1							
46	Pd	2	2	6	2	6	10	2	6	10									
47	Ag	2	2	6	2	6	10	2	6	10		1							
48	Cd	2	2	6	2	6	10	2	6	10		2							
49	In	2	2	6	2	6	10	2	6	10		2	1						
50	Sn	2	2	6	2	6	10	2	6	10		2	2						
51	Sb	2	2	6	2	6	10	2	6	10		2	3						
52	Te	2	2	6	2	6	10	2	6	10		2	4						

Tabelle 5. Besetzung der Schalen (Fortsetzung)

Z		K	L		M			N				O				P			Q
		1s	2s	2p	3s	3p	3d	4s	4p	4d	4f	5s	5p	5d	5f	6s	6p	6d	7s
53	I	2	2	6	2	6	10	2	6	10		2	5						
54	**Xe**	2	2	6	2	6	10	2	6	10		**2**	**6**						
55	Cs	2	2	6	2	6	10	2	6	10		2	6			1			
56	Ba	2	2	6	2	6	10	2	6	10		2	6			2			
57	La	2	2	6	2	6	10	2	6	10		2	6	1		2			
58	Ce	2	2	6	2	6	10	2	6	10	2	2	6			2			
59	Pr	2	2	6	2	6	10	2	6	10	3	2	6			2			
60	Nd	2	2	6	2	6	10	2	6	10	4	2	6			2			
61	Pm	2	2	6	2	6	10	2	6	10	5	2	6			2			
62	Sm	2	2	6	2	6	10	2	6	10	6	2	6			2			
63	Eu	2	2	6	2	6	10	2	6	10	7	2	6			2			
64	Gd	2	2	6	2	6	10	2	6	10	7	2	6	1		2			
65	Tb	2	2	6	2	6	10	2	6	10	9	2	6			2			
66	Dy	2	2	6	2	6	10	2	6	10	10	2	6			2			
67	Ho	2	2	6	2	6	10	2	6	10	11	2	6			2			
68	Er	2	2	6	2	6	10	2	6	10	12	2	6			2			
69	Tm	2	2	6	2	6	10	2	6	10	13	2	6			2			
70	Yb	2	2	6	2	6	10	2	6	10	14	2	6			2			
71	Lu	2	2	6	2	6	10	2	6	10	14	2	6	1		2			
72	Hf	2	2	6	2	6	10	2	6	10	14	2	6	2		2			
73	Ta	2	2	6	2	6	10	2	6	10	14	2	6	3		2			
74	W	2	2	6	2	6	10	2	6	10	14	2	6	4		2			
75	Re	2	2	6	2	6	10	2	6	10	14	2	6	5		2			
76	Os	2	2	6	2	6	10	2	6	10	14	2	6	6		2			
77	Ir	2	2	6	2	6	10	2	6	10	14	2	6	7		2			
78	Pt	2	2	6	2	6	10	2	6	10	14	2	6	9		1			
79	Au	2	2	6	2	6	10	2	6	10	14	2	6	10		1			
80	Hg	2	2	6	2	6	10	2	6	10	14	2	6	10		2			
81	Tl	2	2	6	2	6	10	2	6	10	14	2	6	10		2	1		
82	Pb	2	2	6	2	6	10	2	6	10	14	2	6	10		2	2		
83	Bi	2	2	6	2	6	10	2	6	10	14	2	6	10		2	3		
84	Po	2	2	6	2	6	10	2	6	10	14	2	6	10		2	4		
85	At.	2	2	6	2	6	10	2	6	10	14	2	6	10		2	5		
86	**Rn**	2	2	6	2	6	10	2	6	10	14	2	6	10		**2**	**6**		
87	Fr	2	2	6	2	6	10	2	6	10	14	2	6	10		2	6		1
88	Ra	2	2	6	2	6	10	2	6	10	14	2	6	10		2	6		2
89	Ac	2	2	6	2	6	10	2	6	10	14	2	6	10		2	6	1	2
90	Th	2	2	6	2	6	10	2	6	10	14	2	6	10		2	6	2	2
91	Pa	2	2	6	2	6	10	2	6	10	14	2	6	10	2	2	6	1	2
92	U	2	2	6	2	6	10	2	6	10	14	2	6	10	3	2	6	1	2
93	Np	2	2	6	2	6	10	2	6	10	14	2	6	10	4	2	6	1	2
94	Pu	2	2	6	2	6	10	2	6	10	14	2	6	10	6	2	6		2

Tabelle 5. Besetzung der Schalen (Fortsetzung)

Z		K	L		M			N				O				P			Q
		1s	2s	2p	3s	3p	3d	4s	4p	4d	4f	5s	5p	5d	5f	6s	6p	6d	7s
95	Am	2	2	6	2	6	10	2	6	10	14	2	6	10	7	2	6		2
96	**Cm**	2	2	6	2	6	10	2	6	10	14	2	6	10	7	2	6	1	2
97	Bk	2	2	6	2	6	10	2	6	10	14	2	6	10	8	2	6	1	2
98	Cf	2	2	6	2	6	10	2	6	10	14	2	6	10	10	2	6		2
99	Es	2	2	6	2	6	10	2	6	10	14	2	6	10	11	2	6		2
100	Fm	2	2	6	2	6	10	2	6	10	14	2	6	10	12	2	6		2
101	Md	2	2	6	2	6	10	2	6	10	14	2	6	10	13	2	6		2
102	No	2	2	6	2	6	10	2	6	10	14	2	6	10	14	2	6		2
103	**Lr**	2	2	6	2	6	10	2	6	10	14	2	6	10	14	2	6	1	2
104	Ku	2	2	6	2	6	10	2	6	10	14	2	6	10	14	2	6	2	2

Die Ordnungszahl der Elemente mit anomaler Elektronenkonfiguration, die Symbole sowie die äußeren Elektronen der Edelgase sind fett gedruckt.

Eine vereinfachte Darstellung des Atomaufbaus nach dem *Bohr*schen Atommodell für die Elemente Lithium bis Chlor zeigt Abb. 8.

Das Periodensystem lässt sich unterteilen in *Perioden* und *Gruppen*.

Es gibt 7 Perioden und 16 Gruppen (8 Haupt- und 8 Nebengruppen, ohne Lanthanoide und Actinoide), s. auch Abb. 9.

Die **Perioden** sind die (horizontalen) Zeilen.

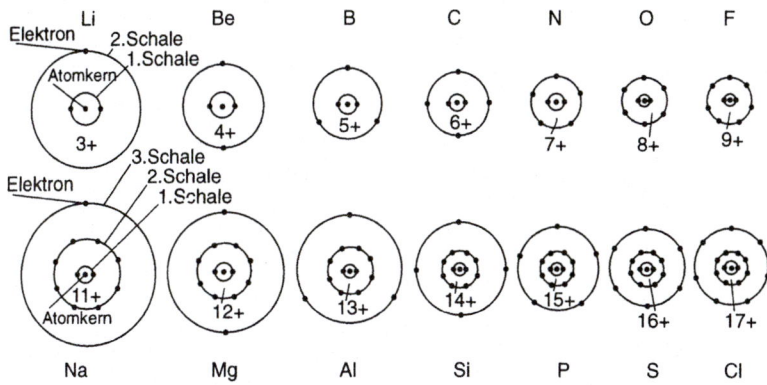

Abb. 8. Elektronenschalen und relative Atomradien der Elemente Lithium bis Chlor

Innerhalb einer Periode sind die Elemente von links nach rechts nach steigender Ordnungszahl bzw. Elektronenzahl angeordnet. So hat z. B. Calcium (Ca) ein Elektron mehr als Kalium (K) oder Schwefel (S) ein Elektron mehr als Phosphor (P).

Elemente, die in einer (vertikalen) Spalte untereinander stehen, bilden eine **Gruppe**. Wegen der *periodischen* Wiederholung einer analogen Elektronenkonfiguration besitzen sie **die gleiche Anzahl *Valenzelektronen* und sind deshalb einander in gewisser Hinsicht chemisch ähnlich („Elementfamilie")**.

Valenzelektronen sind die Elektronen in den äußeren Schalen, welche zur Bindungsbildung benutzt werden können.

Ihre Anzahl und Anordnung (= Elektronenkonfiguration der Valenzschale) bestimmen die chemischen Eigenschaften.

3.1 Einteilung der Elemente auf Grund ähnlicher Elektronenkonfiguration

3.1.1 Edelgase

Bei den Edelgasen sind die Elektronenschalen voll besetzt. Die Elektronenkonfiguration s^2 (bei Helium) und s^2p^6 in der äußeren Schale bei den anderen Edelgasen ist energetisch besonders günstig *(= „Edelgaskonfiguration")*. Edelgase sind demzufolge extrem reaktionsträge und haben hohe Ionisierungsenergien (s. S. 28). Lediglich mit Fluor und Sauerstoff ist bei den schweren Edelgasen Verbindungsbildung möglich; s. hierzu S. 181.

3.1.2 Hauptgruppenelemente
  („repräsentative" Elemente, s- und p-Block-Elemente)

Bei den Hauptgruppenelementen werden beim Durchlaufen einer Periode von links nach rechts die *äußersten* Schalen besetzt (s- und p-Niveaus). Die übrigen Schalen sind entweder vollständig besetzt oder leer.

Die Hauptgruppenelemente sind — nach Gruppen eingeteilt —:

1. Gruppe: Wasserstoff (H), Lithium (Li), Natrium (Na), Kalium (K), Rubidium (Rb), Cäsium (Cs), Francium (Fr)

2. Gruppe: Beryllium (Be), Magnesium (Mg), Calcium (Ca), Strontium (Sr), Barium (Ba), Radium (Ra)

3. Gruppe: Bor (B), Aluminium (Al), Gallium (Ga), Indium (In), Thallium (Tl)

4. Gruppe: Kohlenstoff (C), Silicium (Si), Germanium (Ge), Zinn (Sn), Blei (Pb)

5. Gruppe: Stickstoff (N), Phosphor (P), Arsen (As), Antimon (Sb), Bismut (Bi)

6. Gruppe: Sauerstoff (O), Schwefel (S), Selen (Se), Tellur (Te), Polonium (Po)

Abb. 9. Periodensystem der Elemente

Anmerkung: Nach einer IUPAC-Empfehlung sollen die Haupt- und Nebengruppen von 1-18 durchnumeriert werden. Die dreispaltige Nebengruppe (Fe, Ru, Os), (Co, Rh, Ir), (Ni, Pd, Pt) hat danach die Zahlen **8, 9, 10**. Die Edelgase erhalten die Zahl **18**. Die *Lanthanoiden* (Ce–Lu) und *Actinoiden* (Th–Lr) gehören zwischen die Elemente La und Hf bzw. Ac und Rf

7. Gruppe: Fluor (F), Chlor (Cl), Brom (Br), Iod (I), Astat (At)

8. Gruppe: Helium (He), Neon (Ne), Argon (Ar), Krypton (Kr), Xenon (Xe), Radon (Rn)

Die Metalle der 1. Gruppe werden auch *Alkalimetalle*, die der 2. Gruppe *Erdalkalimetalle* und die Elemente der 3. Gruppe *Erdmetalle* genannt. Die Elemente der 6. (16.) Gruppe sind die sog. *Chalkogene* und die der 7. (17.) Gruppe die sog. *Halogene*. In der 8. (18.) Gruppe stehen die *Edelgase*.

3.1.3 Übergangselemente bzw. Nebengruppenelemente

Bei den sog. Übergangselementen werden beim Durchlaufen einer Periode von links nach rechts Elektronen in **innere Schalen** eingebaut. Es werden die 3d-, 4d-, 5d- und 6d-Zustände besetzt. Übergangselemente nennt man üblicherweise die Elemente mit den Ordnungszahlen 21–30, 39–48 und 72–80, ferner $_{57}$La, $_{89}$Ac, $_{104}$Ku, $_{105}$Ha. Sie haben mit Ausnahme der letzten und z.T. vorletzten Elemente jeder „Übergangselementreihe" unvollständig besetzte d-Orbitale in der *zwei*täußersten Schale. Anomalien bei der Besetzung treten auf, weil **halb- und vollbesetzte Zustände besonders stabil** (energiearm) sind. So hat Chrom (Cr) ein 4s-Elektron, aber fünf 3d-Elektronen, und Kupfer (Cu) hat ein 4s-Elektron und zehn 3d-Elektronen. In Tabelle 5 sind weitere Anomalien gekennzeichnet. Die Einteilung der Übergangselemente in *Nebengruppen* erfolgt analog zu den Hauptgruppenelementen entsprechend der Anzahl der Valenzelektronen, zu denen s- **und** d-Elektronen gehören:

Die Elemente der I. Nebengruppe (Ib), Cu, Ag, Au, haben **ein** s-Elektron; die Elemente der VI. Nebengruppe (VIb), Cr, Mo, haben **ein** s- und **fünf** d-Elektronen, und W hat **zwei** s- und **vier** d-Elektronen.

Bei den sog. **inneren Übergangselementen** werden die 4f- und 5f-Zustände der *dritt*äußersten Schale besetzt. Es sind die **Lanthanoiden** oder *Seltenen Erden* (Ce bis Lu, Ordnungszahl 58–71) und die ***Actinoiden*** (Th bis Lr, Ordnungszahl 90–103). Vgl. hierzu auch S. 257, 259.

Beachte: Lanthan (La) besitzt kein 4f-Elektron, sondern ein 5d-Elektron, obwohl das 4f-Niveau energetisch günstiger liegt als das 5d-Niveau. Das erste Element mit 4f-Elektronen ist Ce ($4f^2$).

Da das 5f-Niveau eine ähnliche Energie besitzt wie das 6d-Niveau, finden sich auch unregelmäßige Besetzungen bei den Actinoiden, s. Tabelle 5.

Alle Übergangselemente sind Metalle. Die meisten von ihnen bilden Komplexverbindungen. Sie kommen in ihren Verbindungen meist in mehreren Oxidationsstufen vor.

3.2 Valenzelektronenzahl und Oxidationsstufen

Die Elektronen in den äußeren Schalen der Elemente sind für deren chemische und z.T. auch physikalische Eigenschaften verantwortlich. Weil die Elemente nur mit Hilfe dieser Elektronen miteinander verknüpft werden können, d.h. Bindungen (Valenzen) ausbilden können, nennt man diese Außenelektronen auch **Valenzelektronen**. Ihre Anordnung ist die **Valenzelektronenkonfiguration**.

Die Valenzelektronen bestimmen das chemische Verhalten der Elemente.

Wird einem neutralen chemischen Element durch irgendeinen Vorgang **ein** Valenzelektron entrissen, wird es **ein**fach positiv geladen. Es entsteht ein **ein**wertiges *Kation*. Das Element wird oxidiert, seine **Oxidationsstufe/Oxidationszahl**, ist +1. Die Oxidationsstufe –1 erhält man, wenn einem neutralen Element ein Valenzelektron zusätzlich hinzugefügt wird. Es entsteht ein *Anion*. Höhere bzw. tiefere Oxidationsstufen/Oxidationszahlen werden entsprechend durch Subtraktion bzw. Addition mehrerer Valenzelektronen erhalten.

Beachte: Als *Ionen* bezeichnet man geladene Atome und Moleküle. Positiv geladene heißen *Kationen*, negativ geladene *Anionen*. Die jeweilige Ladung wird mit dem entsprechenden Vorzeichen oben rechts an dem Element, Molekül etc. angegeben, z.B. Cl^-, SO_4^{2-}, Cr^{3+}.

3.3 Periodizität einiger Eigenschaften

Es gibt Eigenschaften der Elemente, die sich periodisch mit zunehmender Ordnungszahl ändern.

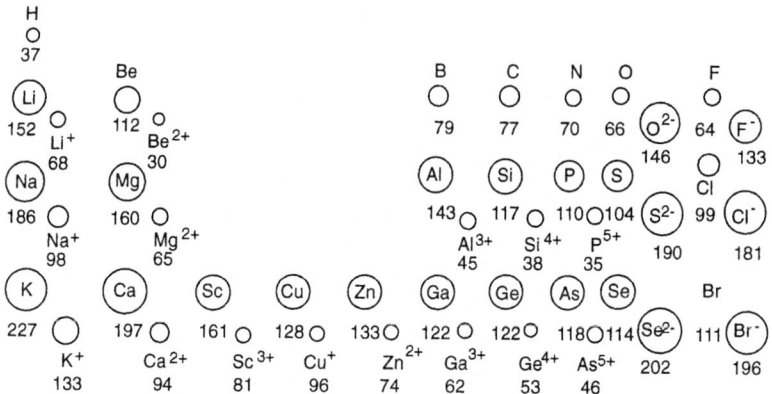

Abb. 10. Atom- und Ionenradien (in pm)

3.3.1 Atom- und Ionenradien

Abb. 10 zeigt die Atom- und Ionenradien wichtiger Elemente.

Aus Abb. 10 kann man entnehmen, dass die Atomradien **innerhalb einer Gruppe** von oben nach unten zunehmen (*Vermehrung der Elektronenschalen*). **Innerhalb einer Periode** nehmen die Atomradien von links nach rechts ab, wegen stärkerer Kontraktion infolge zunehmender Kernladung bei *konstanter Schalenzahl*.

Diese Aussagen gelten analog für die Radien der Kationen bzw. Anionen der Hauptgruppenelemente. Bei Nebengruppenelementen sind die Verhältnisse komplizierter.

3.3.2 Elektronenaffinität (EA)

Die Elektronenaffinität (EA) ist definiert als diejenige **Energie**, die mit der Elektronenaufnahme durch ein gasförmiges Atom oder Ion verbunden ist:

$$X + e^- \longrightarrow X^-; \quad Cl + e^- \longrightarrow Cl^-, \quad EA = -3{,}61 \text{ eV} \cdot \text{mol}^{-1}$$

Beispiel: Das Chlor-Atom nimmt ein Elektron auf und geht in das Cl^--Ion über. Hierbei wird eine Energie von 3,61 eV · mol^{-1} frei (negatives Vorzeichen). Nimmt ein Atom mehrere Elektronen auf, so muss Arbeit gegen die abstoßende Wirkung des ersten „überschüssigen" Elektrons geleistet werden. Die Elektronenaffinität hat dann einen positiven Wert.

Innerhalb einer Periode nimmt der Absolutwert der Elektronenaffinität im Allgemeinen von links nach rechts zu und innerhalb einer Gruppe von oben nach unten ab. Tabelle 6 enthält einige Elektronenaffinitäten.

Tabelle 6. Elektronenaffinitäten ausgewählter Elemente in eV (1 eV = 1,60203·10^{-19} J)

H	−0,75	C		−1,26	F	−3,39	He	+0,5
Li	−0,61	$O + e^- \longrightarrow O^-$	−1,46	Cl	−3,61	Ne	+1,2
Na	−0,54	$O^- + e^- \longrightarrow O^{2-}$	+8,75	Br	−3,36	Ar	+1,0
K	−0,50	$S + e^- \longrightarrow S^-$	−2,07	I	−3,05	Kr	+1,0
Rb	−0,48	$S^- + e^- \longrightarrow S^{2-}$	+5,51			Xe	+0,8

(Nach *H. Hotop* und *W.C. Lineberger*, J. Phys. Chem. Ref. Data **14**(3), 731 (1985). *Beachte:* Die Vorzeichengebung ist in der Literatur uneinheitlich.)

Anmerkung: EA-Werte sind schwierig zu messen. Sie werden meist über einen thermochemischen Kreisprozess berechnet. Die EA ist zahlenmäßig gleich der Ionisierungsenergie des entsprechenden gasförmigen Anions.

3.3.3 Ionisierungspotential / Ionisierungsenergie

Unter dem Ionisierungspotential IP (Ionisierungsenergie) versteht man die Energie, die aufgebracht werden muss, um von einem gasförmigen Atom oder Ion ein Elektron vollständig abzutrennen:

$$\overset{0}{Na} - e^- \longrightarrow Na^+; \qquad IP = 500 \text{ kJ} \cdot \text{mol}^{-1}$$
$$= 5{,}1 \text{ eV} = 8{,}1 \cdot 10^{-19} \text{ J pro Atom}$$

$$H - e^- \longrightarrow H^+; \qquad IP = 13{,}6 \text{ eV}$$

Wird das *erste* Elektron abgetrennt, spricht man vom *1. Ionisierungspotential* usw. Das Ionisierungspotential ist direkt messbar und ein Maß für den Energiezustand des betreffenden Elektrons bzw. der Stabilität der Elektronenstruktur des Atoms oder Ions (Abb. 11).

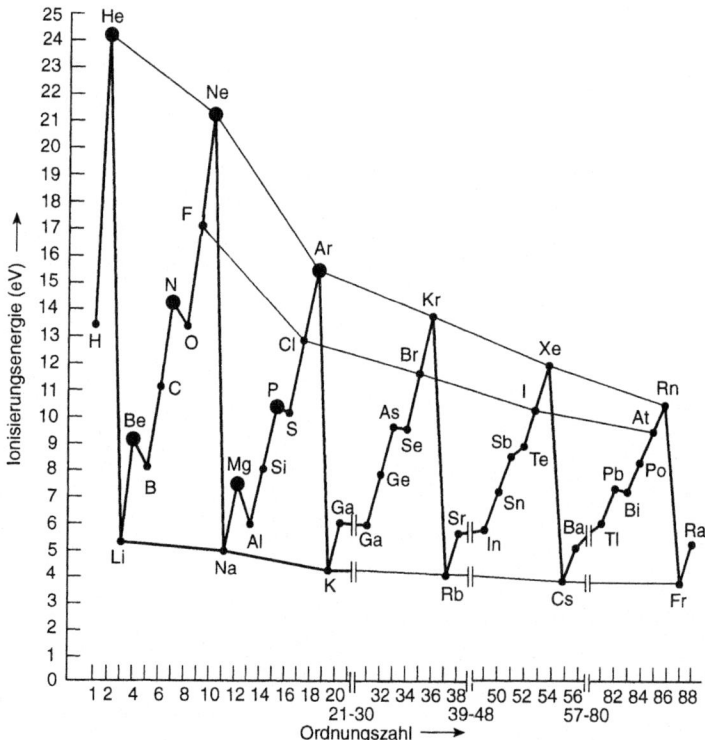

Abb. 11. „Erste" Ionisierungspotentiale (in eV) der Hauptgruppenelemente. Elemente mit halb- und vollbesetzten Energieniveaus in der K-, L- und M-Schale sind durch einen ausgefüllten Kreis gekennzeichnet. 1 eV ≙ 96,485 k

Im Allgemeinen nimmt die Ionisierungsenergie innerhalb einer Periode von links nach rechts zu (wachsende Kernladung, größere Anziehung) und innerhalb einer Gruppe von oben nach unten ab (wachsender Atomradius, größere Entfernung für <Elektron – Atomrumpf >).

Erklärung: Innerhalb einer Periode (konstante Hauptgruppenzahl n) nimmt die effektive Kernladung Z^* mit steigender Ordnungszahl zu, weil die Kernladung zunehmend unvollständig abgeschirmt wird. Dementsprechend wächst die Anziehung zwischen Kern und Elektronenhülle. Innerhalb einer Gruppe kommen neue „Schalen" hinzu. Die Abschirmung der Kernladung nimmt zu und die Anziehung ab.

Definition: Die effektive Kernladung Z^* ist die Kernladung, welche ein Elektron nach Abzug aller Abschirmungseffekte spürt.

Halbbesetzte und **volle** Energieniveaus sind besonders stabil. Dementsprechend haben Elemente mit diesen Elektronenkonfigurationen vergleichsweise hohe Ionisierungspotentiale.

3.3.4 Elektronegativität

Die Elektronegativität EN oder χ ist nach *Linus Pauling* ein Maß für das Bestreben eines Atoms, in einer kovalenten Einfachbindung das bindende Elektronenpaar an sich zu ziehen.

Abb. 12 zeigt die von *Linus Pauling* angegebenen Werte für eine Reihe wichtiger Elemente. Wie man deutlich sehen kann, nimmt die Elektronegativität innerhalb einer **Periode** von links nach rechts zu und innerhalb einer **Gruppe** von oben nach unten meist ab.

H 2,2						H 2,2
Li 1,0	Be 1,6	B 2,0	C 2,6	N 3,0	O 3,4	F **4,0**
Na 0,9	Mg 1,3	Al 1,6	Si 1,9	P 2,2	S 2,6	Cl 3,2
K 0,8	Ca 1,0				Se 2,5	Br 3,0
Rb 0,8	Sr 1,0				Te 2,1	I 2,7
Cs 0,8	Ba 0,9					

Abb. 12. Elektronegativitäten nach *Linus Pauling*

Fluor wird als elektronegativstem Element willkürlich die Zahl 4 zugeordnet. Demgemäß handelt es sich bei den Zahlenwerten in Abb. 12 um *relative Zahlenwerte.*

Bei *kovalent* gebundenen Atomen muss man beachten, dass die Elektronegativität der Atome von der jeweiligen *Hybridisierung* abhängt. So erhöht sich z.B. die EN mit dem Hybridisierungsgrad in der Reihenfolge $sp^3 < sp^2 < sp$.

Linus Pauling hat seine Werte über die Bindungsenergien in Molekülen ermittelt.

Eine einfache Beziehung für die experimentelle Bestimmung der Elektronegativitätswerte wurde auch von *Robert S. Mulliken* angegeben:

$$\chi = \frac{IP + EA}{2}$$

χ = Elektronegativität; IP = Ionisierungspotential; EA = Elektronenaffinität

Die Werte für die Ionisierungspotentiale sind für fast alle Elemente experimentell bestimmt. Für die Elektronenaffinitäten ist dies allerdings nicht in gleichem Maße der Fall.

Die Differenz $\Delta\chi$ der Elektronegativitäten zweier Bindungspartner ist ein Maß für die *Polarität* (= Ionencharakter) der Bindung.

Je größer $\Delta\chi$, umso ionischer (polarer) ist die Bindung.

Beispiele: H–Cl ($\Delta\chi$ = 0,9; ca. 20 % Ionencharakter), NaCl ($\Delta\chi$ = 2,1; typisches Salz).

3.3.5 Metallischer und nichtmetallischer Charakter der Elemente (Abb. 13)

Innerhalb einer Periode nimmt der **metallische** Charakter von links nach rechts ab und innerhalb einer Gruppe von oben nach unten zu. Für den **nichtmetallischen** Charakter gelten die entgegen gesetzten Richtungen.

Im Periodensystem stehen demzufolge die typischen *Metalle* links und unten und die typischen *Nichtmetalle* rechts und oben.

Eine „Trennungslinie" bilden die so genannten **Halbmetalle** B, Si, Ge, As, Se, Sb, Te, (Po, At) die auch in ihrem Verhalten zwischen beiden Gruppen stehen. Die Trennung ist nicht scharf; es gibt eine breite Übergangszone.

Charakterisierung der Metalle. 3/4 aller Elemente sind Metalle, und 9/16 aller binären Systeme sind Metallsysteme. Metalle haben hohe elektrische und thermische Leitfähigkeit, metallischen Glanz, kleine Elektronegativitäten, Ionisierungspotentiale (< 10 eV) und Elektronenaffinitäten. Sie können Oxide bilden und sind in Verbindungen (besonders in Salzen) fast immer der positiv geladene Partner. Metalle sind dehnbar, formbar usw. Sie kristallisieren in sog. Metallgittern.

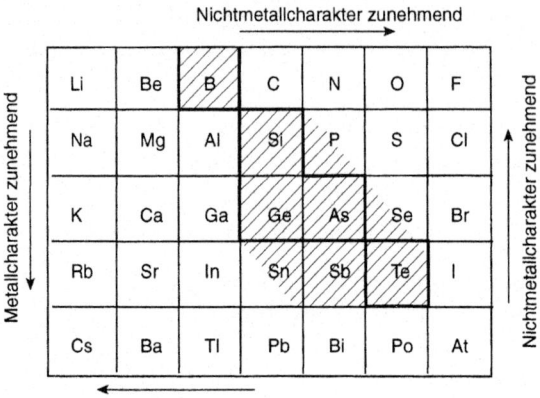

Abb. 13. Metallischer und nichtmetallischer Charakter der Elemente

Charakterisierung der Nichtmetalle. Die Nichtmetalle stehen mit Ausnahme des Wasserstoffs im Periodensystem **eine bis vier** Positionen vor einem Edelgas. Ihre Eigenschaften ergeben sich aus den allgemeinen Gesetzmäßigkeiten im Periodensystem. Nichtmetalle haben relativ hohe Ionisierungspotentiale, große Elektronenaffinitäten (für die einwertigen Anionen) und größere Elektronegativitätswerte als Metalle (außer den Edelgasen). Hervorzuheben ist, dass sie meist Isolatoren sind und untereinander ***typisch kovalente*** Verbindungen bilden, wie H_2, N_2, S_8, Cl_2, Kohlendioxid (CO_2), Schwefeldioxid (SO_2) und Stickstoffdioxid (NO_2). Nichtmetalloxide sind so genannte *Säureanhydride* und reagieren im Allgemeinen mit Wasser zu Säuren.

Beispiele: $CO_2 + H_2O \rightleftharpoons H_2CO_3$; $SO_2 + H_2O \rightleftharpoons H_2SO_3$; $SO_3 + H_2O \rightleftharpoons H_2SO_4$.

Ausnahme: Sauerstofffluoride, z.B. F_2O.

Hauptgruppenelemente

Wasserstoff (H)

Stellung von Wasserstoff im Periodensystem der Elemente (PSE)

Die Stellung von Wasserstoff im PSE ist nicht ganz eindeutig. Als s^1-Element zeigt er sehr große Unterschiede zu den Alkalielementen.

So ist er ein typisches Nichtmetall, besitzt eine Elektronegativität EN von 2,1. Sein Ionisierungspotenzial (H – e$^-$ $\longrightarrow$ H$^+$) ist mit 1312 kJ · mol^{-1} etwa doppelt so hoch wie das der Alkalimetalle. H_2 hat einen Schmp. von –259 °C und einen Sdp. von –253 °C. H-Atome gehen σ-Bindungen ein. Durch Aufnahme von *einem* Elektron entsteht H$^-$ mit der Elektronenkonfiguration von He ($\Delta H = -72$ kJ · mol^{-1}). Es gibt also durchaus Gründe dafür, das Element im PSE in die 1. Hauptgruppe oder in der 3. Hauptgruppe über Bor oder in der 7. Hauptgruppe über Fluor zu stellen.

So genannten metallischen Wasserstoff erhält man erst bei einem Druck von 3–4 Millionen bar.

Die Bildung von molekularem H_2 ist stark exotherm ($\Delta H = -436$ kJ · mol^{-1}).

Geschichte: Der Wasserstoff wurde 1766 von *Henry Cavendish* entdeckt. Er fand, dass beim Auflösen von Metallen in verdünnten Säuren ein brennbares Gas entwickelt wird.

Vorkommen: Auf der Erde selten frei, z.B. in Vulkangasen. In größeren Mengen auf Fixsternen und in der Sonnenatmosphäre. Sehr viel Wasserstoff kommt gebunden vor im Wasser und in Kohlenstoff-Wasserstoff-Verbindungen.

Gewinnung: **Technische Verfahren:** *Kohlevergasung* (früher auch in Deutschland, heute z.B. in Südafrika): Beim Überleiten von Wasserdampf über glühenden Koks entsteht in einer endothermen Reaktion ($\Delta H = +131$ kJ · mol^{-1}) „Wassergas", ein Gemisch aus CO und H_2 (s. S. 87). Bei der anschließenden „*Konvertierung*" wird CO mit Wasser und ZnO/Cr$_2$O$_3$ als Katalysator in CO_2 und H_2 übergeführt:

$$C + H_2O \xrightarrow{1000\ °C} CO + H_2 \qquad \Delta H = +131{,}4 \text{ kJ} \cdot \text{mol}^{-1}$$

$$CO + H_2O \rightleftharpoons H_2 + CO_2 \qquad \Delta H = -42 \text{ kJ} \cdot \text{mol}^{-1}$$

Das CO_2 wird unter Druck mit Wasser oder Methyldiethanolamin ($|NCH_3(C_2H_4OH)_2$, 45 %–ige Lösung) ausgewaschen.

Große Mengen Wasserstoff entstehen bei der Zersetzung von Kohlenwasserstoffen, schwerem Heizöl, Erdölrückständen bei hoher Temperatur (*Crackprozess*) und bei der Reaktion von Erdgas mit Wasser:

$$CH_4 + H_2O \xrightarrow[900\,°C]{Ni} CO + 3\,H_2 \qquad \Delta H = +206\;kJ \cdot mol^{-1}$$

CO wird wieder der Konvertierung unterworfen. Diese katalytische (allotherme) Dampfspaltung (*Steam-Reforming*) von Erdgas (Methan) oder von leichten Erdölfraktionen (Propan, Butan, Naphtha bis zum Siedepunkt von 200 °C) ist derzeit das wichtigste Verfahren. Als Nebenprodukt fällt Wasserstoff bei der *Chloralkali-Elektrolyse* (s. S. 46) an (Zwangsanfall).

Herstellungsmöglichkeiten im Labor: Durch Elektrolyse von leitend gemachtem Wasser (Zugabe von Säure oder Lauge) (*Kathodische Reduktion*); durch Zersetzung von Wasser mit elektropositiven (unedlen) Metallen:

$$2\,Na + 2\,H_2O \longrightarrow 2\,NaOH + H_2;$$

durch Zersetzung von Wasserstoffsäuren und Laugen mit bestimmten Metallen:

$$2\,HCl + Zn \longrightarrow ZnCl_2 + H_2$$

$$Zn + 2\,NaOH + 2\,H_2O \longrightarrow Zn(OH)_4^{2-} + 2\,Na^+ + H_2$$

$$Al + NaOH + 3\,H_2O \longrightarrow [Al(OH)_4]^- + Na^+ + 1½\,H_2$$

$$Fe + 2\,HCl \longrightarrow FeCl_2 + H_2$$

und durch Reaktion von salzartigen Hydriden mit Wasser (s. S.37).

Der auf diese Weise hergestellte Wasserstoff ist besonders reaktionsfähig, da „in statu nascendi" H-Atome auftreten.

Im Labormaßstab benutzt man zur Herstellung von Wasserstoff (H, H_2) meist die Reduktion der H^+-Ionen aus nichtoxidierenden Säuren (HCl, verd. H_2SO_4) mit unedlen Metallen, die in der Spannungsreihe der Elemente (Tabelle 7) links vom Wasserstoff stehen (z.B. Zn, Fe, Mg) im sogenannten *Kippschen Apparat* (Abb. 14).

Tabelle 7. Spannungsreihe der Elemente (Ausschnitt)

K Ca Na Mg Al	Mn Zn Cr Fe Cd Co Ni Sn Pb	H_2	Cu Ag Hg	Au Pt
Leichtmetalle	Schwermetalle		Halbedelmetalle	Edelmetalle
(unedel)	(unedel)			
	links		**rechts**	

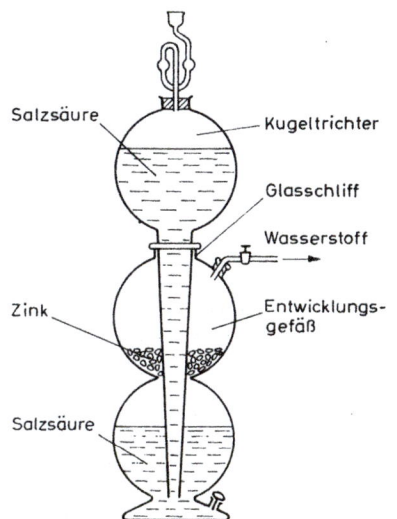

Die obere und die untere Kugel enthalten z.B. HCl. Öffnet man den Hahn (Wasserstoffaustritt), kann die HCl aus der unteren in die obere Kugel hochsteigen und dort mit Zinkspänen reagieren. Der dabei entwickelte H_2 (H, H_2) kann am Hahn entnommen werden. Schließt man den Hahn, geht die Reaktion zunächst weiter. Das Wasserstoffgas drückt dann die HCl in das untere Gefäß zurück. Der Kontakt zwischen dem Zink und der Säure wird unterbrochen, die Reaktion gestoppt.

$$2 H^+ + Zn \longrightarrow H_2\uparrow + Zn^{2+}$$

Ionengleichung

Abb. 14. Kippscher Apparat

Eigenschaften: In der Natur kommen drei Wasserstoffisotope vor: ^1_1H (Wasserstoff), $^2_1H = D$ (schwerer Wasserstoff, Deuterium) und $^3_1H = T$ (Tritium, radioaktiv). Aus Wasser hergestellter Wasserstoff enthält 0,02 % Deuterium ^2_1D. D^+ und T^+ heißen Deuteronen bzw. Tritonen. In ihren chemischen Eigenschaften sind sie praktisch gleich.

Wasserstoff liegt als H_2-Molekül vor. Es ist ein farbloses, geruchloses und geschmackloses Gas. H_2 ist das leichteste Gas. Ein Liter Wasserstoffgas wiegt 0,090 g. Luft ist 14,4 mal so schwer. Da die H_2-Moleküle klein und leicht sind, sind sie außerordentlich beweglich, und haben ein sehr großes Diffusionsvermögen. Wasserstoff ist ein sog. *permanentes* Gas, denn es kann nur durch gleichzeitige Anwendung von Druck und starker Kühlung verflüssigt werden (kritischer Druck: 14 bar, kritische Temperatur: –240 °C). H_2 verbrennt mit bläulicher, sehr heißer Flamme zu Wasser.

Stille elektrische Entladungen zerlegen das H_2-Molekül. Es entsteht reaktionsfähiger *atomarer* Wasserstoff H, der bereits bei gewöhnlicher Temperatur mit vielen Elementen und Verbindungen reagiert.

$$H_2 \rightleftharpoons 2 H \qquad \Delta H = 434{,}1 \text{ kJ} \cdot \text{mol}^{-1}$$

Bei der Rekombination an Metalloberflächen entstehen Temperaturen bis 4000 °C (*Langmuir*-Fackel).

34 Hauptgruppenelemente

Anmerkung: Manche Metalle wie Ni, Cr, Pb zeigen Hemmungserscheinungen (Passivierung) infolge *Wasserstoffüberspannung* oder Bildung von schützenden schwerlöslichen Deckschichten z.B. Pb + $H_2SO_4 \longrightarrow$ **$PbSO_4$** + H_2.

Wasserstoff ist in rot gestrichenen Stahlflaschen im Handel.

Reaktionen und Verwendung von Wasserstoff

Wasserstoff ist ein wichtiges Reduktionsmittel. Es reduziert z.B. Metalloxide:

$$CuO + H_2 \longrightarrow Cu + H_2O$$

und Stickstoff (45 % des weltweit produzierten H_2):

$$N_2 + 3\,H_2 \rightleftharpoons 2\,NH_3 \quad \text{(Haber/Bosch-Verfahren, 2007: ca. 130 Mio. t)}$$

Verwendet wird Wasserstoff z.B. zur Herstellung von HCl und als Heizgas.

Ein Gemisch aus zwei Volumina H_2 und einem Volumen O_2 reagiert nach Zündung (oder katalytisch mit Pt/Pd) explosionsartig zu Wasser. Der Wasserdampf besitzt ein größeres Volumen als das Gemisch $H_2 + \frac{1}{2}\,O_2$. Das Gemisch heißt Knallgas, die Reaktion **Knallgasreaktion:**

$$H_2 + \tfrac{1}{2}\,O_2 \longrightarrow H_2O\,(g) \qquad \Delta H = -239 \text{ kJ} \cdot \text{mol}^{-1}$$

Im Knallgasgebläse für autogenes Schweißen entstehen in einer Wasserstoff/Sauerstoff-Flamme Temperaturen bis 3000 °C. In der organischen Chemie wird H_2 in Verbindung mit Metallkatalysatoren für Hydrierungen benutzt (Kohlehydrierung, Fetthärtung), in Raffinerien (38 %) und zur Qualitätsverbesserung von Erdölprodukten, s. Bd. II. Zur Verwendung in *Brennstoffzellen* s. Bd. I.

Wasserstoff-Verbindungen

Wasserstoffverbindungen bilden (fast) alle Elemente mit Ausnahme der Edelgase. Sie werden bei den einzelnen Elementen besprochen.

Allgemeine Bemerkungen:

Mit den Elementen der **I. und II. Hauptgruppe** bildet Wasserstoff *salzartige Hydride.* Sie enthalten H^--*Ionen* (= Hydrid-Ionen) im Gitter. Beim Auflösen dieser Verbindungen in Wasser bildet sich H_2:

$$H^+ + H^- \longrightarrow H_2$$

Ihre Schmelze zeigt großes elektrisches Leitvermögen. Bei der Elektrolyse entsteht an der Anode H_2. Es sind starke Reduktionsmittel.

Beachte: Im Hydrid-Ion hat Wasserstoff die *Oxidationszahl –1.* Der Ionenradius von H^- liegt mit 136 bis 154 pm (je nach Kation) in der Mitte zwischen den Radien der Cl^-- und F^--Ionen.

Wasserstoffverbindungen mit den **Elementen der III. bis VII. Hauptgruppe** sind überwiegend kovalent gebaut *(kovalente Hydride)*, z.B. C_2H_6, CH_4, PH_3, H_2S, HCl. In all diesen Verbindungen hat Wasserstoff die Oxidationszahl +1.

Metallartige Hydride (legierungsartige Hydride) werden von manchen Übergangselementen gebildet. Es handelt sich dabei allerdings mehr um Einlagerungsverbindungen von Wasserstoff, d.h. Einlagerungen von H-Atomen auf Zwischengitterplätzen im Metallgitter, z.B. $TiH_{1,7}$, $LaH_{2,87}$. Uran bildet das stöchiometrisch zusammengesetzte Hydrid UH_3. Durch die Einlagerung von Wasserstoff verschlechtern sich die metallischen Eigenschaften. $FeTiH_x$ (x bis max. 2) befindet sich als Wasserstoffspeicher in der Erprobung.

Hochpolymere Hydride wie z.B. $(AlH_3)_x$ zeigen weder Salz- noch Metallcharakter.

Komplexe Hydride sind ebenfalls salzartig aufgebaut, enthalten aber im Gegensatz zu den salzartigen Hydriden keine freien Hydrid-Ionen, sondern an ein Metall oder Halbmetall kovalent gebundenen Wasserstoff. Am bekanntesten und wichtigsten sind hier Lithiumaluminiumhydrid ($LiAlH_4$), und Natriumborhydrid ($NaBH_4$). Sie werden als starke Reduktionsmittel in der chemischen Synthese benutzt, da sie den Wasserstoff als Hydrid-Ion auf geeignete Substrate übertragen können. Während Lithiumaluminiumhydrid explosionsartig mit Wasser reagiert, kann Natriumborhydrid in wässriger Lösung (und in anderen protischen Lösemitteln wie Alkoholen) eingesetzt werden.

Kovalente Hydride, die durch Wasser hydrolysiert werden, bilden ein Säure-Base-System:

$$HCl\,(g) + H_2O \longrightarrow H_3O^+ + Cl^-$$

Der Dissoziationsgrad hängt von der Polarisierbarkeit der Bindung (Elektronegativitäten der Bindungspartner), der Hydrationsenthalpie und anderen Faktoren ab.

Deuterium: ^2_1H *(D)*

Gewinnung: Fraktionierung von natürlichen Wasserstoff mit Isotopentrennverfahren (kaum praktische Bedeutung).

Deuterium wird in der ^{1}H-NMR-Spektroskopie häufig zur Strukturbestimmung benutzt. In Verbindung mit austauschbaren H-Atomen lassen sich oft *Austauschreaktionen* H gegen D durchführen.

Beispiele:

$$X\text{–}H + D_2O \longrightarrow X\text{–}D + HDO$$

$$CH_4 + D_2/Ni \longrightarrow CH_3D + HD$$

D_2O: „schweres Wasser" kann z.B. durch Elektrolyse von Wasser an der Kathode angereichert werden, weil H_2O schneller zu H_2 reduziert wird als D_2O.

Tritium: ^3_1H *(T)* wird für Isotopenmarkierung von Wasserstoffverbindungen künstlich hergestellt (Bombardierung von ^6_3Li mit langsamen Neutronen).

Die Zukunftstechnologie **Kernfusion** versucht ähnlich wie bei der Energiegewinnung der Sonne Atomkerne miteinander zu *verschmelzen*. In dem thermonuklearen Experimentalreaktor (ITER Standort Cadarache, Südfrankreich) soll **Deuterium** und **Tritium** zu Helium verschmolzen werden.

Ein Gramm Brennstoff könnte nach Schätzung des Max-Planck-Instituts für Plasmaphysik (IPP) in einem Kraftwerk 90 000 Kilowattstunden Strom erzeugen, dies entspricht der Verbrennungswärme von 11 Tonnen Kohle.

I. Hauptgruppe
Alkalimetalle (Li, Na, K, Rb, Cs, Fr)

Diese Elemente der 1. Hauptgruppe heißen Alkalimetalle. Sie haben alle ein Elektron mehr als das im PSE vorangehende Edelgas. Dieses Valenzelektron wird besonders leicht abgegeben (geringe Ionisierungsenergie), wobei positiv einwertige Ionen entstehen.

Die Alkalimetalle sind sehr reaktionsfähig. So bilden sie schon an der Luft Hydroxide und Carbonate. Sie zersetzen Wasser unter Bildung von H_2 und Metallhydroxid.

Die Alkalimetalle sind weich, leicht schmelzbar und von geringer Dichte. Frische Schnittflächen haben silbrigen Glanz. Unter Oxidbildung laufen sie rasch an.

Die Alkalimetalle müssen unter Luftabschluss (z.B. in Petroleum) aufbewahrt werden. Mit Wasser reagieren sie unter heftiger Wasserstoffentwicklung.

Bei *Kalium*, *Rubidium* und *Cäsium* ist die Reaktionswärme so groß, dass sich der Wasserstoff unter Knall entzündet.

Cäsium ist das unedelste und reaktionsfreudigste aller Elemente.

Die Hydroxide sind in Wasser stark dissoziiert. Sie sind die stärksten Basen (Laugen). Die Basenstärke nimmt von *Lithium* nach unten (*Cäsium*) stark zu.

Fast alle Salze der Alkalimetalle (auch Carbonate, Phosphate, Silicate) sind in Wasser leicht löslich und stark in die Ionen dissoziiert. Die Ausnahme machen Lithiumcarbonat und Lithiumphosphat.

Den Alkaliionen sehr ähnlich ist das Ammonium-Ion NH_4^+. Von den Alkalisalzen unterscheiden sich die Ammoniumsalze durch ihre Flüchtigkeit und Sublimierbarkeit.

Mit Sauerstoff erhält man verschiedene Oxide: *Lithium* bildet ein **normales** Oxid Li_2O. *Natrium* verbrennt zu Na_2O_2, Natrium**peroxid.** Durch Reduktion mit metallischem Natrium kann dieses in das Natrium*oxid* Na_2O übergeführt werden. Das Natrium**hyperoxid** NaO_2 erhält man aus Na_2O_2 bei ca. 500 °C und einem Sauerstoffdruck von ca. 300 bar.

Kalium, *Rubidium* und *Cäsium* bilden direkt die **Hyperoxide** KO_2, RbO_2 und CsO_2 beim Verbrennen der Metalle an der Luft.

Die Verbindungen der Alkalimetalle färben die nichtleuchtende Bunsenflamme charakteristisch: Li – rot, Na – gelb, K – rotviolett, Rb – rot, Cs – blau.

Tabelle 8. Eigenschaften der Alkalimetalle

Name	Lithium	Natrium	Kalium	Rubidium	Cäsium	Francium
Elektronenkonfiguration	[He]2s^1	[Ne]3s^1	[Ar]4s^1	[Kr]5s^1	[Xe]6s^1	[Rn]7s^1
Schmp. [°C]	180	98	64	39	29	(27)
Sdp. [°C]	1330	892	760	688	690	(680)
Ionisierungsenergie [kJ/mol]	520	500	420	400	380	
Atomradius [pm] im Metall	152	186	227	248	263	
Ionenradius [pm]	68	98	133	148	167	180
Hydratationsenergie [kJ/mol]	−499,5	−390,2	−305,6	−280,9	−247,8	
Hydratationsradius [pm]	340	276	232	228	228	

I. Hauptgruppe – Alkalimetalle (Li, Na, K, Rb, Cs, Fr)

Geschichte: In den Büchern des Alten Testaments kommt eine Substanz vor die als Waschmittel diente und die als „*neter*" bezeichnet wird. Sie war auch den alten Ägyptern bekannt. Bei den Griechen (*Aristoteles, Dioskorides*) hieß sie „*nitron*" und bei *Plinius* „*nitrum*". Man hat darunter *Soda* und zum Teil auch *Pottasche* zu verstehen.

Bei den arabischen Alchemisten ist daraus „*natron*" entstanden. Bei dem Alchemisten *Abū Mūsā Dschābir ibn Hayyān (lat. Geber)* kommen in den ihm zugeschriebenen Schriften (14. und 15. Jd.) in der gleichen Bedeutung der Name „*alkali*" vor, neben den gleichfalls dort zuerst bebrauchten Namen *Soda* (alkali: wahrscheinlich vom arab. Qualjan = Pflanzenasche).

Seit etwa 1600 gebrauchte man für Alkalicarbonat die Bezeichnung „*Sal lixiviosum*". Hieraus entstand „Laugensalz".

Die Verschiedenheit des „Natrons" (die dem Kochsalz zugrundeliegenden Base) vom „Kali" (wurde in Form des Carbonats aus Holzasche gewonnen) wurde 1702 von *Georg Ernst Stahl* ausgesprochen und 1736 durch *Henri Louis Duhamel du Monceau* experimentell bewiesen. 1758 fand *Andreas Sigismund Marggraf* die Unterscheidbarkeit von Kalium und Natrium durch die Flammenfärbung. Die Herstellung der „freien" Metalle glückte zuerst 1807 *Humphry Davy*. Er legte ein Stück angefeuchtetes Ätznatron bzw. Ätzkali in eine Platinschale, die gleichzeitig als Elektrode diente und stellte durch Elektrolyse erstmals die Reinelemente Natrium und Kalium (Barium, Strontium, Calcium und Magnesium) dar.

Lithium (Li)

Das Li^+-Ion ist das kleinste Alkalimetall-Ion. Folglich hat es mit 1,7 die größte Ladungsdichte (Ladungsdichte = Ladung/Radius). Natrium hat zum Vergleich eine Ladungsdichte von 1,0 und Mg^{2+} aus der II. Hauptgruppe von 3,1. Da die Ladungsdichte für die chemischen Eigenschaften von Ionen eine große Rolle spielt, ist es nicht verwunderlich, dass Lithium in manchen seiner Eigenschaften dem zweiten Element der II. Hauptgruppe ähnlicher ist als seinen höheren Homologen.

Die Erscheinung, dass das *erste* Element einer Gruppe auf Grund vergleichbarer Ladungsdichte in manchen Eigenschaften dem *zweiten Element der folgenden Gruppe* ähnlicher ist als seinen höheren Homologen, nennt man *Schrägbeziehung im PSE*. Deutlicher ausgeprägt ist diese Schrägbeziehung zwischen den Elementen Be und Al sowie B und Si.

Große Ladungsdichte bedeutet große polarisierende Wirkung auf Anionen und Dipolmoleküle. Unmittelbare Folgen sind die Fähigkeit des Li^+-Kations zur Ausbildung kovalenter Bindungen, *Beispiel* $(LiCH_3)_4$ (Abb. 15) und die große Neigung zur Hydration. In kovalenten Verbindungen versucht Li die Elektronenkonfiguration von Neon zu erreichen, entweder durch die Ausbildung von Mehrfachbindungen, *Beispiel* $(LiCH_3)_4$, oder durch Adduktbildung, z.B. LiCl in H_2O:

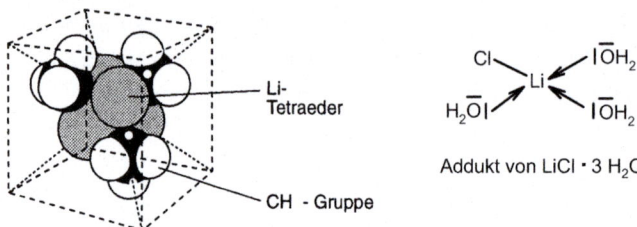

Abb. 15. Struktur von $(LiCH_3)_4$. Die vier Li-Atome bauen ein Tetraeder auf, während die CH_3-Gruppen symmetrisch über den Tetraederflächen angeordnet sind

Der Radius des hydratisierten Li^+-Ions ist mit 340 pm fast sechsmal größer als der des isolierten Li^+. Für das Cs^+ (167 pm) ergibt sich im hydratisierten Zustand nur ein Radius von 228 pm.

Beachte: Dies ist auch der Grund dafür, dass das Normalpotenzial E^0 für Li/Li^+ unter den Messbedingungen einen Wert von $-3,03$ V hat.

Geschichte: Lithium (abgeleitet von griech. λίθος *lithos* „Stein") wurde 1817 von *Johan August Arfwedson* entdeckt. Es wurde auf Grund seines Vorkommens in Steinen benannt.

Die Herstellung des freien Metalls gelang zuerst *Robert Wilhelm Bunsen* und *Augustus Matthiessen* 1855 durch Elektrolyse des geschmolzenen Chlorids.

Vorkommen: Zusammen mit Na und K in Silicaten in geringer Konzentration weit verbreitet (z.B. Bolivien und Afghanistan). Die bekannten weltweiten Lithiumvorräte im Boden werden z.Zt. auf etwa 15 Millionen Tonnen geschätzt. Die Weltproduktion steigt ständig. 2010 benötigt die Industrie etwa 35.000 Tonnen reines Lithium.

Herstellung: Schmelzelektrolyse von LiCl mit KCl als Flussmittel.

Eigenschaften: Silberweißes, weiches Metall. Läuft an der Luft an unter Bildung von Lithiumoxid Li_2O und Lithiumnitrid Li_3N (schon bei 25 °C!). Lithium ist das leichteste Metall. Zusammen mit D_2 und T_2 wird es bei Kernfusionsversuchen eingesetzt.

Verwendung: Wegen seines negativen Normalpotenzials findet es in Batterien Verwendung, z.B. im hier beschriebenen Lithium-Ionenakku:

Grundprinzip: $LiMO_x + C_n \underset{\text{Entladen}}{\overset{\text{Laden}}{\rightleftarrows}} Li_{1-y}MO_x + Li_yC_n$

Negative Elektrode: M = Co, Mn, Ni; C = Graphit, Koks.

Positive Elektrode: Li^+ in bestimmten Oxiden mit Schichtstruktur wie z.B. Manganoxiden.

Negative Elektrode: Lithium bildet mit bestimmten Graphitsorten sog. Interkalationsverbindungen (Einlagerungsverbindungen). Dabei werden Li-Ionen in das Schichtgitter, bei gleichzeitiger Elektronenaufnahme und Abgabe, eingebracht. Das Ion wird formal entladen, es entsteht aber keine definierte chemische Verbindung.

Die Aufnahme und Abgabe von Li^+-Ionen entspricht der Beziehung:

$$x \cdot Li^+ + x \cdot e^- + C_6 \rightleftharpoons Li_xC_6$$

Während dieser Reaktion bleibt das Elektrodenpotential ziemlich konstant.

Positive Elektrode: Hier gibt es Einlagerungsverbindungen von Li^+ in bestimmten Oxiden mit Schichtstruktur, z.B. Manganoxiden.

$$LiMn_2O_4 \underset{\text{Entladen}}{\overset{\text{Laden}}{\rightleftharpoons}} Li_{1-x}Mn_2O_4 + x \cdot e^- + x \cdot Li^+$$

In der galvanischen Zelle werden während des Lade- und Entladeprozesses nur Li^+-Ionen absorbiert und freigesetzt. Diese pendeln zwischen den Elektroden.

Das System erreicht eine Zellspannung von ca. 3,6 V und eine Leistung von 120 Wh/kg und 270 Wh/L.

Lithium-Verbindungen

Li_2O, Lithiumoxid entsteht beim Verbrennen von Li bei 100 °C in Sauerstoffatmosphäre.

$$4\,Li + O_2 \longrightarrow 2\,Li_2O$$

LiH, Lithiumhydrid entsteht beim Erhitzen von Li mit H_2 bei 600–700 °C. Es kristallisiert im NaCl-Gitter und ist so stabil, dass es unzersetzt geschmolzen werden kann. Es enthält das **Hydrid-Ion H^-** und hat eine stark hydrierende Wirkung. LiH bildet Doppelhydride, die ebenfalls starke Reduktionsmittel sind:

z.B. $4\,LiH + AlCl_3 \longrightarrow LiAlH_4$ (Lithiumaluminiumhydrid) + 3 LiCl

Li_3PO_4 ist schwerlöslich und zum Nachweis von Li geeignet.

LiCl bildet farblose, zerfließliche Kristalle; zum Unterschied von NaCl und KCl z.B. in Alkohol löslich.

Li_2CO_3: Zum Unterschied zu den anderen Alkalicarbonaten in Wasser schwer löslich. Ausgangssubstanz zur Herstellung anderer Li-Salze.

Lithiumorganyle (Lithiumorganische Verbindungen), z.B. $LiCH_3$, LiC_6H_5. Die Substanzen sind sehr sauerstoffempfindlich, zum Teil selbstentzündlich und auch sonst sehr reaktiv. Wichtige Synthese-Hilfsmittel.

Herstellung:

$$2\,Li + RX \longrightarrow LiR + LiX \qquad (X = Halogen)$$

Lösemittel: Tetrahydrofuran, Benzol, Ether

Auch Metall-Metall-Austausch ist möglich:

$$2\,Li + R_2Hg \longrightarrow 2\,RLi + Hg$$

Lithiumorganyle haben typisch kovalente Eigenschaften. Sie sind flüssig oder niedrig schmelzende Festkörper. Sie neigen zu Molekülassoziation. *Beispiel:* $(LiCH_3)_4$

Natrium (Na)

Natrium kommt in seinen Verbindungen als Na^+-Kation vor. Ausnahmen sind einige kovalente Komplexverbindungen.

Geschichte: Elementares Natrium wurde erstmals 1807 von *Humphry Davy* durch Schmelzflusselektrolyse aus Natriumhydroxid gewonnen und Sodium genannt. Der deutsche Name „Natrium" ist über das arabische „natrun", „Natron", vom ägyptischen „netjerj" abgeleitet.

Vorkommen: NaCl (Steinsalz oder Kochsalz), $NaNO_3$ (Chilesalpeter), Na_2CO_3 (Soda), $Na_2SO_4 \cdot 10\,H_2O$ (Glaubersalz), $Na_3[AlF_6]$ (Kryolith).

Herstellung: Durch Schmelzelektrolyse von NaOH (mit der *Castner*-Zelle) oder bevorzugt aus NaCl (*Downs*-Zelle, Abb. 16).

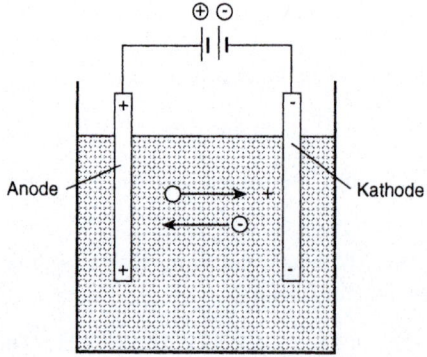

Abb. 16. Schmelzelektrolyse von NaCl. $(+) = Na^+$; $(-) = Cl^-$

Anodenvorgang: $2\,Cl^- \longrightarrow Cl_2 + 2\,e^-$. Es besteht kein Unterschied zur Chloralkalielektrolyse.

Kathodenvorgang: $Na^+ + e^- \longrightarrow Na^0$. An der Kathode nimmt ein Na^+-Kation ein Elektron auf und wird zum neutralen Na-Atom reduziert. An der Kathode entsteht metallisches Natrium.

Gesamtvorgang: $2\,Na^+ + 2\,Cl^- \xrightarrow{\text{Elektrolyse}} 2\,Na + Cl_2$. Es entstehen metallisches Natrium und Chlorgas.

Eigenschaften: Silberweißes, weiches Metall; lässt sich schneiden und zu Draht pressen. Bei 0 °C ist sein elektrisches Leitvermögen nur dreimal kleiner als das von Silber. Im Na-Dampf sind neben wenigen Na_2-Molekülen hauptsächlich Na-Atome vorhanden.

Natrium wird an feuchter Luft sofort zu NaOH oxidiert und muss daher *unter Petroleum* aufbewahrt werden. In vollkommen trockenem Sauerstoff kann man es schmelzen, ohne dass es oxidiert wird! Bei Anwesenheit von Spuren Wasser verbrennt es mit intensiv gelber Flamme zu Na_2O_2, Natriumperoxid. Gegenüber elektronegativen Reaktionspartnern ist Natrium sehr reaktionsfähig. z.B.:

$2\,Na + 2\,H_2O \longrightarrow 2\,NaOH + H_2 \qquad \Delta H = -285{,}55\,kJ \cdot mol^{-1}$

$2\,Na + Cl_2 \longrightarrow 2\,NaCl \qquad \Delta H = -881{,}51\,kJ \cdot mol^{-1}$

$2\,Na + 2\,CH_3OH \longrightarrow 2\,CH_3ONa + H_2$

Natrium löst sich in absolut trockenem, flüssigem NH_3 mit blauer Farbe. In der Lösung liegen solvatisierte Na^+-Ionen und solvatisierte Elektronen vor. Beim Erhitzen der Lösung bildet sich Natriumamid s. hierzu auch S. 109.

$2\,Na + 2\,NH_3 \longrightarrow 2\,NaNH_2 + H_2$

Verwendung: Zur Herstellung von Na_2O_2 (für Bleich- und Waschzwecke); $NaNH_2$ (z.B. zur Indigosynthese); für organische Synthesen; als Trockenmittel für Ether, Benzol u.a.; für Natriumdampf-Entladungslampen; in flüssiger Form als Kühlmittel in Kernreaktoren (schnelle Brüter), weil es einen niedrigeren Neutronen-Absorptionsquerschnitt besitzt.

Natrium-Verbindungen

NaCl, Natriumchlorid, Kochsalz, Steinsalz. Vorkommen: In Steinsalzlagern, Solquellen, im Meerwasser (3 %) und in allen Organismen. *Gewinnung:* Bergmännischer Abbau von Steinsalzlagern; Auflösung von Steinsalz mit Wasser und Eindampfen der „Sole"; durch Auskristallisieren aus Meerwasser. 100 g Wasser lösen bei 22 °C 35,8 g NaCl. *Verwendung:* Ausgangsmaterial für Na_2CO_3, NaOH, Na_2SO_4, $Na_2B_4O_7 \cdot 10\,H_2O$ (Borax); für Chlorherstellung; für Speise- und Konservierungszwecke; im Gemisch mit Eis als Kältemischung (−21 °C).

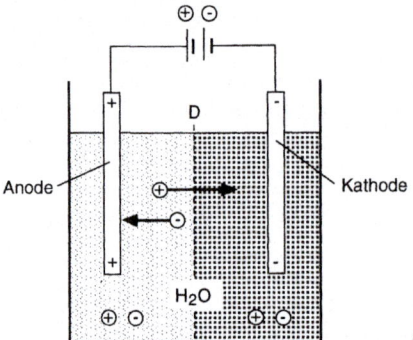

Abb. 17. (+)= Na^+; (−) = Cl^-; D = Diaphragma

Anmerkung: Bei dieser Versuchsanordnung müssen Kathodenraum und Anodenraum durch ein Diaphragma voneinander getrennt werden, damit die Reaktionsprodukte nicht sofort miteinander reagieren. Über mögliche Reaktionen s. S. 167

NaOH, Natriumhydroxid, Ätznatron. Herstellung: Durch Elektrolyse einer wässrigen Lösung von NaCl (Chloralkalielektrolyse).

In einer wässrigen Lösung von NaCl liegen hydratisierte Na^+-Kationen und Cl^--Anionen vor.

(1.) „Diaphragma-Verfahren" (Abb. 17)

Anodenvorgang: $\quad 2\ Cl^- \longrightarrow Cl_2 + 2\ e^-$.

An der Anode geben die Cl^--Ionen je ein Elektron ab. Zwei entladene (neutrale) Chloratome vereinigen sich zu einem Chlormolekül. Anode: Retortenkohle; Achesongraphit; Titan/Rutheniumdioxid.

Kathodenvorgang: $\quad 2\ Na^+ + 2\ H_2O + 2\ e^- \longrightarrow H_2 + 2\ Na^+ + 2\ OH^-$.

An der Kathode werden Elektronen auf Wasserstoffatome der Wassermoleküle übertragen. Es bilden sich elektrisch neutrale H-Atome, die zu H_2 Molekülen kombinieren. Aus den Wassermolekülen entstehen ferner OH^--Ionen. Man erhält **kein** metallisches Natrium! Weil Wasserstoff ein positiveres Normalpotential als Na hat, wird Wasser zersetzt. Kathode: Eisen.

Gesamtvorgang: $\quad NaCl + 2\ H_2O \longrightarrow 2\ NaOH + H_2 + Cl_2$.

Bei der Elektrolyse einer wässrigen NaCl-Lösung entstehen Natronlauge (NaOH), Chlorgas (Cl_2) und Wasserstoffgas (H_2).

(2.) „Amalgam-Verfahren"

Hier werden Anoden- und Kathodenvorgang in getrennten Zellen durchgeführt.

An der *Hg-Kathode* in der einen Zelle besitzt Wasserstoff eine hohe Überspannung und wird dadurch unedler; er bekommt ein negativeres Redoxpotenzial als Natrium. Damit wird die Reduktion von Na^+ zu Na^0 möglich. Das metallische Natrium bildet mit Quecksilber ein Amalgam (0,4 %ig).

In der zweiten Zelle ist Quecksilber als *Anode* geschaltet. Hier wird das Amalgam zu 20–50 %iger NaOH-Lösung und Wasserstoff zersetzt ($2\ Na + 2\ H_2O \longrightarrow 2\ NaOH + H_2$). Man erhält reine (chlorid-freie) NaOH.

NaOH ist in Wasser leicht löslich.

Verwendung: In wässriger Lösung als starke Base (Natronlauge). Es dient zur Farbstoff-, Kunstseiden- und Seifenfabrikation (s. Bd. II), ferner zur Gewinnung von Cellulose aus Holz und Stroh, zur Reinigung von Ölen und Fetten u.a. Es muss Luftdicht aufbewahrt werden, weil es sich mit CO_2 zu Na_2CO_3 umsetzt.

Im Labor benutzt man gelegentlich NaOH als Trockenmittel und zum Absorbieren von CO_2.

Beachte: Glasgeräte und Flaschen mit NaOH-Lösung dürfen nicht mit Glasstopfen verschlossen werden. Sie würden sich „festfressen", weil NaOH in geringem Maße Glas löst.

Na_2SO_4, Natriumsulfat: Als Glaubersalz kristallisiert es mit 10 H_2O. *Vorkommen:* In großen Lagern, im Meerwasser. *Herstellung:*

$$2\ NaCl + H_2SO_4 \longrightarrow Na_2SO_4 + 2\ HCl$$

Es findet *Verwendung* in der Glas-, Farbstoff-, Textil- und Papierindustrie.

$NaNO_3$, Natriumnitrat, Chilesalpeter. *Vorkommen:* Lagerstätten u.a. in Chile, Ägypten, Kleinasien, Kalifornien. *Technische Herstellung:*

$$Na_2CO_3 + 2\ HNO_3 \longrightarrow 2\ NaNO_3 + H_2O + CO_2 \quad \text{oder}$$

$$NaOH + HNO_3 \longrightarrow NaNO_3 + H_2O$$

$NaNO_3$ ist leichtlöslich in Wasser. *Verwendung* als Düngemittel.

Na_2CO_3, Natriumcarbonat: *Vorkommen* als Soda $Na_2CO_3 \cdot 10\ H_2O$ in einigen Salzen, Mineralwässern, in der Asche von Algen und Tangen. *Technische Herstellung:* **Solvay**-Verfahren (1863): In eine NH_3-gesättigte Lösung von NaCl wird CO_2 eingeleitet. Es bildet sich schwerlösliches $NaHCO_3$. Durch Glühen entsteht daraus Na_2CO_3. *Das Verfahren beruht auf der Schwerlöslichkeit von $NaHCO_3$.* Das freigesetzte CO_2 kann wieder eingesetzt und Ammoniakgas zurück gewonnen werden.

$$2\ NH_3 + 2\ CO_2 + 2\ H_2O \rightleftharpoons 2\ NH_4HCO_3$$

$$2\ NH_4HCO_3 + 2\ NaCl \longrightarrow 2\ NaHCO_3 + 2\ NH_4Cl$$

$$2\ NaHCO_3 \xrightarrow{\Delta} Na_2CO_3 + H_2O + CO_2$$

Verwendung: Als Ausgangssubstanz für andere Na-Verbindungen; in der Seifen-, Waschmittel- und Glasindustrie, als schwache Base im Labor.

Beachte: „Sodawasser" ist eine Lösung von CO_2 in Wasser (= Sprudel).

NaHCO₃, Natriumhydrogencarbonat (Natriumbicarbonat, Natron, Bullrichsalz): Entsteht beim Solvay-Verfahren. In Wasser schwerlöslich. *Verwendung* z.B. gegen überschüssige Magensäure, als Brause- und Backpulver. Zersetzt sich ab 100 °C:

$$2\ NaHCO_3 \longrightarrow Na_2CO_3 + CO_2 + H_2O$$

Na₂O₂, Natriumperoxid bildet sich beim Verbrennen von Natrium an der Luft. Starkes Oxidationsmittel.

Na₂S₂O₄, Natriumdithionit (s. S. 152): Starkes Reduktionsmittel.

Na₂S₂O₃, Natriumthiosulfat erhält man aus Na_2SO_3 durch Kochen mit Schwefel (s. S. 152). Dient als Fixiersalz in der Photographie, s. S. 175.

Kalium (K)

Geschichte: Kalium (von Kali aus dem arabischen al-qalya, „Pflanzenasche"). Es wurde 1807 von *Humphry Davy* durch Elektrolyse von schwach angefeuchteten Ätzalkalien zusammen mit Natrium gewonnen und Potassium (aus „Pottasche") genannt. In Deutschland wurde der Namen Kalium von *Martin Heinrich Klaproth* 1796 eingeführt und übernommen.

Vorkommen: Als Feldspat $K[AlSi_3O_8]$ und Glimmer, als KCl (Sylvin) in Kalisalzlagerstätten, als $KMgCl_3 \cdot 6\ H_2O$ (Carnallit), K_2SO_4 usw. Granit = Quarz + Feldspat und Glimmer

Herstellung: Schmelzelektrolyse von KOH.

Eigenschaften: Silberweißes, wachsweiches Metall, das sich an der Luft sehr leicht oxidiert. Es wird unter Petroleum aufbewahrt. K ist reaktionsfähiger als Na und zersetzt Wasser so heftig, dass sich der freiwerdende Wasserstoff selbst entzündet:

$$2\ K + 2\ H_2O \longrightarrow 2\ KOH + H_2$$

An der Luft verbrennt es zu Kaliumdioxid KO_2, einem Hyperoxid. Das Valenzelektron des K-Atoms lässt sich schon mit langwelligem UV-Licht abspalten (Alkaliphotozellen). Das in der Natur vorkommende Kalium-Isotop ^{40}K ist radioaktiv und eignet sich zur Altersbestimmung von Mineralien.

Kalium-Verbindungen

KCl, Kaliumchlorid: Vorkommen als Sylvin und Carnallit, $KCl \cdot MgCl_2 \cdot 6\,H_2O$ = $KMgCl_3 \cdot 6\,H_2O$. *Gewinnung* aus Carnallit durch Behandeln mit Wasser, da KCl schwerer löslich ist als $MgCl_2$. Es wird als Bestandteil der sog. *Abraumsalze* von Salzlagerstätten gewonnen. Findet *Verwendung* als Düngemittel. Es ist Ausgangsstoff für andere Kaliumverbindungen.

KOH, Kaliumhydroxid, Ätzkali. Herstellung:

(1.) Elektrolyse von wässriger KCl-Lösung (s. NaOH).

(2.) Kochen von K_2CO_3 mit gelöschtem Kalk (Kaustifizieren von Pottasche):

$$K_2CO_3 + Ca(OH)_2 \longrightarrow CaCO_3 + 2\,KOH$$

KOH kann bei 350–400 °C unzersetzt sublimiert werden. Der Dampf besteht vorwiegend aus $(KOH)_2$-Molekülen. KOH ist stark hygroskopisch und absorbiert begierig CO_2. Es ist eine sehr starke Base (wässrige Lösung = Kalilauge). Es findet u. a. bei der Seifenfabrikation und als Ätzmittel Verwendung.

KNO_3, Kaliumnitrat, Salpeter. Herstellung:

(1.) $NaNO_3 + KCl \longrightarrow KNO_3 + NaCl$

(2.) $2\,HNO_3 + K_2CO_3 \longrightarrow 2\,KNO_3 + H_2O + CO_2$

Verwendung: Als Düngemittel, Bestandteil des Schwarzpulvers etc.

K_2CO_3, Kaliumcarbonat, Pottasche. Herstellung:

(1.) $2\,KOH + CO_2 \longrightarrow K_2CO_3 + H_2O$ (Carbonisieren von KOH)

(2.) *Formiat-Pottasche-Verfahren*. Verfahren in drei Stufen:

a) $K_2SO_4 + Ca(OH)_2 \longrightarrow CaSO_4 + 2\,KOH$

b) $2\,KOH + 2\,CO \longrightarrow 2\,HCOOK$

c) $2\,HCOOK + 2\,KOH + O_2 \longrightarrow 2\,K_2CO_3 + 2\,H_2O$

Verwendung: Zur Herstellung von Schmierseife und Kaliglas.

$KClO_3$, Kaliumchlorat: Herstellung durch Disproportionierungsreaktionen beim Einleiten von Cl_2 in heiße KOH:

$$6\,KOH + 3\,Cl_2 \longrightarrow KClO_3 + 5\,KCl + 3\,H_2O$$

$KClO_3$ gibt beim Erhitzen Sauerstoff ab: es disproportioniert in Cl^- und ClO_4^-; bei stärkerem Erhitzen spaltet Perchlorat Sauerstoff ab:

$$4\ ClO_3^- \longrightarrow 3\ ClO_4^- + Cl^-$$

$$ClO_4^- \longrightarrow 2\ O_2 + Cl^-$$

Verwendung von $KClO_3$: Als Antiseptikum, zur Zündholzfabrikation, zu pyrotechnischen Zwecken, zur Unkrautvernichtung, Herstellung von Kaliumperchlorat.

K_2SO_4: Düngemittel.

Rubidium (Rb) und Cäsium (Cs)

Beide Elemente kommen als Begleiter der leichteren Homologen in sehr geringen Konzentrationen vor.

Geschichte: Entdeckt wurden sie von *Robert Bunsen* und *Gustav Robert Kirchhoff* mit der Spektralanalyse (1860). Sie wurden im Dürkheimer Mineralwasser entdeckt und auf Grund ihrer Spektren benannt (caesius = blaugrau und rubidius = dunkelrot). Die Herstellung von metallischem Caesium gelang zuerst *Carl Setterberg* (1882) durch Elektrolyse eines geschmolzenen Gemisches von Cäsium und Bariumcyanid. *R. Bunsen* gewann metallisches Rubidium durch Elektrolyse von geschmolzenem Chlorid.

Herstellung: Durch Reduktion der Hydroxide mit Mg im H_2-Strom oder mit Ca im Vakuum oder durch Erhitzen der Dichromate im Hochvakuum bei 500 °C mit Zirkon. Sie können durch Schmelzelektrolyse erhalten werden.

Eigenschaften: Sie sind viel reaktionsfähiger als die leichteren Homologen. Mit O_2 bilden sie die Hyperoxide RbO_2 und CsO_2. Ihre Verbindungen sind den Kalium-Verbindungen sehr ähnlich.

Wenn Atome von ^{133}Cs durch Mikrowellen angeregt werden, erreicht ihre Eigenschwingung exakt 9 192 631 770 Hertz. Seit 1967 wird die Sekunde weltweit durch die Schwingungsfrequenz des Cäsiums definiert. Rundfunk- und Fernsehsender, die Zeitansage im Telefon, die Bundesbahn u.a. empfangen „atomgenaue" Zeitimpulse. Auch moderne Funkuhren vergleichen „ihre Zeit" in bestimmten Abständen mit der Zeit des Funksignals, das seit 1973 von der Bundespost-Sendeanlage in Mainflingen bei Frankfurt als Zeitcode gesendet wird. Die Genauigkeit des Zeitcodes wird seit 1978 von „CS1", der ersten Braunschweiger Cäsiumuhr überwacht. Da Cs und Rb bei Bestrahlung mit Licht Elektronen abgeben, lassen sie sich als optische Sensoren verwenden.

Francium (Fr)

Francium ist das schwerste Alkalimetall. In der Natur kommt es in sehr geringen Mengen als radioaktives Zerfallsprodukt von Actinium vor.

Geschichte: Im Jahre 1871 wurde von *Dmitri Iwanowitsch Mendelejew* die Existenz eines Elementes vorhergesagt, das den zu diesem Zeitpunkt noch leeren Platz innerhalb seines Periodensystems einnehmen würde. Er beschrieb es als Alkalimetall und gab ihm den Namen *Eka-Caesium*.

Erst 1939 konnte *Marguerite Perey* das Element als ein Isotop ^{223}Fr als Zerfallsprodukt von Actinium ^{227}Ac zweifelsfrei nachweisen. 1946 wurde *Francium* (von franz. *France* „Frankreich") nach dem Vaterland der Entdeckerin benannt.

II. Hauptgruppe
Erdalkalimetalle (Be, Mg, Ca, Sr, Ba, Ra)

Die Erdalkalimetalle bilden die II. Hauptgruppe des PSE. Sie enthalten **zwei** locker gebundene Valenzelektronen, nach deren Abgabe sie die Elektronenkonfiguration des jeweils davor stehenden Edelgases haben.

Wegen der — gegenüber den Alkalimetallen — größeren Kernladung und der verdoppelten Ladung der Ionen sind sie härter und haben u.a. höhere Dichten, Schmelz- und Siedepunkte als diese. Die Beständigkeit der Elemente nimmt an der Luft und gegenüber Wasser von *Beryllium* zum *Barium* hin ab. Calcium, Strontium und Barium müssen unter Luftabschluss (z.B. in Petroleum) aufgewahrt werden. Die Schnittflächen der Metalle zeigen silbrigen Glanz. Sie bedecken sich rasch mit einer matten Oxidschicht. Die Reaktivität zeigt deutliche graduelle Unterschiede. Die Löslichkeit der Hydroxide in Wasser nimmt von oben nach unten ab. $CaSO_4$, $SrSO_4$ und $BaSO_4$ sind schwerlöslich. Dies gilt auch für die Fluoride, Carbonate, Phosphate und Oxalate. Leicht löslich sind Nitrate und Chloride.

Geschichte: Ätzkalk, CaO wurde durch Brennen von Kalkstein oder Marmor hergestellt und nach Ablöschen schon in sehr alten Zeiten als Baumörtel verwendet. Über den im Baugewerbe als „ungelöschten" Kalk wird bereits im 1. Jd. berichtet.

Kalkoxid wurde als Kalk*erde* bezeichnet. Allgemein nannte man Metalloxide „Erden".

Magnesiumoxid bekam am Anfang des 18. Jd.s den Namen „Bittererde". $MgSO_4$ „Bittersalz" wurde Ende des 17. Jd.s als Heilmittel eingesetzt. Bekannt war auch $BaSO_4$ (Schwerspat, Baryt).

Die freien Erdalkalimetalle wurden erstmals 1808 von *Henry Davy* durch Elektrolyse der schwach angesäuerten Hydroxide und unter Verwendung von Quecksilber, d.h. der Amalgame, als Kathode hergestellt.

Beryllium nimmt in der Gruppe eine Sonderstellung ein. Es zeigt eine deutliche Schrägbeziehung zum Aluminium, dem zweiten Element der III. Hauptgruppe. Beryllium bildet in seinen Verbindungen Bindungen mit stark kovalentem Anteil aus. $Be(OH)_2$ ist eine amphotere Substanz. In Richtung zum Radium nimmt der basische Charakter der Oxide und Hydroxide kontinuierlich zu. $Ra(OH)_2$ ist daher schon stark basisch. Tabelle 9 enthält weitere wichtige Daten.

Tabelle 9. Eigenschaften der Erdalkalimetalle

Name	Beryllium	Magnesium	Calcium	Strontium	Barium	Radium
Elektronenkonfiguration	[He]2s^2	[Ne]3s^2	[Ar]4s^2	[Kr]5s^2	[Xe]6s^2	[Rn]7s^2
Schmp. [°C]	1280	650	838	770	714	700
Sdp. [°C]	2480	1110	1490	1380	1640	1530
Ionisierungsenergie [kJ/mol]	900	740	590	550	502	–
Atomradius [pm] im Metall	112	160	197	215	221	–
Ionenradius [pm]	30	65	94	110	134	143
Hydratationsenthalpie [kJ/mol]	–2457,8	–1892,5	–1562,6	–1414,8	–1273,7	–1231
Basenstärke der Hydroxide						zunehmend →
Löslichkeit der Hydroxide						zunehmend →
Löslichkeit der Sulfate						abnehmend →
Löslichkeit der Carbonate						abnehmend →

Beryllium (Be)

Geschichte: Der Chemiker *Louis-Nicolas Vauquelin* entdeckte 1798 das Beryllium in Form seines Oxids aus den Edelsteinen Beryll und Smaragd. Kurz darauf stellte *Martin Heinrich Klaproth* die gleiche Verbindung her, welche er Beryllium (nach dem Mineral Beryll) nannte.

Reines Beryllium wurde erstmals 1899 von *Paul Marie Alfred Lebeau* durch Schmelzflusselektrolyse von Natriumtetrafluoridoberyllat ($Na_2[BeF_4]$) hergestellt.

Vorkommen: Das seltene Metall kommt hauptsächlich als Beryll vor: $Be_3Al_2Si_6O_{18} \equiv 3\,BeO \cdot Al_2O_3 \cdot 6\,SiO_2$. Chromhaltiger Beryll = Smaragd (grün), eisenhaltiger Beryll = Aquamarin (hellblau).

Herstellung:

(1.) *Technisch:* Schmelzelektrolyse von basischem Berylliumfluorid ($2\,BeO \cdot 5\,BeF_2$) im Gemisch mit BeF_2 bei Temperaturen oberhalb 1285 °C. Be fällt in kompakten Stücken an.

(2.) $BeF_2 + Mg \longrightarrow Be + MgF_2$

Physikalische Eigenschaften: Beryllium ist ein stahlgraues, sehr hartes, bei 25 °C sprödes Metall. Es kristallisiert in der hexagonal dichtesten Kugelpackung mit einem kovalenten Bindungsanteil.

Chemische Eigenschaften: Beryllium verbrennt beim Erhitzen zu BeO. Mit Wasser bildet sich eine dünne zusammenhängende Hydroxidschicht. Es löst sich in verdünnten nichtoxidierenden Säuren wie HCl, H_2SO_4 unter H_2-Entwicklung. Oxidierende Säuren erzeugen in der Kälte eine dünne BeO-Schicht und greifen das darunterliegende Metall nicht an. Beryllium löst sich als einziges Element der Gruppe in Alkalilaugen.

Verwendung: Als Legierungsbestandteil, z.B. Be/Cu-Legierung; Berylliumbronze erzeugt bei harten Schlägen keine Funken, als Austrittsfenster für Röntgenstrahlen; als Neutronenquelle und Konstruktionsmaterial für Kernreaktoren (hoher Schmp, niedriger Neutronen-Absorptionsquerschnitt) usw. In Form von BeO (Schmp. 2530 °C, als feuerfester Werkstoff z.B. bei der Auskleidung von Raketenmotoren usw.

Beryllium-Verbindungen

Beryllium kann formal zwei kovalente Bindungen ausbilden. In Verbindungen wie BeX_2 besitzt es jedoch nur ein Elektronenquartett. Die Elektronenkonfiguration von Neon erreicht es auf folgenden Wegen:

(1.) Durch *Adduktbildung* mit Donormolekülen wie Ethern, Ketonen, Cl^--Ionen. *Beispiel:* $BeCl_2 \cdot 2\,OR_2$.

(**2.**) Durch Ausbildung von *Doppelbindungen* (p_π–p_π-Bindungen). *Beispiel:* $BeCl_2$ und $(BeCl_2)_2$.

(**3.**) Durch Ausbildung von *Dreizentren-Zweielektronen-Bindungen*. Hierbei werden drei Atome durch zwei Elektronen zusammengehalten. *Beispiele:* $(BeH_2)_x$, $(Be(CH_3)_2)_x$.

(**4.**) Durch *Polymerisation. Beispiel:* $(BeCl_2)_x$.

$BeCl_2$, Berylliumchlorid*:* Bildungsreaktion:

$$Be + Cl_2 \longrightarrow BeCl_2$$

Es ist hydrolyseempfindlich, sublimierbar und kann als Lewis-Säure zwei Donormoleküle addieren (daher löslich in Alkohol, Ether u.a.). Festes $BeCl_2$ ist polymer, die Verknüpfung erfolgt über Chlorbrücken. Bei 560 °C existieren im Dampf dimere und bei 750 °C monomere Moleküle:

BeR_2, Berylliumorganyle: Sie entstehen bei der Reaktion von z.B. $BeCl_2$ mit Lithiumorganylen oder Grignard-Verbindungen. *Beispiel:* $Be(CH_3)_2$. Dimere Moleküle existieren nur im Dampf. Im festen Zustand ist die Substanz polymer. Da sie eine **Elektronenmangelverbindung** ist, werden die Moleküle wieder durch Dreizentren-Bindungen verknüpft. S. hierzu S. 70.

Magnesium (Mg)

Magnesium nimmt in der II. Hauptgruppe eine Mittelstellung ein. Es bildet Salze mit Mg^{2+}-Ionen. Seine Verbindungen zeigen jedoch noch etwas kovalenten Charakter. In Wasser liegen Hexaqua-Komplexe vor: $[Mg(H_2O)_6]^{2+}$. Magnesium ist ein für Menschen, Tiere und Pflanzen lebensnotwendiges Element.

II. Hauptgruppe – Erdalkalimetalle (Be, Mg, Ca, Sr, Ba, Ra)

Geschichte: Magnesiumverbindungen (griech. μαγνησιη λιθός „Magnetstein") wurde zuerst von *Joseph Black* 1755 untersucht. 1828 gelang es *Antoine Bussy* Magnesium durch Reduktion von Magnesiumchlorid mit Kalium in Reinform darzustellen.

Vorkommen: Nur in kationisch gebundenem Zustand als Carbonat, Chlorid, Silicat und Sulfat, z. B. Bitterwässer: Marienbad, Bad Kissingen.

$CaMg(CO_3)_2$ = $CaCO_3 \cdot MgCO_3$ (Dolomit); $MgCO_3$ (Magnesit, Bitterspat); $MgSO_4 \cdot H_2O$ (Kieserit); $KMgCl_3 \cdot 6\,H_2O$ = $KCl \cdot MgCl_2 \cdot 6\,H_2O$ (Carnallit); im Meerwasser als $MgCl_2$, $MgBr_2$, $MgSO_4$; als Bestandteil des Chlorophylls.

Herstellung

(1.) *Schmelzflusselektrolyse* von wasserfreiem $MgCl_2$ bei ca. 700 °C mit einem Flussmittel (NaCl, KCl, $CaCl_2$, CaF_2). Anode: Graphit; Kathode: Eisen.

(2.) *„Carbothermisches" Verfahren:*

$$MgO + CaC_2 \longrightarrow Mg + CaO + 2\,C$$

bei 2000 °C im Lichtbogen. Anstelle von CaC_2 kann auch Koks eingesetzt werden.

Verwendung: Wegen seines geringen spez. Gewichts als Legierungsbestandteil, z.B. in Hydronalium, Duraluminium, Elektrometallen. Letztere enthalten mehr als 90 % Mg neben Al, Zn, Cu, Si. Sie sind unempfindlich gegenüber alkalischen Lösungen und HF. Gegenüber Eisen erzielt man eine Gewichtsersparnis von 80 %! Als Bestandteil von Blitzlichtpulver und Feuerwerkskörpern, da es mit blendend weißer Flamme verbrennt. Verwendet wird es auch als starkes Reduktionsmittel. Magnesium wird als *Wundermetall* der Zukunft angesehen. Vor allem in der Automobilindustrie wird ihm eine große Karriere vorausgesagt.

Chemische Eigenschaften: Mg überzieht sich an der Luft mit einer dünnen, zusammenhängenden Oxidschicht. Mit kaltem Wasser bildet sich eine $Mg(OH)_2$-Schutzschicht. An der Luft verbrennt es zu MgO und Mg_3N_2.

Magnesium ist ein ziemlich unedles Metall. Es löst sich in verdünnten Säuren. Unlöslich ist es in Laugen. Es ist nicht amphoter.

Magnesium-Verbindungen

MgO: $MgCO_3 \xrightarrow{\Delta} MgO + CO_2$ (kristallisiert im NaCl-Gitter)

$MgCO_3 \xrightarrow{800–900°C} MgO + CO_2$ (kaustische Magnesia, bindet mit Wasser ab)

$MgCO_3 \xrightarrow{1600–1700°C} MgO + CO_2$ (Sintermagnesia, hochfeuerfestes Material)

Mg(OH)₂, Magnesiumhydroxid:

$$MgCl_2 + Ca(OH)_2 \text{ (Kalkmilch)} \longrightarrow Mg(OH)_2 + CaCl_2$$

MgCl₂, Magnesiumchlorid: Als Carnallit, natürlich und durch Eindampfen der Endlaugen bei der KCl-Gewinnung, oder nach

$$MgO + Cl_2 + C \longrightarrow MgCl_2 + CO$$

MgSO₄ · 7 H₂O, Magnesiumsulfat, Bittersalz ist das meistgebrauchte Mg-Salz. Es ist ein farbloses bis weißes, kristallines Pulver, leicht löslich in Wasser und mit bitter-salzartigem Geschmack. Es wird als pharmazeutisches Abführmittel benutzt.

RMgX, Grignard-Verbindungen: R = Kohlenwasserstoffrest, X = Halogen. Sie entstehen nach der Gleichung:

$$Mg + RX \longrightarrow RMgX$$

in Donor-Lösemitteln wie Ether. Die Substanzen sind gute Alkylierungs- und Arylierungsmittel (s. Bd. II).

Magnesiummixtur heißt ein Reagenz zum Nachweis von Phosphat-Ionen. Es ist eine Lösung von Magnesium-Ionen in einer NH_4^+/NH_3-Mischung:

$$Mg^{2+} + HPO_4^{2-} + NH_4^+ \longrightarrow MgNH_4PO_4\downarrow$$

(unter dem Mikroskop, Sternchen- oder Sargdeckelform)

Ein wichtiger Magnesium-Komplex ist das *Chlorophyll*. Es bezeichnet eine Klasse natürlicher Farbstoffe, die von Organismen gebildet werden, die Photosynthese betreiben. Insbesondere Pflanzen erlangen ihre grüne Farbe durch Chlorophyllmoleküle.

R = CH₃ für Chlorophyll a
R = CHO für Chlorophyll b
* = Asymmetriezentren

Calcium (Ca)

Calcium ist mit 3,4 % das dritthäufigste Metall in der Erdrinde.

Geschichte: Calcium leitet sich vom lateinischen „calx" ab. So bezeichneten die Römer Kalkstein, Kreide und den daraus hergestellten Mörtel.

Elementares Calcium gewann erstmals *Humphry Davy* 1808 durch Abdampfen des Quecksilbers aus elektrolytisch gewonnenem Calciumamalgam.

Vorkommen: Sehr verbreitet als Carbonat $CaCO_3$ (Kalkstein, Kreide, Marmor), $CaMg(CO_3)_2 \equiv CaCO_3 \cdot MgCO_3$ (Dolomit), Sulfat $CaSO_4 \cdot 2 H_2O$ (Gips, Alabaster), in Calciumsilicaten, als Calciumphosphate $Ca_5(PO_4)_3(OH,F,Cl)$ (Phosphorit), $Ca_5(PO_4)_3F \equiv 3 Ca_3(PO_4)_2 \cdot CaF_2$ (Apatit), und als Calciumfluorid CaF_2 (Flussspat, Fluorit) und in Knochen.

Herstellung:

(1.) *Schmelzflusselektrolyse* von $CaCl_2$ (mit CaF_2 und KCl als Flussmittel) bei 700 °C in eisernen Gefäßen. Als Anode benutzt man Kohleplatten, als Kathode einen Eisenstab („Berührungselektrode").

(2.) *Chemisch:*

$$CaCl_2 + 2 Na \longrightarrow Ca + 2 NaCl$$

Eigenschaften: Weißes, weiches, glänzendes Metall, das sich an der Luft mit einer Oxidschicht überzieht. Bei Zimmertemperatur beobachtet man langsame, beim Erhitzen schnelle Reaktion mit O_2 und den Halogenen. Calcium zersetzt Wasser beim Erwärmen:

$$Ca + 2 H_2O \longrightarrow Ca(OH)_2 + H_2$$

An der Luft verbrennt es zu CaO und Ca_3N_2. Als starkes Reduktionsmittel reduziert es z.B. Cr_2O_3 zu Cr(0).

Calcium ist sehr reaktionsfreudig. Es kommt in seinen Verbindungen nur als Ca^{2+} vor.

Es gehört zu den Elektrolyten des Blutserums (etwa 100 mg Ca/1000 ml Blut).

Calcium-Verbindungen

CaH_2, Calciumhydrid Reduktionsmittel in der organischen Chemie.

CaO, Calciumoxid gebrannter Kalk, wird durch Glühen von $CaCO_3$ (Kalkstein) bei 900–1000 °C in Öfen hergestellt (Kalkbrennen):

$$CaCO_3 \xrightarrow{\Delta} 3 CaO + CO_2 \uparrow$$

Ca(OH)₂, Calciumhydroxid gelöschter Kalk, entsteht beim Anrühren von CaO mit H_2O unter starker Wärmeentwicklung und unter Aufblähen; $\Delta H = -62{,}8$ kJ · mol^{-1}. *Verwendung:* Zur Desinfektion, für Bauzwecke, zur Glasherstellung, zur Entschwefelung der Abluft von Kohlekraftwerken ($\longrightarrow CaSO_4 \cdot 2\ H_2O$).

Chlorkalk (Calciumchlorid-hypochlorid, Bleichkalk): $3\ CaCl(OCl) \cdot Ca(OH)_2 \cdot 5\ H_2O$. *Herstellung:* Einleiten von Cl_2 in pulverigen, gelöschten Kalk. *Verwendung:* Zum Bleichen von Zellstoff, Papier, Textilien, zur Desinfektion. Enthält 25–36 % „wirksames Chlor".

CaSO₄, Calciumsulfat kommt in der Natur vor als Gips, $CaSO_4 \cdot 2\ H_2O$, und kristallwasserfrei als Anhydrit, $CaSO_4$. Gips verliert bei 120–130 °C Kristallwasser und bildet den gebrannten Gips, $CaSO_4 \cdot \frac{1}{2}\ H_2O$ („Stuckgips").

$$CaSO_4 \cdot 2\ H_2O \xrightleftharpoons[\text{abbinden}]{\overset{\text{brennen}}{100\text{–}120\ °C}} CaSO_4 \cdot \tfrac{1}{2}\ H_2O \xrightarrow{> 500\ °C} CaSO_4$$

Mit Wasser angerührt, erhärtet dieser rasch zu einer festen, aus verfilzten Nädelchen bestehenden Masse. Dieser Vorgang ist mit einer Ausdehnung von ca. 1 % verbunden. Findet Verwendung im Baugewerbe und Kunsthandwerk.

Wird Gips auf ca. 650 °C erhitzt, erhält man ein wasserfreies, langsam abbindendes Produkt, den „totgebrannten" Gips. Beim Erhitzen auf 900–1100 °C entsteht der Estrichgips, Baugips, Mörtelgips (feste Lösung von CaO in $CaSO_4$). Dieser erstarrt beim Anrühren mit Wasser zu einer wetterbeständigen, harten, dichten Masse. Estrichgips + Wasser + Sand $\longrightarrow$ Gipsmörtel; Estrichgips + Wasser + Kies $\longrightarrow$ Gipsbeton.

$CaSO_4$ ist etwas wasserlöslich; eine gesättigte Lösung dient als Reagenz auf Sr- und Ba-Ionen, deren schwerer lösliche Sulfate damit ausgefällt werden können.

Herstellung von CaSO₄:

$$CaCl_2 + H_2SO_4 \longrightarrow CaSO_4 + 2\ HCl$$

$CaSO_4$ bedingt die **bleibende *(permanente)* Härte des Wassers.** Sie kann z.B. durch Sodazusatz entfernt werden:

$$CaSO_4 + Na_2CO_3 \longrightarrow CaCO_3 + Na_2SO_4$$

Heute führt man die Wasserentsalzung meist mit Ionenaustauschern durch.

Anmerkung: Die Wasserhärte wird in „Grad deutscher Härte" angegeben: 1° dH ≙ 10 mg CaO in 1000 mL H_2O = 7,14 mg Ca^{2+}/L.

Bei dieser Festlegung der „Härte" werden alle härtebildenden Ionen auf CaO umgerechnet. Dies gilt also für andere lösliche Salze der Erdalkalien, des Eisens und Mangans, die sich durch Erhitzen nicht entfernen lassen.

Die *Gesamthärte* ist die Summe von *temporärer* und *permanenter Härte*.

dH° ≤ 5   = weiches Wasser
dH° 5–15   = mittelhartes Wasser
dH° 15–25   = hartes Wasser
dH° > 25   = sehr hartes Wasser

Die Wasserhärte wird komplexometrisch durch Titration der Ca^{2+} und Mg^{2+}-Ionen mit 0,1 M Natrium-EDTA-Lösung bestimmt.

Die Wasserhärte lässt sich reduzieren oder beseitigen durch z.B. Destillation, Ausfällen der Ionen mit Soda oder Natriumphosphat oder durch Entsalzen mit Ionenaustauschern.

$CaCl_2$, Calciumchlorid kristallisiert wasserhaltig als Hexahydrat $CaCl_2 \cdot 6\ H_2O$. Wasserfrei ist es ein gutes Trockenmittel. Es ist ein Abfallprodukt bei der Soda-Herstellung nach Solvay. Man gewinnt es auch aus $CaCO_3$ mit HCl.

Beim Auflösen von $CaCl_2$ in Wasser wird viel Wärme verbraucht. Mit Eis können Kältemischungen bis –50 °C hergestellt werden.

$$Ca^{2+} + 6\ H_2O \longrightarrow [Ca(H_2O)_6]^{2+} \qquad \Delta H = -83{,}6\ kJ \cdot mol^{-1}$$

CaF_2, Calciumfluorid, Flussspat dient als Flussmittel bei der Herstellung von Metallen aus Erzen. Es wird ferner benutzt bei metallurgischen Prozessen und als Trübungsmittel bei der Porzellanfabrikation. Es ist in Wasser unlöslich! Calciumfluorid-Gitter s. Abb. 65 S. 208. *Herstellung:*

$$Ca^{2+} + 2\ F^- \longrightarrow CaF_2$$

$CaCO_3$, Calciumcarbonat, Kalk kommt in drei kristallisierten Modifikationen vor: *Calcit* (Kalkspat) = rhomboedrisch, *Aragonit* = rhombisch, *Vaterit* = rhombisch. *Calcit ist die beständigste Form.* Es kommt kristallinisch vor als Kalkstein, Marmor, Dolomit, Muschelkalk, Kreide. *Eigenschaften:* weiße, fast unlösliche Substanz. In kohlensäurehaltigem Wasser gut löslich unter Bildung des leichtlöslichen $Ca(HCO_3)_2$:

$$CaCO_3 + H_2O + CO_2 \longrightarrow Ca(HCO_3)_2$$

Beim Eindunsten oder Kochen der Lösung fällt $CaCO_3$ wieder aus. Hierauf beruht die Bildung von Kesselstein und Tropfsteinen in Tropfsteinhöhlen. *Verwendung:* zu Bauzwecken, zur Glasherstellung usw.

$Ca(HCO_3)_2$, Calciumhydrogencarbonat (Calciumbicarbonat) bedingt die **temporäre Härte des Wassers**. Beim Kochen verschwindet sie:

$$Ca(HCO_3)_2 \longrightarrow CaCO_3 + H_2O + CO_2$$

Über *permanente* Härte s. $CaSO_4$.

CaC_2, Calciumcarbid wird im elektrischen Ofen bei ca. 3000 °C aus Kalk und Koks gewonnen:

$$CaO + 3\ C \longrightarrow CaC_2 + CO$$

Es ist ein starkes Reduktionsmittel; es dient zur Herstellung von $CaCN_2$ und Acetylen (Ethin):

$$CaC_2 \xrightarrow{H_2O} Ca(OH)_2 + C_2H_2 \qquad CaC_2 = Ca^{2+}[|C\equiv C|]^{2-}$$

CaCN$_2$, Calciumcyanamid entsteht nach der Gleichung:

$$CaC_2 + N_2 \longrightarrow CaCN_2 + C$$

bei 1100 °C. Seine Düngewirkung beruht auf der Zersetzung durch Wasser zu Ammoniak:

$$CaCN_2 + 3\,H_2O \longrightarrow CaCO_3 + 2\,NH_3$$

Calciumkomplexe: Calcium zeigt nur wenig Neigung zur Komplexbildung. Ein stabiler Komplex, der sich auch zur titrimetrischen Bestimmung von Calcium eignet, entsteht mit Ethylendiamintetraacetat (EDTA):

Struktur des $[Ca(EDTA)]^{2-}$-Komplexes

Wichtige stabile Komplexe bilden sich auch mit Polyphosphaten (sie dienen z.B. zur Wasserenthärtung).

Mörtel

Mörtel heißen Bindemittel, welche mit Wasser angerührt erhärten (abbinden).

Luftmörtel, z.B. Kalk, Gips werden von Wasser angegriffen. Der Abbindeprozess wird für Kalk- bzw. Gips-Mörtel durch folgende Gleichungen beschrieben:

$$Ca(OH)_2 + CO_2 \longrightarrow CaCO_3 + H_2O$$

bzw. $\quad CaSO_4 \cdot \tfrac{1}{2} H_2O + 1\tfrac{1}{2} H_2O \longrightarrow CaSO_4 \cdot 2\,H_2O$

Wassermörtel (z.B. Portlandzement, Tonerdezement) werden von Wasser nicht angegriffen. *Zement* (Portlandzement) wird aus Kalkstein, Sand und Ton (Aluminiumsilicat) durch Brennen bei 1400 °C gewonnen. Zusammensetzung: CaO (58–66 %), SiO_2 (18–26 %), Al_2O_3 (4–12 %), Fe_2O_3 (2–5 %). *Beton* ist ein Gemisch aus Zement und Kies.

Strontium (Sr)

Strontium steht in seinen chemischen Eigenschaften in der Mitte zwischen Calcium und Barium.

Geschichte: Strontium (benannt nach dem Fundort des Minerals „Strontianit" in Schottland „Strontian") wurde 1798 von *M. H. Klaproth* nachgewiesen und 1808 von *H. Davy* durch Elektrolyse hergestellt.

Vorkommen: als $SrCO_3$ (Strontianit) und $SrSO_4$ (Coelestin).

Herstellung: Schmelzflusselektrolyse von $SrCl_2$ (aus $SrCO_3$ + HCl) mit KCl als Flussmittel.

Verwendung: Strontiumsalze finden bei der Herstellung von bengalischem Feuer („Rotfeuer") Verwendung.

Beachte: $SrCl_2$ ist im Unterschied zu $BaCl_2$ in Alkohol löslich.

Barium (Ba)

Geschichte: Barium (griech. βαρύς: „schwer", bezeichnet nach dem Mineral Baryt) wurde 1774 von *C. W. Scheele* entdeckt.

Metallisches verunreinigtes Barium wurde erstmals 1808 von *Sir Humphry Davy* durch Elektrolyse von Bariumoxid und Quecksilberoxid hergestellt.

Die Reinsynthese erfolgte 1855 durch *Robert Bunsen* und *Augustus Matthiessen* durch Schmelzelektrolyse eines Gemisches aus Barium- und Ammoniumchlorid.

Vorkommen: als $BaSO_4$ (Schwerspat, Baryt), $BaCO_3$ (Witherit).

Herstellung: Reduktion von BaO mit Al oder Si bei 1200 °C im Vakuum.

Eigenschaften: weißes Metall, das sich an der Luft zu BaO oxidiert. Unter den Erdalkalimetallen zeigt es die größte Ähnlichkeit mit den Alkalimetallen.

Barium-Verbindungen

BaSO$_4$, Bariumsulfat, Schwerspat, Baryt: Schwerlösliche Substanz; $c(Ba^{2+}) \cdot c(SO_4^{2-}) = 10^{-10}$ mol$^2 \cdot$L^{-2} = Lp$_{BaSO_4}$. Ausgangsmaterial für die meisten anderen Ba-Verbindungen:

$$BaSO_4 + 4\,C \longrightarrow BaS + 4\,CO$$

$$BaS + 2\,HCl \longrightarrow BaCl_2 + H_2S$$

Verwendung: als Anstrichfarbe (Permanentweiß), Füllmittel für Papier. Bei der Röntgendurchleuchtung von Magen und Darm dient es als Kontrastmittel. Die weiße Anstrichfarbe „Lithopone" entsteht aus BaS und ZnSO$_4$:

$$BaS + ZnSO_4 \longrightarrow BaSO_4 + ZnS$$

Ba(OH)$_2$, Bariumhydroxid entsteht durch Erhitzen von BaCO$_3$ mit Kohlenstoff und Wasserdampf:

$$BaCO_3 + C + H_2O \longrightarrow Ba(OH)_2 + 2\,CO,$$

oder durch Reaktion von BaO mit Wasser. Die wässrige Lösung (Barytwasser) ist eine starke Base.

BaO, Bariumoxid kristallisiert im NaCl-Gitter und ist ein starkes alkalisches Trockenmittel. Bildungsreaktion:

$$BaCO_3 + C \longrightarrow BaO + 2\,CO$$

BaO$_2$, Bariumperoxid entsteht nach:

$$BaO + \tfrac{1}{2}\,O_2 \longrightarrow BaO_2$$

Es gibt beim Glühen O$_2$ ab. Bei der Umsetzung mit H$_2$SO$_4$ wird Wasserstoffperoxid, H$_2$O$_2$, frei.

Beachte: Die löslichen Bariumsalze sind stark giftig! Sie sind Herzgifte und erzeugen Krämpfe. Verwendet werden sie als Ratten- und Mäuse-Gift)

Radium (Ra)

Geschichte: Radium (lat. radius „Strahl", wegen seiner Radioaktivität) wurde 1898 von dem Ehepaar *Marie* und *Pierre Curie* in Gemeinschaft mit *Gustave Bémont* in der Pechblende entdeckt.

Vorkommen: in der Pechblende (UO$_2$) als radioaktives Zerfallsprodukt von ^{238}U u.a.

II. Hauptgruppe – Erdalkalimetalle (Be, Mg, Ca, Sr, Ba, Ra)

Gewinnung: Durch Zusatz von Ba-Salz fällt man Ra und Ba als Sulfate und trennt beide anschließend durch fraktionierte Kristallisation der Bromide bzw. Chromate.

Metallisches Radium erhält man durch Elektrolyse seiner Salzlösungen mit einer Hg-Kathode und anschließender Zersetzung des entstandenen Amalgams bei 400–700 °C in H_2-Atmosphäre.

Erfolgreich ist auch eine Reduktion von RaO mit Al im Hochvakuum bei 1200 °C.

Eigenschaften: In seinen chemischen Eigenschaften ähnelt es dem Barium.

Metallisches Radium ist stark radioaktiv, es leuchtet im Dunklen.

III. Hauptgruppe
Borgruppe (B, Al, Ga, In, Tl)

Die Elemente der Borgruppe bilden die III. Hauptgruppe des PSE. Sie haben die Valenzelektronenkonfiguration n s^2p^1 und können somit maximal drei Elektronen abgeben bzw. zur Bindungsbildung benutzen.

Bor nimmt in dieser Gruppe eine Sonderstellung ein. Es ist ein Nichtmetall und bildet **nur kovalente Bindungen**. Als kristallisiertes Bor zeigt es Halbmetall-Eigenschaften. Bor leitet bei 22 °C den elektrischen Strom sehr schlecht. Die Leitfähigkeit nimmt mit steigender Temperatur zu. **Es gibt keine B^{3+}-Ionen!** In Verbindungen wie BX_3 (X = einwertiger Ligand) versucht Bor, seinen Elektronenmangel auf verschiedene Weise zu beheben.

a) In BX_3-Verbindungen, in denen X freie Elektronenpaare besitzt, bilden sich p_π–p_π-Bindungen aus.

b) BX_3-Verbindungen sind Lewis-Säuren. Durch Adduktbildung erhöht Bor seine Koordinationszahl von drei auf vier und seine Elektronenzahl von sechs auf acht:

$$BF_3 + F^- \longrightarrow BF_4^-$$

c) Bei den Borwasserstoffen werden schließlich drei Atome mit nur zwei Elektronen mit Hilfe von Dreizentrenbindungen miteinander verknüpft.

Die sog. Schrägbeziehung im PSE ist besonders stark ausgeprägt zwischen Bor und Silicium, dem zweiten Element der IV. Hauptgruppe.

Wie in den Hauptgruppen üblich, nimmt der Metallcharakter von oben nach unten zu.

Interessant ist, dass Thallium sowohl einwertig, Tl^+, als auch dreiwertig, Tl^{3+}, vorkommt.

Thallium in der Oxidationsstufe +3 ist ein starkes Oxidationsmittel.

Tabelle 10 enthält weitere wichtige Daten.

Tabelle 10. Eigenschaften der Elemente der Borgruppe

Name	Bor	Aluminium	Gallium	Indium	Thallium
Elektronenkonfiguration	$[He]2s^22p^1$	$[Ne]3s^23p^1$	$[Ar]3d^{10}4s^24p^1$	$[Kr]4d^{10}5s^25p^1$	$[Xe]4f^{14}5d^{10}6s^26p^1$
Schmp. [°C]	(2300)	660	30	156	303
Sdp. [°C]	3900	2450	2400	2000	1440
Normalpotenzial [V]	–	−1,706	−0,560	0,338	0,336 (für Tl⁺)
Ionisierungsenergie [kJ/mol]	800	580	580	560	590
Atomradius [pm]	79	143	122	136	170
Ionenradius [pm] (+III)	16	45	62	81	95
Elektronegativität	2,0	1,5	1,6	1,7	1,8
Metallcharakter					→ zunehmend
Beständigkeit der E(I)-Verbindungen					→ zunehmend
Beständigkeit der E(III)-Verbindungen					→ abnehmend
Basischer Charakter der Oxide					→ zunehmend
Salzcharakter der Chloride					→ zunehmend

Bor (B)

Geschichte: Lange bekannt ist der Borax (griech. βοραχου bzw. lat. borax „borsaures Natron"). 1702 setzte *Wilhelm Homberg* mit Schwefelsäure *Borsäure* frei, die als „sal sedativum hombergi" in der Pharmazie Bedeutung fand.

Das elementare Bor wurde unrein zuerst 1808 von *Joseph Louis Gay-Lussac* und *Louis Jacques Thenard* durch Reduktion des Oxids mit Kalium und auch von *Sir Henry Davy* anschließend elektrolytisch hergestellt. 1909 gelang dem Amerikaner *William Weintraub* die Herstellung von reinem, kristallinem Bor durch Schmelzen von „amphoterem Bor" im Vakuum.

Durch Umschmelzen mit Aluminium von „amorphem Bor" oder durch Reduktion von B_2O_3 mit Aluminium erhält man das gleiche Ergebnis

Vorkommen: Bor kommt nur mit Sauerstoff verbunden in der Natur vor. Als H_3BO_3, Borsäure, Sassolin und in Salzen von Borsäuren der allgemeinen Formel $H_{n-2}B_nO_{2n-1}$ vor allem als $Na_2B_4O_7 \cdot 4 H_2O$, Kernit, oder $Na_2B_4O_7 \cdot 10 H_2O$, Borax, usw.

Herstellung: Als **amorphes** Bor fällt es bei der Reduktion von B_2O_3 mit Mg oder Na an. Es wird auch durch Schmelzflusselektrolyse von KBF_4 mit KCl als Flussmittel hergestellt. Als sog. **kristallisiertes** Bor entsteht es z.B. bei der thermischen Zersetzung von BI_3 an 800–1000 °C heißen Metalloberflächen aus Wolfram oder Tantal. Es entsteht auch bei der Reduktion von Borhalogeniden:

$$2 BX_3 + 3 H_2 \longrightarrow 2 B + 6 HX$$

Eigenschaften: Kristallisiertes Bor (Bordiamant) ist härter als Korund (α-Al_2O_3). Die verschiedenen Gitterstrukturen enthalten das Bor in Form von B_{12}-**Ikosaedern** (Zwanzigflächner) angeordnet.

Bor ist sehr reaktionsträge und reagiert erst bei höheren Temperaturen. Mit den Elementen Chlor, Brom und Schwefel reagiert es oberhalb 700 °C zu den Verbindungen BCl_3, BBr_3 und B_2S_3. An der Luft verbrennt es bei ca. 700 °C zu Bortrioxid, B_2O_3. Oberhalb 900 °C entsteht Borstickstoff, $(BN)_x$. Beim Schmelzen mit KOH oder NaOH entstehen unter H_2-Entwicklung die entsprechenden Borate und Metaborate. Beim Erhitzen mit Metallen bilden sich **Boride**, wie z.B. MB_4, MB_6 und MB_{12}.

Bor-Verbindungen

Borwasserstoffe, Borane

Die Borane lassen sich in Gruppen einteilen:

B_nH_{n+4}: B_2H_6, B_3H_7, B_4H_8, B_5H_9, B_6H_{10}, B_8H_{12}, B_9H_{13}, $B_{10}H_{14}$, $B_{12}H_{16}$

B_nH_{n+6}: B_3H_9; B_4H_{10}, B_5H_{11}, B_6H_{12}, B_8H_{14}, B_9H_{15}, $B_{10}H_{16}$, $B_{13}H_{19}$, $B_{14}H_{20}$, $B_{20}H_{26}$

B_nH_{n+8}: B_8H_{16}, $B_{14}H_{22}$, $B_{15}H_{23}$, $B_{30}H_{38}$

B_nH_{n+10}: B_8H_{18}, $B_{26}H_{36}$, $B_{40}H_{50}$

$B_{20}H_{16}$: = wasserstoffarmes Borhydrid

Der einfachste denkbare Borwasserstoff, BH_3, ist nicht existenzfähig. Es gibt jedoch Addukte von ihm, z.B. $BH_3 \cdot NH_3$.

B_2H_6, Diboran, ist der einfachste stabile Borwasserstoff. Mit Wasser reagiert es nach der Gleichung:

$$B_2H_6 + 6\ H_2O \longrightarrow 2\ B(OH)_3 + 6\ H_2$$

B_2H_6 hat die in Abb. 18 angegebene Struktur.

Die Substanz ist eine *Elektronenmangelverbindung.* Um nämlich die beiden Boratome über zwei Wasserstoffbrücken zu verknüpfen, stehen den Bindungspartnern jeweils nur zwei Elektronen zur Verfügung. Die Bindungstheorie erklärt diesen Sachverhalt durch die Ausbildung von sog. *Dreizentrenbindungen.* Bei der Anwendung der MO-Theorie auf zwei Atome entstehen ein bindendes und ein lockerndes Molekülorbital. Werden nun in einem Molekül wie dem B_2H_6 drei Atome miteinander verbunden, lässt sich ein **drittes** Molekülorbital konstruieren, dessen Energie zwischen den beiden anderen MO liegt und keinen Beitrag zur Bindung leistet. Es heißt daher *nichtbindendes Molekülorbital.* Auf diese Weise genügen auch in diesem speziellen Fall *zwei Elektronen* im bindenden MO, um *drei Atome* miteinander zu verknüpfen. Im B_2H_6 haben wir eine *Dreizentren-Zweielektronen-Bindung* (3c2e-Bindung, Abb. 19).

Diboran, B_2H_6, ist das klassische Beispiel für eine *Mehrzentrenbindung* (im engeren Sinne) = „Elektronenmangelverbindung". Davon zu unterscheiden sind die MO in einem mehratomigen Molekül. Auch hier gehören die Bindungselektronen dem gesamten Molekül, sind also Teil eines Mehrzentrenbindungssystems.

In den Polyboranen gibt es außer den B–H–B- auch B–B–B-Dreizentrenbindungen. Bei einigen erkennt man Teilstrukturen des Ikosaeders.

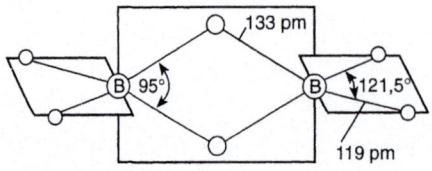

Abb. 18. Struktur von B_2H_6

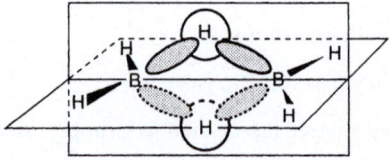

Abb. 19. Schematische Darstellung des Zustandekommens der B–H–B-Bindungen

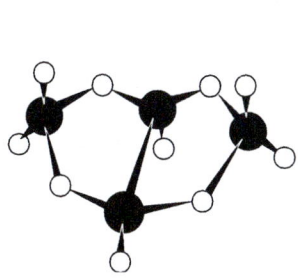
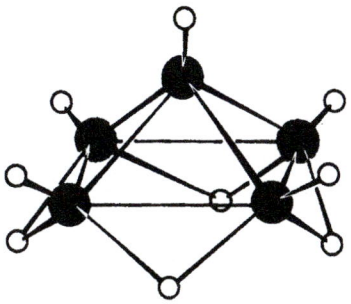

Abb. 20. Struktur von B_4H_{10} **Abb. 21.** Struktur von B_5H_9

Herstellung der Borane

B_2H_6 entsteht z.B. bei der Reduktion von BCl_3 mit $LiAlH_4$ (Lithiumalanat), Lithiumaluminiumhydrid oder technisch durch Hydrierung von B_2O_3 bei Anwesenheit von $Al/AlCl_3$ als Katalysator, Temperaturen oberhalb 150 °C und einem H_2-Druck von 750 bar.

B_4H_{10} (Abb. 20) und **B_6H_{10}** entstehen z.B. bei der Einwirkung von H_3PO_4, Orthophosphorsäure, auf Magnesiumborid.

Thermische Zersetzung von B_2H_6 liefert B_4H_{10}, B_5H_9 (Abb. 21) usw. in unterschiedlichen Konzentrationen.

Eigenschaften der Borane

Die flüssigen und gasförmigen Borane haben einen widerlichen Geruch. Sie sind alle mehr oder weniger oxidabel. Sie sind zugänglich für Additions-, Substitutions-, Reduktions- und Oxidationsreaktionen. Borane bilden auch Anionen, die Boranate. Ein wichtiges Monoboranat ist das salzartige, wasserlösliche **$Na^+BH_4^-$**, **Natriumboranat**, **Natriumborhydrid** das als Reduktionsmittel verwendet wird. Es entsteht z.B. nach der Gleichung:

$$2\ NaH + (BH_3)_2 \longrightarrow 2\ NaBH_4$$

Carborane

Ersetzt man in Boran-Anionen wie $B_6H_6^{2-}$ je zwei B^--Anionen durch zwei (isostere) C-Atome, erhält man ungeladene *„Carborane"*, z.B. $B_4C_2H_6$, allgemein $B_{n-2}C_2H_n$ mit n = 5 bis 12. Die wichtigsten Carborane sind 1,2- und 1,7-Dicarba-*closo*dodecaborane, $B_{10}C_2H_{12}$. ***closo*** heißt: Die Boratome bilden für sich ein geschlossenes Polyeder. Im Gegensatz hierzu werden offene oder unvollständige Polyeder als ***nido*-Verbindungen** bezeichnet.

Herstellung von 1,2-$B_{10}H_{10}C_2RR'$:

$$B_{10}H_{14} + 2\ R_2S \longrightarrow B_{10}H_{12}(R_2S)_2 + H_2$$

$$B_{10}H_{12}(R_2S)_2 + RC{\equiv}CR' \longrightarrow 1{,}2\text{-}B_{10}H_{10}C_2RR' + 2\ R_2S + H_2$$

Durch Erhitzen auf 450 °C bildet sich aus dem 1,2-Isomeren das 1,7- und 1,12-Isomere.

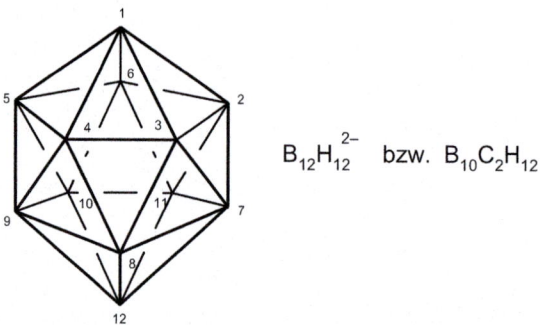

$B_{12}H_{12}^{2-}$ bzw. $B_{10}C_2H_{12}$

Borhalogenide

BF$_3$, Bortrifluorid ist ein farbloses Gas (Sdp. −99,9°C, Schmp. −127,1°C). Es bildet sich z.B. nach der Gleichung:

$$B_2O_3 + 6\ HF \longrightarrow 2\ BF_3 + 3\ H_2O$$

Die Fluoratome im BF_3 liegen an den Ecken eines gleichseitigen Dreiecks mit Bor in der Mitte.

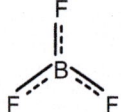

Der kurze Bindungsabstand von 130 pm (Einfachbindungsabstand = 152 pm) ergibt eine durchschnittliche Bindungsordnung von 1 $^1/_3$. Den Doppelbindungscharakter jeder B−F-Bindung erklärt man durch eine Elektronenrückgabe vom Fluor zum Bor.

BF_3 ist eine starke Lewis-Säure. Man kennt eine Vielzahl von Additionsverbindungen. *Beispiel:* Bortrifluorid-Etherat $BF_3 \cdot O(C_2H_5)_2$. Mit HF bildet sich HBF_4.

HBF$_4$, Fluoroborsäure entsteht auch bei der Umsetzung von $B(OH)_3$, Borsäure, mit Fluorwasserstoff HF. Ihre wässrige Lösung ist eine starke Säure. Ihre Metallsalze, die Fluoroborate, entstehen durch Auflösen von Metallsalzen wie Carbonaten und Hydroxiden in wässriger HBF_4. $NaBF_4$ entsteht z.B. auch nach der Gleichung:

$$NaF + BF_3 \longrightarrow NaBF_4$$

Die Fluoroborate sind salzartig gebaut. In ihrer Löslichkeit sind sie den Perchloraten ähnlich.

Im BF_4^--Ion ist das Boratom tetraedrisch von den vier Fluoratomen umgeben. Diese Anordnung mit KZ. 4 ist beim Bor sehr stabil.

BCl_3, Bortrichlorid lässt sich direkt aus den Elementen gewinnen. Es ist eine farblose, leichtbewegliche, an der Luft stark rauchende Flüssigkeit (Sdp. 12,5 °C, Schmp. –107,3 °C). BCl_3 ist wegen seiner Elektronenpaarlücke ebenfalls eine Lewis-Säure.

BI_3, Bortriiodid ist eine stärkere Lewis-Säure als BF_3.

Borsauerstoff-Verbindungen

B_2O_3, Bortrioxid entsteht als Anhydrid der Borsäure, H_3BO_3, aus dieser durch Glühen. Es fällt als farblose, glasige und sehr hygroskopische Masse an.

H_3BO_3, ($B(OH)_3$) Borsäure, Orthoborsäure kommt in der Natur vor. Sie entsteht auch durch Hydrolyse von geeigneten Borverbindungen wie BCl_3 oder $Na_2B_4O_7$.

Eigenschaften: Sie kristallisiert in schuppigen, durchscheinenden sechsseitigen Blättchen und bildet Schichtengitter. Die einzelnen Schichten sind durch Wasserstoffbrücken miteinander verknüpft. Beim Erhitzen bildet sich unter Abspaltung von Wasser die *Metaborsäure*, HBO_2. Weiteres Erhitzen führt zur Bildung von B_2O_3. H_3BO_3 ist wasserlöslich (4 % bei 20 °C). Gegenüber Wasser fungiert H_3BO_3 als *Lewis-Säure*. Die Lösung ist eine sehr schwache *ein*wertige *Brønstedsäure*:

$$H_3BO_3 + 2\,H_2O \rightleftharpoons H_3O^+ + B(OH)_4^-$$

Durch *Zusatz* mehrwertiger Alkohole wie z.B. Mannit kann das Gleichgewicht nach rechts verschoben werden. Borsäure erreicht auf diese Weise die Stärke der Essigsäure. Sie kann mit Phenolphthalein als Indikator gegen Laugen titriert werden.

Die wässrige Lösung hat antiseptische Wirkung und ist stark giftig.

Borsäure-Ester sind flüchtig und färben die Bunsenflamme grün. Borsäuretrimethylester bildet sich aus Borsäure und Methanol unter dem Zusatz von konz. H_2SO_4 als Wasser entziehendem Mittel:

$$B(OH)_3 + 3\ HOCH_3 \xrightarrow{H_2SO_4} B(OCH_3)_3 + 3\ H_2O$$

Merkhilfe:

$$B \begin{cases} O|H\ HO|CH_3 \\ O|H\ HO|CH_3 \\ O|H\ HO|CH_3 \end{cases} \longrightarrow B(OCH_3)_3 + 3\ H_2O$$

Zum Mechanismus der Esterbildung s. Bd. II!

Borate: Es gibt *Ortho*borate, z.B. NaH_2BO_3, *Meta*borate, z.B. $(NaBO_2)_3$ und $(Ca(BO_2)_2)_n$, sowie *Poly*borate, *Beispiel:* Borax $Na_2B_4O_7 \cdot 10\ H_2O$. $(NaBO_2)_3$ ist trimer und bildet Sechsringe. Im $(Ca(BO_2)_2)_n$ sind die BO_2^--Anionen zu Ketten aneinandergereiht.

Anionen der Metaborsäure HBO_2

Anion der Tetraborsäure $[B_4O_5(OH)_4]^{2-}$

Perborate sind z.T. Additionsverbindungen von H_2O_2 an Borate. *Natriumperborat* $NaBO_2(OH)_2 \cdot 3\ H_2O$ enthält zwei Peroxogruppen:
$[(HO)_2B(-O-O-)_2B(OH)_2]^{2-}\ 2\ Na^+$.

Bildungsreaktion:

1. $Na_2B_4O_7 + 2\ NaOH \longrightarrow 4\ NaBO_2 + H_2O$

2. $NaBO_2 + H_2O_2 + 3\ H_2O \longrightarrow NaBO_2(OH)_2 \cdot 3\ H_2O$

Perborate sind in Waschmitteln, Bleichmitteln und Desinfektionsmitteln enthalten.

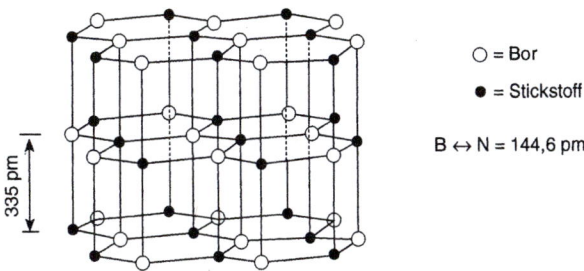

Abb. 22. Ausschnitt aus dem Gitter des hexagonalen $(BN)_x$

Borstickstoff-Verbindungen

Beispiele für Bor-Stickstoff-Verbindungen, die gewisse Ähnlichkeiten zu Kohlenstoff und seinen Verbindungen zeigen, sind Borstickstoff und Borazin.

$(BN)_x$, Bornitrid („Borstickstoff", Abb. 22) bildet sich als hochpolymere Substanz u.a. aus den Elementen bei Weißglut oder aus BBr_3 und flüssigem Ammoniak nach folgender Gleichung:

$$BBr_3 \xrightarrow{NH_3} \underset{\text{Boramid}}{2\,B(NH_2)_3} \xrightarrow{\Delta} \underset{\text{Borimid}}{B_2(NH)_3} \xrightarrow{750\,°C} 2\,BN$$

$(BN)_x$ bildet ein talkähnliches weißes Pulver oder farblose Kristalle. Es ist sehr reaktionsträge und hat einen Schmelzpunkt von 3270 °C.

Infolge der Elektronegativitätsunterschiede zwischen den beiden Bindungspartnern ist das freie Elektronenpaar des N-Atoms weitgehend an diesem lokalisiert und die Substanz bis zu sehr hohen Temperaturen ein Isolator. Man kennt zwei Modifikationen: Die *graphitähnliche* Modifikation (anorganischer Graphit) besteht aus Schichten von verknüpften Sechsringen. Im Unterschied zum Graphit liegen die Sechsringe aus B und N genau senkrecht übereinander, wobei jeweils ein B- über einem N-Atom liegt (Abb. 22). Bei 1400 °C und 70 000 bar bildet sich aus der graphitähnlichen eine *diamantähnliche* Modifikation (Borazon).

$B_3N_3H_6$, Borazin (Borazol) bildet sich beim Erhitzen von B_2H_6 mit NH_3 auf 250–300 °C. Es entsteht auch auf folgende Weise:

$$3\,NH_4Cl + 3\,BCl_3 \xrightarrow[140\,°C]{C_6H_5Cl} \text{1,3,5 - Trichlorborazol} \begin{array}{c} \xrightarrow{NaBH_4} B_3N_3H_6 \\ \xrightarrow{CH_3MgBr} B_3N_3H_3(CH_3)_3 \end{array}$$

Borazin ist eine farblose, leichtbewegliche, aromatisch riechende Flüssigkeit; Sdp. 55 °C; Schmp. –57,92 °C. In vielen physikalischen Eigenschaften ist es benzolähnlich *(anorganisches Benzol)*. Die Molekülstruktur ist ein ebenes sechsgliedriges Ringsystem. Infolge der unterschiedlichen Elektronegativität der Bindungspartner ist Borazin viel reaktionsfähiger als Benzol.

B $\leftrightarrow$ N = 143,6 pm

Eine Grenzstrukturformel für Borazin.

Weitere Formeln entstehen durch Delokalisation der einsamen Elektronenpaare an den Stickstoffatomen.

Aluminium (Al)

Aluminium ist im Gegensatz zu Bor ein Metall. Entsprechend seiner Stellung im PSE zwischen Metall und Nichtmetall haben seine Verbindungen ionischen *und* kovalenten Charakter. Aluminium ist normalerweise *drei*wertig. Eine Stabilisierung seiner Elektronenstruktur erreicht es auf folgende Weise:

a) Im Unterschied zu Bor kann Aluminium die Koordinationszahl 6 erreichen. So liegen in wässriger Lösung [Al(H$_2$O)$_6$]$^{3+}$-Ionen vor. Ein anderes Beispiel ist die Bildung von [AlF$_6$]$^{3-}$.

b) In Aluminiumhalogeniden erfolgt über Halogenbrücken eine Dimerisierung, *Beispiel* (AlCl$_3$)$_2$.

c) In Elektronenmangelverbindungen wie (AlH$_3$)$_x$ und (Al(CH$_3$)$_3$)$_x$ werden Dreizentren-Bindungen ausgebildet. Koordinationszahl 4 erreicht Aluminium auch im [AlCl$_4$]$^-$.

Im Gegensatz zu B(OH)$_3$ ist Al(OH)$_3$ amphoter!

Geschichte: Der Name kommt von „alumen" (Alaun). Dieser stammt nach *Isidorius* (7. Jh.) von der Anwendung von Alaun als Beize zum Färben.

Plinius beschreibt den Alaun und seine Anwendung. Auch *Herodot* (5. Jh. v. Chr.) hat ihn erwähnt.

Die dem Alaun zugrunde liegende *Erde* (d.h. Metalloxid) erhielt später den Namen *Tonerde*.

Die Herstellung von metallischem Aluminium gelang erstmals *Hans Christian Ørsted* 1825. Er erhitzte das von ihm entdeckte wasserfreie Aluminiumchlorid mit Kaliumamalgam. 1827 hat *Friedrich Wöhler* anstelle von Amalgam reines metall. Kalium benutzt und das Verfahren wesentlich verbessert.

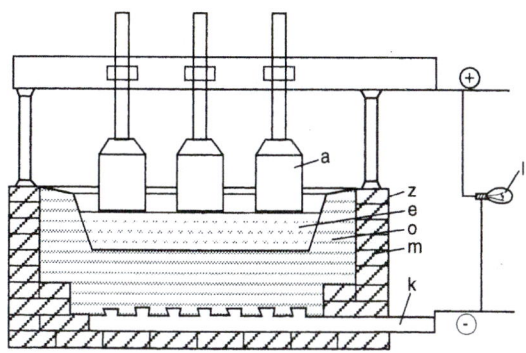

Abb. 23. Aluminium-Zelle. — z Blechmantel; m Mauerwerk; o Ofenfutter; k Stromzuführung zur Kathode; a Anode; e Elektrolyt; l Kontroll-Lampe. (Nach *A. Schmidt*)

Vorkommen: Aluminium ist das häufigste Metall und das dritthäufigste Element in der Erdrinde. Es kommt nur mit Sauerstoff verbunden vor: in Silicaten wie Feldspäten, $M(I)[AlSi_3O_8] \equiv (M(I))_2O \cdot Al_2O_3 \cdot 6\,SiO_2$, Granit, Porphyr, Basalt, Gneis, Schiefer, Ton, Kaolin usw.; als kristallisiertes Al_2O_3 im Korund (Rubin, Saphir); als Hydroxid im Hydrargillit, $Al_2O_3 \cdot 3\,H_2O \equiv Al(OH)_3$, im Bauxit, $Al_2O_3 \cdot H_2O \equiv AlO(OH)$, als Fluorid im Kryolith, Na_3AlF_6.

Herstellung: Aluminium wird durch Elektrolyse der Schmelze eines „eutektischen" Gemisches von sehr reinem Al_2O_3 (18,5 %) und Na_3AlF_6 (81,5 %) bei ca. 950 °C und einer Spannung von 5–7 V erhalten (Abb. 23). Als Anoden dienen vorgebrannte Kohleblöcke oder *Söderberg*-Elektroden. Sie bestehen aus verkokter kohle. Man erhält sie aus einer Mischung aus Anthrazit, verschiedenen Kokssorten und Teerpech in einem Eisenblechmantel (*Söderberg*-Masse). Die Kathode besteht aus einzelnen vorgebrannten Kohleblöcken oder aus Kohle-Stampfmasse. Na_3AlF_6 wird heute künstlich hergestellt.

Reines Al_2O_3 gewinnt man aus Fe- und Si-haltigem Bauxit. Hierzu löst man diesen mit NaOH unter Druck zu $[Al(OH)_4]^-$, Aluminat (*Bayer*-Verfahren, nasser Aufschluss). Die Verunreinigungen werden als $Fe_2O_3 \cdot aq$ (Rotschlamm) und Na/Al-Silicat abfiltriert. Das Filtrat wird mit Wasser stark verdünnt und die Fällung/Kristallisation von $Al(OH)_3 \cdot aq$ durch Impfkristalle beschleunigt. Das abfiltrierte $Al(OH)_3 \cdot aq$ wird durch Erhitzen in Al_2O_3 übergeführt.

Eigenschaften und Verwendung: Aluminium ist — unter normalen Bedingungen — an der Luft beständig. Es bildet sich eine dünne, geschlossene Oxidschicht (*Passivierung*), welche das darunterliegende Metall vor weiterem Angriff schützt. Die gleiche Wirkung haben oxidierende Säuren. Durch anodische Oxidation lässt sich diese Oxidschicht verstärken (*Eloxal-Verfahren*). In nichtoxidierenden Säuren löst sich Aluminium unter H_2-Entwicklung und Bildung von $[Al(H_2O)_6]^{3+}$.

Starke Basen wie KOH, NaOH lösen Aluminium auf unter Bildung von [Al(OH)$_4$]$^-$, Aluminat-Ionen. Das silberweiße Leichtmetall (Schmp. 660 °C) findet im Alltag und in der Technik vielseitige Verwendung. So dient z.B. ein Gemisch von Aluminium und Fe$_3$O$_4$ als sog. *Thermit* zum Schweißen. Die Bildung von Al$_2$O$_3$ ist mit 1653,8 kJ so exotherm, dass bei der Entzündung der Thermitmischung Temperaturen bis 2400 °C entstehen, bei denen das durch Reduktion gewonnene Eisen flüssig wird (**„aluminothermisches Verfahren"**). Aluminium ist ein häufig benutzter Legierungsbestandteil. *Beispiele* sind das *Duraluminium* (Al/Cu-Legierung) und das seewasserfeste *Hydronalium* (Al/Mg-Legierung).

Fein verteiltes Aluminium verbrennt mit sehr hellem Licht. Die elektrische Leitfähigkeit ist ca. 60 % von Kupfer. Aluminiumfolien und mit Aluminium bedampfte Gewebe finden vielfache Anwendung.

Aluminium-Verbindungen

Al(OH)$_3$, Aluminiumhydroxid bildet sich bei tropfenweiser Zugabe von Alkalihydroxidlösung oder besser durch Zugabe von NH$_3$-Lösung zu [Al(H$_2$O)$_6$]$^{3+}$. Als *amphotere* Substanz löst es sich sowohl in Säuren als auch in Laugen:

$$Al(OH)_3 + 3\ H_3O \rightleftharpoons Al^{3+} + 6\ H_2O$$

und $\quad Al(OH)_3 + OH^- \rightleftharpoons [Al(OH)_4]^-$

Al$_2$O$_3$, Aluminiumoxid kommt in zwei Modifikationen vor. Das kubische γ-Al$_2$O$_3$ entsteht beim Erhitzen von γ-Al(OH)$_3$ oder γ-AlO(OH) über 400 °C. γ-Al$_2$O$_3$ ist ein weißes, wasserunlösliches, jedoch hygroskopisches Pulver. In Säuren und Basen ist es löslich. Es findet ausgedehnte Verwendung als *Adsorbens in der Chromatographie,* bei Dehydratisierungen usw. Beim Erhitzen über 1100 °C bildet sich das hexagonale α-Al$_2$O$_3$:

$$\gamma\text{-Al(OH)}_3 \xrightarrow{200\,°C} \gamma\text{-AlO(OH)} \xrightarrow{400\,°C} \gamma\text{-Al}_2\text{O}_3 \xrightarrow{1100\,°C} \alpha\text{-Al}_2\text{O}_3$$

α-Al$_2$O$_3$ kommt in der Natur als Korund vor. Es ist sehr hart, säureunlöslich und nicht hygroskopisch (Schmp. 2050 °C) Hergestellt wird es aus Bauxit, AlO(OH). Verwendung findet es bei der Herstellung von Aluminium, von Schleifmitteln, synthetischen Edelsteinen, feuerfesten Steinen und Laborgeräten.

Die Edelsteine Rubin (rot) bzw. Saphir (blau) sind Al$_2$O$_3$-Kristalle und enthalten Spuren von Cr$_2$O$_3$ bzw. TiO$_2$.

Aluminate M(I)AlO$_2$ $\hat{=}$ M(I)$_2$O · Al$_2$O$_3$ und M(II)Al$_2$O$_4$ ≡ M(II)O · Al$_2$O$_3$ (Spinell) entstehen beim Zusammenschmelzen von Al$_2$O$_3$ mit Metalloxiden.

AlCl$_3$ entsteht in wasserfreier Form beim Erhitzen von Aluminium in Cl$_2$- oder HCl-Atmosphäre. Es bildet sich auch entsprechend der Gleichung bei ca. 800 °C:

$$Al_2O_3 + 3\ C + 3\ Cl_2 \xrightarrow{800\,°C} 2\ AlCl_3 + 3\ CO$$

III. Hauptgruppe – Borgruppe (B, Al, Ga, In, Tl)

$AlCl_3$ ist eine farblose, stark hygroskopische Substanz, die sich bei 183 °C durch Sublimation reinigen lässt. Es ist eine starke Lewis-Säure. Dementsprechend gibt es unzählige Additionsverbindungen mit Elektronenpaardonatoren wie z.B. HCl, Ether, Aminen. Auf dieser Reaktionsweise beruht sein Einsatz bei „Friedel-Crafts-Synthesen", Polymerisationen usw. Aluminiumtrichlorid liegt in kristallisierter Form als $(AlCl_3)_n$ vor. $AlCl_3$-Dampf zwischen dem Sublimationspunkt und ca. 800 °C besteht vorwiegend aus dimeren $(AlCl_3)_2$-Molekülen. Oberhalb 800 °C entspricht die Dampfdichte monomeren $AlCl_3$-Species. In wasserhaltiger Form kristallisiert $AlCl_3$ mit 6 H_2O.

Eine Schmelze von $AlCl_3$ leitet den elektrischen Strom nicht, es ist daher keine Schmelzflusselektrolyse möglich.

$AlBr_3$ und *AlI_3* liegen auch in kristallisiertem Zustand als dimere Moleküle vor. Das $AlBr_3$ findet als Lewis-Säure gelegentlich Verwendung.

$LiAlH_4$, (Lithiumaluminiumhydrid, Lithiumalanat) ist ein „komplexes" Hydrid. Da es in Ether löslich ist, findet es als Reduktionsmittel Verwendung.

$$(AlCl_3 + 4\ LiH \longrightarrow Li^+[AlH_4]^- + 3\ LiCl)$$

$Al_2(SO_4)_3 \cdot 18\ H_2O$ bildet sich beim Auflösen von $Al(OH)_3$ in heißer konz. H_2SO_4. Es ist ein wichtiges Hilfsmittel in der Papierindustrie und beim Gerben von Häuten. Es dient ferner als Ausgangssubstanz zur Herstellung von z.B. $AlOH(CH_3CO_2)_2$, basisches Aluminiumacetat (Essigsaure Tonerde), und von $KAl(SO_4)_2 \cdot 12\ H_2O$ (Kaliumalaun).

Es ist das meistgebrauchte Aluminiumsalz.

Alaune heißen kristallisierte Verbindungen der Zusammensetzung **M(I)M(III)-$(SO_4)_2 \cdot 12\ H_2O$**, mit M(I) = Na^+, K^+, Rb^+, Cs^+, NH_4^+, Tl^+ und M(III) = Al^{3+}, Sc^{3+}, Ti^{3+}, Cr^{3+}, Mn^{3+}, Fe^{3+}, Co^{3+} u.a. Beide Kationenarten werden entsprechend ihrer Ladungsdichte mehr oder weniger fest von je sechs H_2O-Molekülen umgeben. In wässriger Lösung liegen die Alaune vor als: $(M(I))_2SO_4 \cdot (M(III))_2(SO_4)_3 \cdot 24\ H_2O$.

Alaune sind echte **Doppelsalze**. Ihre wässrigen Lösungen zeigen die chemischen Eigenschaften der getrennten Komponenten. Die physikalischen Eigenschaften der Lösungen setzen sich additiv aus den Eigenschaften der Komponenten zusammen.

AlR_3, Aluminiumtrialkyle entstehen z.B. nach der Gleichung:

$$AlCl_3 + 3\ RMgCl \longrightarrow AlR_3 + 3\ MgCl_2$$

Das technisch wichtige $Al(C_2H_5)_3$ erhält man aus Ethylen, Wasserstoff und aktiviertem Aluminium mit $Al(C_2H_5)_3$ als Katalysator unter Druck und bei erhöhter Temperatur. Es ist Bestandteil von „Ziegler-Katalysatoren", welche die Niederdruck-Polymerisation von Ethylen ermöglichen.

Die Trialkyle sind dimer gebaut. Die Bindung in diesen Elektronenmangelverbindungen lässt sich durch Dreizentrenbindungen beschreiben.

Gallium (Ga), Indium (In) und Thallium (Tl)

Diese Elemente sind dem Aluminium nahe verwandte Metalle. Sie kommen in geringen Konzentrationen vor. *Gallium* findet als Füllung von Hochtemperaturthermometern sowie als Galliumarsenid und ähnliche Verbindungen für Solarzellen Verwendung (Schmp. 30 °C, Sdp. 2400 °C).

Gallium ist nach Silicium der zweitwichtigste Rohstoff für die Elektronik und die gesamte Halbleitertechnologie. Es wird hauptsächlich zum Dotieren von Siliciumkristallen verwendet

Gallium kommt z.B. in der Erdkruste mit ca. 15 g pro Tonne Gestein vor. Es fällt zumeist bei der Kupfer- und Zink-Gewinnung an. Auch bei der Aluminiumgewinnung aus Bauxit wird es durch ein Schwerkraft-Abtrennungsverfahren vom leichteren Aluminium abgetrennt.

Geschichte: Gallium wurde von *Paul Émile Lecoq de Boisbaudran* 1875 mit dem *Spektroskop* in einer Zinkblende aus Pierrefitte in Frankreich entdeckt und nach seinem Vaterland (Gallia) benannt.

Indium ist ein weiches, silberglänzendes Metall. Verwendet wird es in der Halbleitertechnik zum Dotieren von Si-Kristallen.

Geschichte: Indium findet sich in sehr geringen Mengen in Form eines Sulfids als Beimischung in manchen Blenden. Entdeckt wurde es 1863 von *Ferdinand Reich* und *Theodor Richter* in Rückständen von Freiberger Zinkblende. Benannt wurde das Element nach einer indigoblauen Linie in seinem Spektrum.

Thallium ist in seinen Verbindungen *ein-* und *dreiwertig*. Die einwertige Stufe ist stabiler als die dreiwertige. Thallium-Verbindungen sind sehr giftig und finden z.B. als Mäuse- und Rattengift (Zelio®) Verwendung. Metallisches Thallium ist ein bläulich-weisses, weiches und zähes Metall.

Geschichte: Das Thallium wurde 1861 von *William Crookes* mit dem Spektroskop in dem Bleikammerschlamm einer Harzer Schwefelsäurefabrik entdeckt. Benannt wurde es nach der charakteristischen grünen Linie im Spektrum sowie der grünen Farbe seiner Flamme (griech. θαλλος, thallos „grüner Zweig").

Ausgangsmaterial ist der beim Rösten thalliumhaltiger Blenden oder Kiese abfallende Flugstaub. Man extrahiert ihn mit kochendem Wasser und schlägt das Thallium entweder mit Zink nieder oder fällt das Chlorid durch Säurezusatz. Schließlich scheidet man das Metall elektrolytisch aus der schwefelsauren Lösung ab.

IV. Hauptgruppe
Kohlenstoffgruppe (C, Si, Ge, Sn, Pb)

Die Elemente dieser Gruppe bilden die IV. Hauptgruppe. Sie stehen von beiden Seiten des PSE gleich weit entfernt. Die Stabilität der maximalen Oxidationsstufe +4 nimmt innerhalb der Gruppe von oben nach unten ab. C, Si, Ge und Sn haben in ihren natürlich vorkommenden Verbindungen die Oxidationsstufe +4, Pb die Oxidationsstufe +2. Während Sn(II)-Ionen reduzierend wirken, sind Pb(IV)-Verbindungen Oxidationsmittel, wie z.B. PbO_2.

Kohlenstoff ist ein typisches Nichtmetall und Blei ein typisches Metall. Silicium und Germanium sind Halbmetalle. In der Graphit-Modifikation zeigt Kohlenstoff elektrische (metallische) Leitfähigkeit. Dementsprechend nimmt der Salzcharakter der Verbindungen der einzelnen Elemente innerhalb der Gruppe von oben nach unten zu. Unterschiede in der chemischen Bindung bedingen auch die unterschiedlichen Eigenschaften wie Härte und Sprödigkeit bei C, Si und Ge, Duktilität beim Sn und die metallischen Eigenschaften beim Blei.

Hydroxide: $Ge(OH)_2$ zeigt noch saure Eigenschaften, $Sn(OH)_2$ ist amphoter und $Pb(OH)_2$ ist überwiegend basisch.

Wasserstoffverbindungen: CH_4 ist die einzige exotherme Wasserstoffverbindung.

Die Unterschiede in der Polarisierung zwischen C und Si: $\overset{\delta-}{C}-\overset{\delta+}{H}$, $\overset{\delta+}{Si}-\overset{\delta-}{H}$, zeigen sich im chemischen Verhalten.

Beachte: Kohlenstoff kann als einziges Element dieser Gruppe unter normalen Bedingungen p_π-p_π-Mehrfachbindungen ausbilden. Si=Si-Bindungen erfordern besondere sterische Voraussetzungen wie z.B. in Tetramesityldisilen.

Kohlenstoff (C)

Die meisten Substanzen die für das Leben auf unserem Planeten verantwortlich sind besitzen Kohlenstoff. Die Lehre von den *organischen Kohlenstoffverbindungen* ist die **Organische Chemie** s. Bd. II.

Das besondere Merkmal der Kohlenstoffchemie ist die Fähigkeit zur Ausbildung stabiler Elektronenpaarbindungen.

Kohlenstoff-Isotope: $^{12}_{6}C$, 98,892 %; $^{13}_{6}C$, 1,108 %; $^{14}_{6}C$, β (0,156 MeV), $t_{1/2}$ = 5730 a.

Tabelle 11. Eigenschaften der Elemente der Kohlenstoffgruppe

Element	Kohlenstoff	Silicium	Germanium	Zinn	Blei
Elektronenkonfiguration	[He]2s²2p²	[Ne]3s²3p²	[Ar]3d¹⁰4s²4p²	[Kr]4d¹⁰5s²5p²	[Xe]4f¹⁴5d¹⁰6s²6p²
Schmp. [°C]	3730 (Graphit)	1410	937	232	327
Sdp. [°C]	4830	2680	2830	2270	1740
Normalpotenzial [V] (+II)	–	–	–	–0,14	–0,13
Ionisierungsenergie [kJ/mol]	1090	790	760	710	720
Atomradius [pm]	77 (Kovalenzradius)	118	122	162	175
Ionenradius [pm] (bei Oxidationszahl +IV)	16	38	53	71	84
Elektronegativität	2,5	1,8	1,8	1,8	1,8
Metallcharakter					→ zunehmend
Affinität zu elektropositiven Elementen					→ zunehmend
Affinität zu elektronegativen Elementen					→ zunehmend
Beständigkeit der E(II)-Verbindungen					→ zunehmend
Beständigkeit der E(IV)-Verbindungen					→ abnehmend
Saurer Charakter der Oxide					→ abnehmend
Salzcharakter der Chloride					→ zunehmend

IV. Hauptgruppe – Kohlenstoffgruppe (C, Si, Ge, Sn, Pb)

Geschichte: Kohlenstoff wird in Form von *Holzkohle* und *Ruß* seit Menschengedenken benutzt. Als Element wurde es 1779 von *Carl Wilhelm Scheele* erkannt. Er beschrieb auch die Struktur des *Graphits*. Die zweite (monotrope) Modifikation der *Diamant* wurde von *Smithson Tennant* 1796 richtig erkannt.

Der französische Name (carbo) für Holzkohle geht auf *Antoine Laurent de Lavoisier* zurück.

Ab 1985 wurden die *Fullerene* von *Robert F. Curl jr.*, *Sir Harold W. Kroto* und *Richard E. Smalley* als dritte Kohlenstoffmodifikation entdeckt. Sie erhielten dafür 1996 den Nobelpreis für Chemie. 2010 wurden Fullerene erstmalig im Weltraum nachgewiesen. Dies geschah durch Infrarotaufnahmen mit dem Weltraumteleskop Spitzer. Sie sind somit die größten nachgewiesenen Moleküle im Weltall.

Vorkommen: frei, kristallisiert als Diamant und Graphit. Gebunden als Carbonat, $CaCO_3$, $MgCO_3$, $CaCO_3 \cdot MgCO_3$ (Dolomit) usw. In der Kohle, im Erdöl, in der Luft als CO_2, in allen organischen Materialien.

Die natürlichen Kohlen enthalten (neben wenig Kohlenstoff) viele unterschiedliche Verbindungen. Entstanden ist die Kohle überwiegend aus pflanzlichen Materialien. Die beiden wichtigsten Arten sind *Steinkohle* und *Braunkohle* mit einem Kohlenstoffgehalt von 80–96 % bzw. 55–75 %. *Reinen* Kohlenstoff erhält man z.B. bei der Trockendestillation von Zucker.

Holzkohle: Schwarze, poröse, sehr leichte Kohle, die durch Holzdestillation (*Trockendestillation unter Luftabschluss*) gewonnen wird (Daneben entstehen: Holzteer, Teerwasser, Holzgas). Sie ist stark Wasser bindend. Verbrennung (fast) ohne Flamme.

Verwendung: Zum Grillen, als Reduktionsmittel in der Metallurgie, zum Raffinieren von Rohmetallen z.B. Rohkupfer; als Aktivkohle, als Zeichenkohle, zur Herstellung von *Schwarzpulver*, Schwefelkohlenstoff usw. *Aktivkohle* ist sehr porenreich, hat eine große Oberfläche und wird als Filter verwendet.

Definition: *Modifikationen* sind verschiedene Zustandsformen chemischer Elemente oder Verbindungen, die bei gleicher Zusammensetzung unterschiedliche Eigenschaften aufweisen.

Allotropie heißt die Eigenschaft von *Elementen*, in verschiedenen Modifikationen vorzukommen.

Polymorphie heißt die Eigenschaft von *Verbindungen*, in verschiedenen Modifikationen vorzukommen.

Lassen sich Modifikationen *ineinander* umwandeln nennt man sie **enantiotrop** (=**Enantiotropie**) (z.B. bei Schwefel).

Lassen sich Modifikationen nur in *eine* Richtung umwandeln heißen sie **monotrop** (=**Monotropie**) (z.B. bei Phosphor).

Eigenschaften: Kristallisierter Kohlenstoff kommt in drei Modifikationen (Begrifferklärung siehe blauer Kasten) vor: als *Diamant* und *Graphit* und in Form der sog. *Fullerene*.

Graphit: Metallglänzend, weich, abfärbend. Er ist ein guter Leiter von Wärme und Elektrizität. Natürliche Vorkommen von Graphit gibt es z.B. in Sibirien, Böhmen und bei Passau. Technisch hergestellt wird er aus Koks und Quarzsand im elektrischen Ofen (Acheson-Graphit).

Verwendung: als Schmiermittel, Elektrodenmaterial, zur Herstellung von Bleistiften und Schmelztiegeln etc.

Struktur von Graphit: Das Kristallgitter besteht aus ebenen Schichten, welche aus allseitig verknüpften Sechsecken gebildet werden. Die Schichten liegen so übereinander, dass die *dritte* Schicht mit der Ausgangsschicht identisch ist. Da für den Aufbau der sechseckigen Schichten von jedem C-Atom jeweils nur drei Elektronen benötigt werden (sp^2-Hybridorbitale), bleibt pro C-Atom ein Elektron übrig. Diese überzähligen Elektronen sind zwischen den Schichten praktisch frei beweglich. Sie befinden sich in den übrig gebliebenen p-Orbitalen, die einander überlappen und delokalisierte p_π-p_π-Bindungen bilden. Sie bedingen die Leitfähigkeit längs der Schichten und die schwarze Farbe des Graphits (Wechselwirkung mit praktisch allen Wellenlängen des sichtbaren Lichts). Abb. 24 zeigt Ausschnitte aus dem Graphitgitter.

Graphen ist die Bezeichnung für eine Modifikation des Kohlenstoffs mit zweidimensionaler Struktur, in der jedes Kohlenstoffatom von drei weiteren umgeben ist, so dass sich ein bienenwabenförmiges Muster ausbildet. Graphen ist strukturell eng mit dem Graphit verwandt, der sich gedanklich durch Übereinanderschichten mehrerer Graphene vorstellen lässt. Für die Entdeckung des Graphens erhielten *Konstantin Novoselov* und *Andre Geim* den Physiknobelpreis 2010.

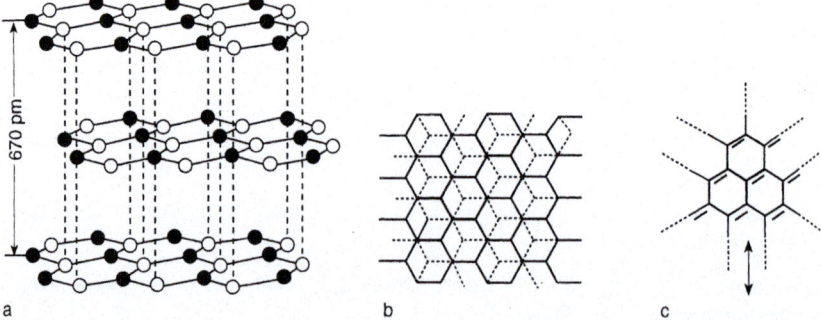

Abb. 24 a-c. Ausschnitt aus dem Graphitgitter. **a** Folge von drei Schichten. **b** Anordnung von zwei aufeinander folgenden Schichten in der Draufsicht. **c** Andeutung einer mesomeren Grenzstruktur

Graphit-Verbindungen

Kovalente Graphit-Verbindungen: Beim Erhitzen von Graphit mit Fluor auf 627° C entsteht **„Graphitfluorid"** (= Kohlenstoffmonofluorid) $(CF)_n$ als grau-weiße nicht leitende Substanz. In den gewellten Kohlenstoffschichten ist der Kohlenstoff sp^3-hybridisiert.

Graphit-Intercalationsverbindungen sind Einlagerungsverbindungen. Sie entstehen durch Einlagerung von Alkalimetallen, Sauerstoff, Molekülen wie $SbCl_5$ usw. zwischen die Schichten. Diese werden dadurch in Richtung der c-Achse aufgeweitet. *Beispiele:* C_6K (rot), $C_{24}K$ (blau), $C_{24}SbCl_5$ (grau-schwarz).

Graphitsalze entstehen aus Graphit und starken Säuren wie H_2SO_4, HF. In ihnen ist das Graphitgitter stark aufgequollen. Es dient quasi als Riesenkation, z.B. C_{24}^+.

Diamant kristallisiert kubisch. Er ist durchsichtig, meist farblos, von großem Lichtbrechungsvermögen und ein typischer Nichtleiter. Im Diamantgitter sind die Orbitale aller C-Atome sp^3-hybridisiert. Somit ist jedes C-Atom Mittelpunkt eines Tetraeders aus C-Atomen (Atomgitter). Dies bedingt die große Härte des Diamanten. Er ist der härteste Stoff (Härte 10 in der Skala nach *Friedrich Mohs*).

Härteskala nach *Mohs* (1812)

1. *Talk*	2. Gips	3. Kalkspat	4. Flussspat	5. Apatit
6. Feldspat	7. Quarz	8. Topas	9. Korund	10. *Diamant*

Diamant ist eine bei Zimmertemperatur „metastabile" Kohlenstoff-Modifikation. Thermodynamisch stabil ist bei dieser Temperatur nur der Graphit. Die Umwandlungsgeschwindigkeit Diamant $\longrightarrow$ Graphit ist jedoch so klein, dass beide Modifikationen nebeneinander vorkommen. Beim Erhitzen von Diamant im Vakuum auf 1500 °C erfolgt die Umwandlung $C_{Diamant} \longrightarrow C_{Graphit}$; $\Delta H_{(25°C)} = -1,89$ kJ.

Umgekehrt gelingt auch die Umwandlung von Graphit in Diamant, z.B. bei 3000 °C und 150 000 bar (Industriediamanten).

Diamant ist reaktionsträger als Graphit. An der Luft verbrennt er ab 800 °C langsam zu CO_2. Von nichtoxidierenden Säuren und von Basen wird er nicht angegriffen.

Verwendung: Geschliffene Diamanten finden als Brillanten in der Schmuckindustrie Verwendung. Wegen seiner Härte wird der Diamant benutzt zur Herstellung von Schleifscheiben, Bohrerköpfen usw. Abb. 25 zeigt einen Ausschnitt aus dem Diamantgitter. Das Gewicht von Diamanten wird in *Karat* angegeben: 1Karat = 0,2 g.

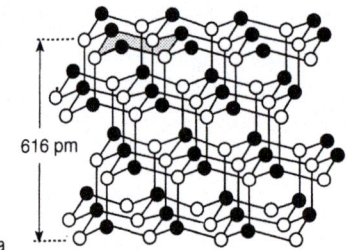 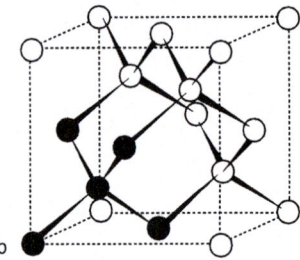

Abb. 25. a Kristallgitter des Diamanten. Um die Sesselform der Sechsringe anzudeuten, wurde ein Sechsring schraffiert. **b** Ausschnitt aus dem Kristallgitter. Ein Kohlenstofftetraeder wurde hervorgehoben

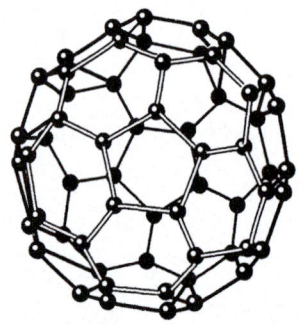

Abb. 26. C_{60}-Molekül. Durchmesser der Kugel: 700 pm. C–C-Abstand: 141 pm. Die Kugelfläche wird von 12 isolierten Fünfecken und 20 Sechsecken gebildet

Fullerene wurden als „Kohlenstoff der dritten Art" 1985 von *R. F. Curl jr., R. Smalley* und *H. Kroto* als Spuren in einem glasartigen Stein (Fulgurit) entdeckt. Sie waren aus Reisig und Tannennadeln durch Blitzschlag entstanden. Mittlerweile wurden Fullerene spektroskopisch auch im Sternenstaub des Weltraums nachgewiesen. Isoliert wurden sie erstmals 1990.

Präparativ zugänglich sind sie in einer umgerüsteten Lichtbogenanlage, in der Kohleelektroden zu Ruß werden. Mit Lösemitteln können daraus C_{60} (Abb. 26) und C_{70} isoliert werden.

Die Moleküle sind innen hohl. Ihre Hülle wird aus Fünf- und Sechsecken gebildet. Benannt wurden die *„fußballförmigen"* Gebilde nach dem Architekten *Buckminster Fuller,* der 1967 einen ähnlichen Kugelbau in Montreal gestaltet hat.

Mittlerweile kennt man viele solcher „Buckyballs": C_{60}, C_{70}, C_{76}, C_{84}, C_{94}, C_{240}, C_{960}. Sie sind umso stabiler, je größer sie sind.

C_{60}-Moleküle sind kubisch-dicht gepackt. Die plättchenförmigen Kristalle sind metallisch glänzend und rötlich-braun gefärbt. Je nach Kombination mit anderen

Atomen werden sie elektrische Leiter, Isolatoren (C_{60}, K_6C_{60}) oder Supraleiter (K_3C_{60}). Ihre überlegenen physikalisch-chemischen Eigenschaften geben zu vielen Spekulationen Anlass.

Im C_{60} sind die AO der C-Atome sp^2-hybridisiert. Jedes C-Atom bildet mit drei Nachbarn je eine σ-Bindung. Die Innen- und Außenflächen der Hohlkugel sind mit π-Elektronenwolken bedeckt. Diese π-Elektronen sind vornehmlich in den Bindungen zwischen den Sechsecken lokalisiert.

Kohlenstoff-Verbindungen

Die Kohlenstoff-Verbindungen sind so zahlreich, dass sie als „**Organische Chemie**" ein eigenes Gebiet der Chemie bilden. An dieser Stelle sollen nur einige „**anorganische**" Kohlenstoff-Verbindungen besprochen werden.

CO, Kohlenmonoxid entsteht z.B. beim Verbrennen von Kohle bei ungenügender Luftzufuhr. Als formales Anhydrid der Ameisensäure, HCOOH, entsteht es aus dieser durch Entwässern, z.B. mit H_2SO_4. Technisch hergestellt wird es in Form von Wassergas und Generatorgas.

Wassergas ist ein Gemisch aus ca. 50 % H_2 und 40 % CO (Rest: CO_2, N_2, CH_4). Man erhält es beim Überleiten von Wasserdampf über glühenden Koks.

Generatorgas enthält ca. 70 % N_2 und 25 % CO (Rest: O_2, CO_2, H_2). Es bildet sich beim Einblasen von Luft in brennenden Koks. Zuerst entsteht CO_2, das durch den glühenden Koks reduziert wird. Bei Temperaturen von über 1000 °C kann man somit als Gleichung angeben:

$$C + \tfrac{1}{2} O_2 \longrightarrow CO, \qquad \Delta H = -111 \text{ kJ} \cdot \text{mol}^{-1}$$

Eigenschaften: CO ist ein farbloses, geruchloses Gas, das die Verbrennung nicht unterhält. Es verbrennt an der Luft zu CO_2. Mit Wasserdampf setzt es sich bei hoher Temperatur mittels Katalysator zu CO_2 und H_2 um (*Konvertierung*). CO ist ein starkes Blutgift, da seine Affinität zu Hämoglobin um ein Vielfaches größer ist als diejenige von O_2. Bereits 0,05 % CO in der Atemluft sind toxisch. CO ist eine sehr schwache Lewis-Base. Über das freie Elektronenpaar am Kohlenstoffatom kann es Addukte bilden. Mit einigen Übergangselementen bildet es Komplexe: z.B.

$$Ni + 4\,CO \longrightarrow Ni(CO)_4 \text{ (Nickeltetracarbonyl)}$$

Elektronenformel von CO: $^-|C\equiv O|^+$. CO ist isoster mit N_2.

CO_2 Kohlendioxid kommt frei als Bestandteil der Luft (0,03–0,04 %), im Meerwasser, in Mineralquellen („Sauerbrunnen") und gebunden in Carbonaten vor. Es entsteht bei der Atmung, Gärung, Fäulnis, beim Verbrennen von Kohle. Es ist das Endprodukt der Verbrennung jeder organischen Substanz.

Herstellung:

(1.) Aus Carbonaten wie $CaCO_3$ durch Glühen:

$$CaCO_3 \xrightarrow{\Delta} CaO + CO_2$$

oder mit Säuren:

$$CaCO_3 + H_2SO_4 \longrightarrow CaSO_4 + CO_2 + H_2O$$

(2.) Durch Verbrennen von Koks mit überschüssigem Sauerstoff.

Eigenschaften: CO_2 ist ein farbloses, geruchloses, geschmackloses wasserlösliches Gas und schwerer als Luft. Es ist nicht brennbar und wirkt erstickend. Durch Druck lässt es sich zu einer farblosen Flüssigkeit kondensieren. Beim raschen Verdampfen von flüssigem CO_2 kühlt es sich so stark ab, dass es zu festem CO_2 (feste Kohlensäure, „Kohlensäureschnee" oder gepresst als Trockeneis) gefriert. Im Trockeneis werden die CO_2-Moleküle durch **van der Waals-Kräfte** zusammengehalten (Molekülgitter). Eine Mischung von Trockeneis und Aceton oder Methanol usw. dient als Kältemischung für Temperaturen bis −76 °C. CO_2 kommt unter Druck verflüssigt in Stahlflaschen (grau) in den Handel. „Kohlensäureschnee" dient als Feuerlöschmittel.

Struktur von CO_2: Das CO_2-Molekül ist linear gebaut. Der C–O-Abstand ist mit 115 pm kürzer als ein C=O-Doppelbindungsabstand. Außer Grenzformel (a) müssen auch die „Resonanzstrukturen" (b) und (c) berücksichtigt werden, um den kurzen Abstand zu erklären:

$$\overline{\underline{O}}=C=\overline{\underline{O}} \longleftrightarrow {}^{+}|O\equiv C-\overline{\underline{O}}|^{-} \longleftrightarrow {}^{-}|\overline{\underline{O}}-C\equiv O|^{+}$$

(a) (b) (c)

Kohlensäure: Die wässrige Lösung von CO_2 ist eine schwache Säure, *Kohlensäure* H_2CO_3 (pK_{S1} = 6,37).

$$CO_2 + H_2O \rightleftharpoons H_2CO_3$$

Das Gleichgewicht liegt bei dieser Reaktion praktisch ganz auf der linken Seite. H_2CO_3 ist in wasserfreier Form nicht beständig. Sie ist eine *zwei*wertige Säure. Demzufolge bildet sie **Hydrogencarbonate** (primäre Carbonate, Bicarbonate) $M(I)HCO_3$ und sekundäre **Carbonate** (Carbonate) $M(I)_2CO_3$.

Hydrogencarbonate: Hydrogencarbonate sind häufig in Wasser leicht löslich. Durch Erhitzen gehen sie in die entsprechenden Carbonate über:

$$2\,M(I)HCO_3 \rightleftharpoons M_2CO_3 + H_2O + CO_2$$

Sie sind verantwortlich für die temporäre Wasserhärte (s. S. 60).

Carbonate: Nur die Alkalicarbonate sind leicht löslich und glühbeständig. Alle anderen Carbonate zerfallen beim Erhitzen in die Oxide oder Metalle und CO_2.

Durch Einleiten von CO_2 in die wässrige Lösung von Carbonaten bilden sich Hydrogencarbonate.

Kohlensäure-Hydrogencarbonatpuffer (Bicarbonatpuffer) ist ein Puffersystem im Blut (s. hierzu Bd. I):

$$H_2O + CO_2 \rightleftharpoons H_2CO_3 \rightleftharpoons HCO_3^- + H^+$$

Das *Carbonat-Ion* CO_3^{2-} ist eben gebaut. Seine Elektronenstruktur lässt sich durch Überlagerung von mesomeren Grenzformeln plausibel machen:

Von der Kohlensäure leiten sich zwei *Säureamide* ab:

Kohlensäure   Carbaminsäure   Harnstoff (Kohlensäurediamid)

Carbaminsäure, $H_2N-CO-OH$ entsteht aus Ammoniak und CO_2. Die Ester der unbeständigen Säure sind von Pharmazeutischen Interesse (z.B. bei Arthrose, Rheuma oder Bandscheibenvorfall).

Isosterie

Ionen oder Moleküle mit gleicher Gesamtzahl an Elektronen, gleicher Elektronenkonfiguration, gleicher Anzahl von Atomen und gleicher Gesamtladung heißen **isoster** – im engeren Sinne. Beispiel: CO_2/N_2O. Sie haben ähnliche physikalische Eigenschaften. Unterscheiden sich Moleküle in ihren Ladungen spricht man von Isosterie – im weiteren Sinne. Dies gilt z.B. für CO, N_2 // CN^-, NO^+, C_2^{2-} oder CO_2, N_2O // N_3^-, NCO^-.

Atome, Ionen, Moleküle mit gleicher Anzahl und Anordnung von Elektronen (= identische Elektronenkonfiguration) heißen **isoelektronisch**. Beispiele: O^{2-}/F^- /Ne/Na^+; Cu^+/Zn^{2+} usw. oder HF/OH^-.

Verwendung: CO wird als Reduktionsmittel in der Technik verwendet, z.B. zur Reduktion von Metalloxiden wie Fe_2O_3 im Hochofenprozess. Es dient als Ausgangsmaterial zur Herstellung wichtiger organischer Grundchemikalien, wie z.B. Natriumformiat, Methanol und Phosgen, $COCl_2$.

Boudouard-Gleichgewicht

In allen Fällen, in denen CO und Kohlenstoff bei höheren Temperaturen als Reduktionsmittel eingesetzt werden, existiert das *Boudouard-Gleichgewicht:*

$$CO_2 + C \rightleftharpoons 2\,CO, \qquad \Delta H = +173 \text{ kJ} \cdot \text{mol}^{-1}$$

Die Lage des Gleichgewichts ist stark temperatur- und druckabhängig. Seine Abhängigkeit von der Temperatur zeigt Abb. 27. Siehe auch Hochofenprozess, S. 244.

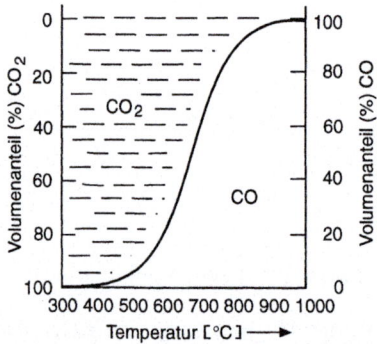

Abb. 27. Die Temperaturabhängigkeit des *Boudouard*-Gleichgewichts

C_3O_2 (Kohlensuboxid) entsteht aus Malonsäure, $HOOC-CH_2-COOH$, durch Entwässern mit z.B. P_4O_{10}. Das monomere $\overline{O}=C=C=C=\overline{O}$ polymerisiert bereits bei Raumtemperatur.

CS_2, Schwefelkohlenstoff (Kohlenstoffdisulfid) entsteht aus den Elementen beim Erhitzen. Es ist eine wasserklare, leicht flüchtige Flüssigkeit (Sdp. 46,3 °C), giftig, leichtentzündlich (!). Es löst Schwefel, Phosphor, Iod, Fette u.a. Das Molekül ist gestreckt gebaut und enthält p_π-p_π-Bindungen zwischen Kohlenstoff und Schwefel: $\overline{S}=C=\overline{S}$.

COS, Kohlenoxidsulfid bildet sich aus S und CO. Es ist ein farb- und geruchloses Gas (Schmp. –138 °C, Sdp. –50,2 °C).

CN⁻, (CN)₂, HCN, HOCN usw. s. S. 177.

SCN⁻, (SCN)₂ s. S. 177.

Carbide

Carbide sind binäre Verbindungen von Elementen mit Kohlenstoff. Eingeteilt werden sie in salzartige, kovalente und metallische Carbide.

Salzartige Carbide

CaC₂ baut ein Ionengitter aus $[|C\equiv C|]^{2-}$- und Ca^{2+}-Ionen auf. Es ist als Salz vom Ethin (Acetylid) aufzufassen und reagiert mit Wasser nach der Gleichung:

$$CaC_2 + 2\ H_2O \longrightarrow Ca(OH)_2 + HC\equiv CH \qquad (= \text{\textit{„Acetylenid“}})$$

Al₄C₃, Aluminiumcarbid leitet sich vom Methan ab. Es enthält C^{4-}-Ionen.

$$Al_4C_3 + 12\ H_2O \longrightarrow 4\ Al(OH)_3 + 3\ CH_4 \qquad (= \text{\textit{„Methanid“}})$$

Li₄C₃ und *Mg₂C₃ (= „Allylenide“)* hydrolysieren zu Propin, C_3H_4.

Kovalente Carbide sind Verbindungen von Kohlenstoff mit Nichtmetallen. *Beispiele:* Borcarbid, Siliciumcarbid, CH_4, CS_2.

Metallische Carbide enthalten Kohlenstoffatome in den Lücken der Metallgitter. Die meist nicht stöchiometrischen Verbindungen (Legierungen) sind resistent gegen Säuren und leiten den elektrischen Strom. Sie sind sehr hart und haben hohe Schmelzpunkte. *Beispiele:* Fe_3C, Zementit; TaC, Tantalcarbid (Schmp. 3780 °C); WC (mit Cobalt zusammengesintert als Widia = wie Diamant).

Silicium (Si)

Geschichte: Kiesel (lat: silex), Quarzsand, Bergkristall und andere kieselsäurereichen Mineralien sind schon im Altertum zur Herstellung von Glas benutzt worden.

Im elementaren Zustand wurde Silicium erstmals von *Jöns Jakob Berzelius* 1822 durch Reduktion von SiF_4 mit metallischem Kalium erhalten. Die Fluorverbindungen des Siliciums, die Fluorkieselsäure H_2SiF_6 und SiF_4 waren bereits 50 Jahre vorher von *C. W. Scheele* aufgefunden worden.

Vorkommen: Silicium ist mit einem Prozentanteil von 27,5 % nach Sauerstoff das häufigste Element in der zugänglichen Erdrinde. Es kommt nur mit Sauerstoff verbunden vor: als Quarz (SiO_2) und in Form von Silicaten (Salze von Kieselsäuren) z.B. im Granit, in Tonen und Sanden; im Tier- und Pflanzenreich gelegentlich als Skelett- und Schalenmaterial.

Herstellung: Durch Reduktion von SiO_2 mit z.B. Magnesium, Aluminium, Kohlenstoff oder Calciumcarbid, CaC_2, im elektrischen Ofen:

$$SiO_2 + 2\,Mg \longrightarrow 2\,MgO + Si \qquad \text{(fällt als braunes Pulver an)}$$

$$SiO_2 + CaC_2 \longrightarrow \text{kompakte Stücke von Si (technisches Verfahren)}$$

In sehr reiner Form erhält man Silicium bei der thermischen Zersetzung von SiI_4 oder von $HSiCl_3$ mit H_2 und anschließendem „Zonenschmelzen". In hochreaktiver Form entsteht Silicium z.B. bei folgender Reaktion:

$$CaSi_2 + 2\,HCl \longrightarrow 2\,Si + H_2 + CaCl_2$$

Eigenschaften: braunes Pulver oder — z.B. aus Aluminium auskristallisiert — schwarze Kristalle, Schmp. 1413 °C. Silicium hat eine Gitterstruktur, die der des Diamanten ähnelt; es besitzt Halbleitereigenschaften. Silicium ist sehr reaktionsträge: Aus den Elementen bilden sich z.B. SiS_2 bei ca. 600 °C, SiO_2 oberhalb 1000 °C, Si_3N_4 bei 1400 °C und SiC erst bei 2000 °C. Eine Ausnahme ist die Reaktion von Silicium mit Fluor: Schon bei Zimmertemperatur bildet sich unter Feuererscheinung SiF_4. ***Silicide*** entstehen beim Erhitzen von Silicium mit bestimmten Metallen im elektrischen Ofen, z.B. $CaSi_2$.

Weil sich auf der Oberfläche eine SiO_2-Schutzschicht bildet, wird Silicium von allen Säuren (außer Flusssäure) praktisch nicht angegriffen. In heißen Laugen löst sich Silicium unter Wasserstoffentwicklung und Silicatbildung:

$$Si + 2\,OH^- + H_2O \longrightarrow SiO_3^{2-} + 2\,H_2$$

Verwendung: Hochreines Silicium wird in der Halbleiter- und Solarzellentechnik verwendet.

Silicium-Verbindungen

Siliciumverbindungen unterscheiden sich von den Kohlenstoffverbindungen in vielen Punkten.

Die bevorzugte Koordinationszahl von Silicium ist 4. In einigen Fällen wird die KZ 6 beobachtet. Silicium bildet nur in Ausnahmefällen ungesättigte Verbindungen. Stattdessen bilden sich polymere Substanzen. Die Si–O-Bindung ist stabiler als z.B. die C–O-Bindung. Zur Deutung gewisser Eigenschaften und Abstände zieht man gelegentlich auch die Möglichkeit von p_π-d_π-Bindungen in Betracht.

Siliciumwasserstoffe, Silane haben die allgemeine Formel Si_nH_{2n+2}.

Herstellung: Als allgemeine Herstellungsmethode für Monosilan SiH_4 und höhere Silane eignet sich die Umsetzung von Siliciden mit Säuren, z.B.

$$Mg_2Si + 4\,H_3O^+ \longrightarrow 2\,Mg^{2+} + SiH_4 + 4\,H_2O$$

SiH$_4$ und Si$_2$H$_6$ entstehen auch auf folgende Weise:

$$SiCl_4 + LiAlH_4 \longrightarrow SiH_4 + LiAlCl_4$$

und $\quad 2\ Si_2Cl_6 + 3\ LiAlH_4 \longrightarrow 2\ Si_2H_6 + 3\ LiAlCl_4$

Auch eine Hydrierung von SiO$_2$ ist möglich.

Eigenschaften: Silane sind extrem oxidationsempfindlich. Die Bildung einer Si–O-Bindung ist mit einem Energiegewinn von – im Durchschnitt – 368 kJ · mol^{-1} verbunden. Sie reagieren daher mit Luft und Wasser explosionsartig mit lautem Knall. Ihre Stabilität nimmt von den niederen zu den höheren Gliedern hin ab. Sie sind säurebeständig. In den Silanen sind (im Gegensatz zu den Alkanen) das Siliciumatom positiv und die H-Atome negativ polarisiert.

SiH$_4$ und *Si$_2$H$_6$* sind farblose Gase. SiH$_4$ hat einen Schmp. von –184,7 °C und einen Sdp. von –30,4 °C.

Mit Halogenen oder Halogenwasserstoffen können die H-Atome in den Silanen substituiert werden, z.B.

$$SiH_4 + HCl \longrightarrow HSiCl_3 \qquad (Silicochloroform)$$

Diese Substanzen reagieren mit Wasser unter Bildung von Silicium-Wasserstoff-Sauerstoff-Verbindungen: In einem ersten Schritt entstehen **Silanole**, **Silandiole** oder **Silantriole**. Aus diesen bilden sich anschließend durch Kondensation die sog. **Siloxane**: *Beispiel* H$_3$SiCl:

$$H_3SiCl + H_2O \longrightarrow H_3SiOH \qquad (Silanol)$$

$$2\ H_3SiOH \xrightarrow[-H_2O]{} H_3Si-O-SiH_3 \qquad (Disiloxan)$$

Alkylchlorsilane entstehen z.B. nach dem *Müller-Rochow-Verfahren*:

$$4\ RCl + 2\ Si \xrightarrow{300-400\ °C} RSiCl_3,\ R_2SiCl_2,\ R_3SiCl$$

Bei dieser Reaktion dient Kupfer als Katalysator.

Alkylhalogensubstituierte Silane sind wichtige Ausgangsstoffe für die Herstellung von Siliconen.

Silicone (Silico-Ketone), Polysiloxane sind Polykondensationsprodukte der Orthokieselsäure Si(OH)$_4$ und/oder ihrer Derivate, der sog. Silanole R$_3$SiOH, Silandiole R$_2$Si(OH)$_2$ und Silantriole RSi(OH)$_3$. Durch geeignete Wahl dieser Reaktionspartner, des Mischungsverhältnisses sowie der Art der Weiterverarbeitung erhält man ringförmige und kettenförmige Produkte, Blatt- oder Raumnetzstrukturen. Gemeinsam ist allen Substanzen die stabile Si–O–Si-Struktureinheit. *Beispiele* für den Aufbau von Siliconen:

$$2\ R_3SiOH \xrightarrow{-H_2O} R_3Si-O-SiR_3$$

$$2\ n\ HO-\underset{R}{\overset{R}{Si}}-OH \xrightarrow{-n\ H_2O} -\underset{R}{\overset{R}{Si}}-O-\left[\underset{R}{\overset{R}{Si}}-O-\underset{R}{\overset{R}{Si}}-O\right]_n-\underset{R}{\overset{R}{Si}}-$$

Eigenschaften und Verwendung: Silicone $[R_2SiO]_n$ sind technisch wichtige Kunststoffe. Sie sind chemisch resistent, hitzebeständig, hydrophob und besitzen ein ausgezeichnetes elektrisches Isoliervermögen. Sie finden vielseitige Verwendung als Schmiermittel (Siliconöle, Siliconfette), als Harze, Dichtungsmaterial, Imprägnierungsmittel.

Halogenverbindungen des Siliciums haben die allgemeine Formel Si_nX_{2n+2}. Die Anfangsglieder bilden sich aus den Elementen, z.B.

$$Si + 2\ Cl_2 \longrightarrow SiCl_4$$

Verbindungen mit n > 1 entstehen aus den Anfangsgliedern durch Disproportionierung oder Halogenentzug, z.B. mit Si. Es gibt auch gemischte Halogenverbindungen wie SiF_3I, $SiCl_2Br_2$, $SiFCl_2Br$.

Beispiele: SiF_4 ist ein farbloses Gas. $SiCl_4$ ist eine farblose Flüssigkeit mit Schmp. –70,4 °C und Sdp. 57,57 °C. $SiBr_4$ ist eine farblose Flüssigkeit mit Schmp. 5,2 °C und Sdp. 152,8 °C. SiI_4 bildet Kristalle mit einem Schmp. von 120,5 °C.

Alle Halogenverbindungen reagieren mit Wasser:

$$SiX_4 + 4\ H_2O \longrightarrow Si(OH)_4 + 4\ HX$$

Kieselsäuren

$Si(OH)_4$, „Orthokieselsäure" ist eine sehr schwache Säure (pK_{s1} = 9,66). Sie ist nur bei einem pH-Wert von 3,20 einige Zeit stabil. Bei Änderung des pH-Wertes spaltet sie *intermolekular* Wasser ab:

$$HO-\underset{\underset{H}{O}}{\overset{\overset{H}{O}}{Si}}-\boxed{OH + H}O-\underset{\underset{H}{O}}{\overset{\overset{H}{O}}{Si}}-OH \xrightarrow{-H_2O} HO-\underset{\underset{H}{O}}{\overset{\overset{H}{O}}{Si}}-O-\underset{\underset{H}{O}}{\overset{\overset{H}{O}}{Si}}-OH$$

$H_6Si_2O_7$ Orthodikieselsäure

Weitere Wasserabspaltung (**Kondensation**) führt über **Poly**kieselsäuren $H_{2n+2}Si_nO_{3n+1}$ zu **Meta**kieselsäuren $(H_2SiO_3)_n$. Für n = 3, 4 oder 6 entstehen **Ringe**, für n = ∞ **Ketten**. Die Ketten können weiterkondensieren zu **Bändern** $(H_6Si_4O_{11})_\infty$, die Bänder zu **Blattstrukturen** $(H_2Si_2O_5)_\infty$, welche ihrerseits zu **Raumnetzstrukturen** weiterkondensieren können. Als Endprodukt entsteht als ein hochpolymerer Stoff $(SiO_2)_\infty$, das Anhydrid der Orthokieselsäure. In allen Substanzen liegt das Silicium-Atom in der Mitte eines Tetraeders aus Sauerstoffatomen.

Die Salze der verschiedenen Kieselsäuren heißen *Silicate*. Man kann sie künstlich durch Zusammenschmelzen von Siliciumdioxid SiO_2 (Quarzsand) mit Basen oder Carbonaten herstellen: z.B.

$$CaCO_3 + SiO_2 \longrightarrow CaSiO_3 \text{ (Calcium-metasilicat)} + CO_2$$

Man unterscheidet (Abb. 28):

a) **Inselsilicate** mit isolierten SiO_4-Tetraedern ($ZrSiO_4$, Zirkon).

b) **Gruppensilicate** mit einer begrenzten Anzahl verknüpfter Tetraeder: $ScSi_2O_7$, Thortveitit.
(**Ringsilicate**) Dreiringe: Benitoit, $BaTi[Si_3O_9]$; Sechsringe: Beryll, $Al_2Be_3[Si_6O_{18}]$.

c) **Kettensilicate** mit eindimensional unendlichen Ketten aus $[Si_2O_6]^{4-}$-Einheiten und Doppelketten (Band-Silicate) aus $[Si_4O_{11}]^{6-}$-Einheiten.

d) **Schichtsilicate** (Blatt-Silicate) mit zweidimensional unendlicher Struktur mit $[Si_2O_5]^{2-}$-Einheiten. Die Kationen liegen zwischen den Schichten. Wichtige Schichtsilicate sind die Tonmineralien und Glimmer. Aus der Schichtstruktur ergeben sich die (besonderen) Eigenschaften von Talk als Schmiermittel, Gleitmittel, die Spaltbarkeit bei Glimmern, oder das Quellvermögen von Tonen.

e) **Gerüstsilicate** mit dreidimensional unendlicher Struktur, siehe $(SiO_2)_x$. In diesen Substanzen ist meist ein Teil des Si durch Al ersetzt. Zum Ladungsausgleich sind Kationen wie K^+, Na^+, Ca^{2+} eingebaut, z.B. $Na[AlSi_3O_8]$, Albit (Feldspat).

In den sog. *Zeolithen* gibt es Kanäle und Röhren, in denen sich Kationen und Wassermoleküle befinden. Letztere lassen sich leicht austauschen. Sie dienen daher als Ionenaustauscher (Permutite) und Molekularsiebe und als Ersatz von Phosphat in Waschmitteln.

„Wasserglas" heißen wässrige Lösungen von Alkalisilicaten. Sie enthalten vorwiegend Salze: $M(I)_3HSiO_4$, $M_2H_2SiO_4$, MH_3SiO_4. Wasserglas ist ein mineralischer Leim, der zum Konservieren von Eiern, zum Verkleben von Glas, als Flammschutzmittel usw. verwendet wird.

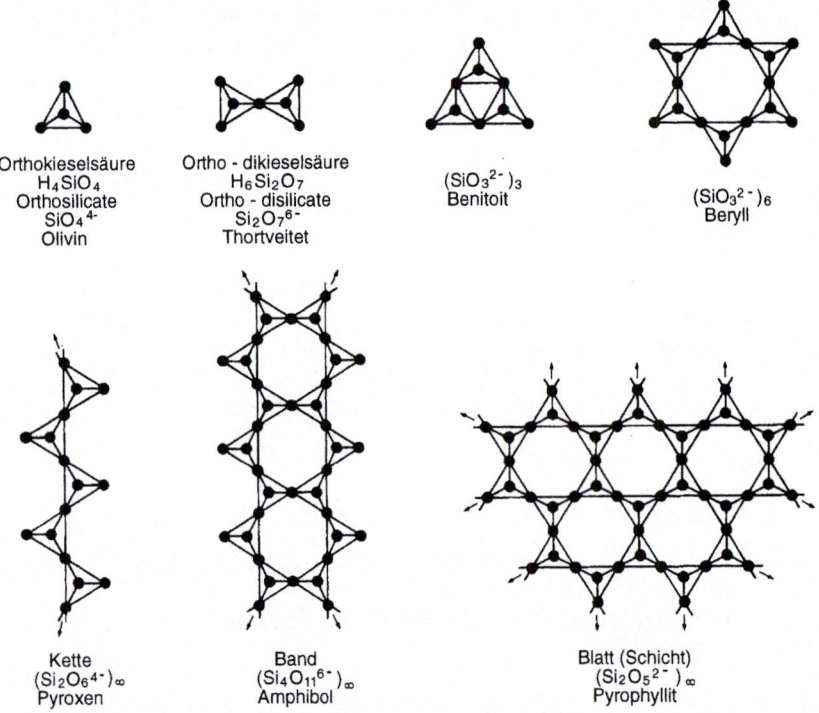

Abb. 28. Ausgewählte Beispiele für die Anordnung von Sauerstofftetraedern in Silicaten. Die Si-Atome, welche die Tetraedermitten besetzen, sind weggelassen

SiO$_2$, Siliciumdioxid kommt rein vor als Quarz, Bergkristall (farblos), Amethyst (violett), Rauchtopas (braun), Achat, Opal, Kieselsinter etc. Es ist Bestandteil der Körperhülle der Diatomeen (Kieselgur, Infusorienerde). SiO$_2$ ist ein hochpolymerer Stoff (Unterschied zu CO$_2$!). Es existiert in mehreren Modifikationen wie Quarz, Cristobalit, Tridymit, Coesit, Stishovit. In allen Modifikationen mit Ausnahme des Stishovits hat Silicium die Koordinationszahl 4. Im Stishovit hat Silicium die Koordinationszahl 6!

Die besondere Stabilität der Si–O-Bindung wird dadurch erklärt, dass man zusätzlich zu den (polarisierten) Einfachbindungen p$_\pi$-d$_\pi$-Bindungen annimmt. Diese kommen dadurch zustande, dass freie p-Elektronenpaare des Sauerstoffs in leere d-Orbitale des Siliciums eingebaut werden:

$$-\underset{|}{\overset{|}{Si}}-\bar{\underline{O}}- \longleftrightarrow -\underset{|}{\overset{|}{Si}}=\underline{O}^+-$$

Eigenschaften: SiO$_2$ ist sehr resistent. Es ist im Allgemeinen unempfindlich gegen Säuren. *Ausnahme:* HF bildet über SiF$_4$ ⟶ H$_2$SiF$_6$. Mit Laugen entstehen langsam Silicate. Durch Zusammenschmelzen mit Alkalihydroxiden oder –carbonaten entstehen glasige Schmelzen, deren wässrige Lösungen das Wasserglas darstellen.

$$SiO_2 + 2\,NaOH \longrightarrow Na_2SiO_3 + H_2O$$

„Kieselgel" besteht vorwiegend aus der Polykieselsäure (H$_2$Si$_2$O$_5$)$_\infty$ (Blattstruktur). Durch geeignete Trocknung erhält man daraus „Kiesel-Xerogele" = Silica-Gele. Diese finden wegen ihres starken Adsorptionsvermögens vielseitige Verwendung, z.B. mit CoCl$_2$ imprägniert als *„Blaugel"* (Trockenmittel). Der Wassergehalt zeigt sich durch Rosafärbung an (Co-Aquakomplex). Kieselgel ist ferner ein beliebtes chromatographisches Adsorbens.

Im Knallgasgebläse geschmolzener Quarz liefert **Quarzglas**, das sich durch einen geringen Ausdehnungskoeffizienten auszeichnet. Es ist außerdem gegen alle Säuren außer HF beständig und lässt im Gegensatz zu normalem Glas ultraviolettes Licht durch.

Durch Zusammenschmelzen von Sand (SiO$_2$), Kalk (CaO) und Soda (Na$_2$CO$_3$) erhält man die gewöhnlichen Gläser wie **Fensterglas** und **Flaschenglas** (Na$_2$O, CaO, SiO$_2$).

Spezielle Glassorten entstehen mit Zusätzen. B$_2$O$_3$ setzt den Ausdehnungskoeffizienten herab (Jenaer Glas, Pyrexglas). Kali-Blei-Gläser enthalten K$_2$O und PbO (Bleikristallglas, Flintglas). Milchglas erhält man z.B. mit SnO$_2$.

Als **Gläser** bezeichnet man allgemein *unterkühlte* Schmelzen aus Quarzsand und unterschiedlichen Zusätzen.

Glasfasern entstehen aus Schmelzen geeigneter Zusammensetzung. Sie sind Beispiele für sog. Synthesefasern (Chemiefasern). E-Glas = alkaliarmes Ca/Al$_2$O$_3$/B/Silicat-Glas; es dient zur Kunststoffverstärkung und im Elektrosektor.

Mineralfaser-Dämmstoffe bestehen aus glasigen kurzen, regellos angeordneten Fasern. Hauptanwendungsgebiete: Wärme-, Schall-, Brandschutz.

Asbest ist die älteste anorg. Naturfaser. Er besteht aus faserigen Aggregaten silicatischer Minerale.

Chrysotil-Asbeste (Serpentinasbeste), Mg$_3$(OH)$_4$[Si$_2$O$_5$] sind fein- und parallelfaserig (spinnbar), alkalibeständig.

Amphibol-Asbeste (Hornblendeasbest, z.B. (Mg,Fe^{2+})$_7$(OH)$_2$[Si$_8$O$_{22}$] enthalten starre Kristall-Nadeln und sind säurestabil.

Ersatzstoffe: silicatische Mineralfasern, Al$_2$O$_3$-Fasern u.a.

Über Edelsteine s. S. 261.

H₂SiF₆, Kieselfluorwasserstoffsäure entsteht durch Reaktion von SiF_4 mit H_2O.

$$3\ SiF_4 + 2\ H_2O \longrightarrow SiO_2 + 2\ H_2SiF_6$$

Sie ist eine starke Säure, jedoch im wasserfreien Zustand unbekannt. Ihre Salze sind die Hexafluorosilicate.

SiC, Siliciumcarbid (Carborundum) entsteht aus SiO_2 und Koks bei ca. 2000°C. Man kennt mehrere Modifikationen. Allen ist gemeinsam, dass die Atome jeweils **tetraedrisch** von Atomen der anderen Art umgeben sind. Die Bindungen sind überwiegend kovalent. SiC ist sehr hart, chemisch und thermisch sehr stabil und ein Halbleiter. *Verwendung:* als Schleifmittel, als feuerfestes Material, für Heizwiderstände (Silitstäbe).

SiS₂, Siliciumdisulfid bildet sich aus den Elementen beim Erhitzen auf Rotglut ($\Delta H° = -207$ kJ). Die farblosen Kristalle zeigen eine Faserstruktur. Im Gegensatz zu $(SiO_2)_x$ besitzt $(SiS_2)_x$ eine Kettenstruktur, da die Tetraeder kantenverknüpft sind:

Germanium (Ge)

Geschichte: Germanium wurde 1885 von *Clemens Winkler* entdeckt. Bei der Analyse eines bei Freiberg aufgefundenen Silbererzes wurde stets ein Fehlbetrag von 6–7 % beobachtet. Ursache hierfür war das unbekannte Element. Es war das 1871 von *D. I. Mendelejeff* auf Grund des PSE vorausgesagte „Ekasilicium". Nach seinem deutschen Vorkommen hat es sein Entdecker Germanium genannt.

Vorkommen: Germanium ist weit verbreitet, kommt aber nur in sehr geringen Konzentrationen vor; Clarke-Wert (= Durchschnittsgehalt in der Erdkruste): 1,5 g/t. Es wird als Begleiter in Kupfer- und Zinkerzen gefunden (Mansfelder Kupferschiefer). Die wichtigsten Minerale sind Argyrodit, Canfieldit, Germanit und Reniérit.

Eigenschaften: Germanium steht im Periodensystem in der Serie der Halbmetalle, wird aber nach neuerer Definition als Halbleiter klassifiziert. Elementares Germanium ist sehr spröde und an der Luft bei Raumtemperatur sehr beständig. Erst bei starkem Glühen in einer Sauerstoff-Atmosphäre oxidiert es zu Germanium(IV)-oxid (GeO_2). Germanium ist zwei- und vierwertig. Germanium(IV)-Verbindungen sind am beständigsten. Von Salzsäure, Kalilauge und verdünnter Schwefelsäure wird Germanium nicht angegriffen. In alkalischen Wasserstoffperoxid-Lösungen, konzentrierter heißer Schwefelsäure und konzentrierter Salpetersäure wird es dagegen unter Bildung von Germaniumdioxidhydrat aufgelöst. Gemäß seiner

Stellung im Periodensystem steht es in seinen chemischen Eigenschaften zwischen Silicium und Zinn.

Germanium weist als einer der wenigen Stoffe die Eigenschaft der Dichteanomalie auf. Seine Dichte ist in festem Zustand niedriger als in flüssigem.

Verwendung: Als Halbleiter war es das führende Material in der Elektronik, bis es vom Silicium verdrängt wurde. Anwendungen finden sich heute in der Hochfrequenztechnik (z.B. als Siliziumgermanium-Verbindungshalbleiter) und Detektortechnologie (z. B. als Röntgendetektor). Für Solarzellen aus Galliumarsenid (GaAs) werden zum Teil Wafer aus Germanium als Trägermaterial verwendet.

Seine zweite Hauptanwendung findet es in der Infrarotoptik in Form von Fenstern und Linsen-Systemen aus poly- oder monokristallinem Germanium sowie optischen Gläsern mit Infrarotdurchlässigkeit, so genannten Chalkogenidgläsern. Einsatzgebiete hierfür sind militärische und zivile Nachtsichtgeräte sowie Thermografiekameras. Mit diesen können beispielsweise Häuser auf Lecks in der Wärmedämmung untersucht werden.

Zinn (Sn)

Geschichte: Zinn (althochdeutsch „zein": „Stab", „Stäbchen", „Zweig") gehört zu den ältesten bekannten Metallen (spätestens 3500 v. Chr.). In Form der Bronze ist es schon in den ersten Zeiten menschlicher Kultur in Gebrauch gewesen (Bronzezeit, etwa 2200 bis 1200 v. Chr.).

Vorkommen: Als Zinnstein SnO_2 und Zinnkies $Cu_2FeSnS_4 \equiv Cu_2S \cdot FeS \cdot SnS_2$.

Herstellung: Durch „Rösten" von Schwefel und Arsen gereinigter Zinnstein, SnO_2, wird mit Koks reduziert. Erhitzt man anschließend das noch mit Eisen verunreinigte Zinn wenig über den Schmelzpunkt von Zinn, lässt sich das flüssige Zinn von einer schwerer schmelzenden Fe–Sn-Legierung abtrennen („Seigern").

Eigenschaften: silberweißes, glänzendes Metall, Schmp. 231,91 °C. Es ist sehr weich und duktil und lässt sich z.B. zu Stanniol-Papier auswalzen.

Vom Zinn kennt man neben der *metallischen* Modifikation (β-Zinn) auch eine *nichtmetallische* Modifikation α-Zinn (auch graues Zinn) mit Diamantgitter:

$$\alpha\text{-Zinn} \xrightleftharpoons{13{,}2\,°C} \beta\text{-Zinn}$$

Metallisches Zinn ist bei gewöhnlicher Temperatur unempfindlich gegen Luft, schwache Säuren und Basen. Beim Erhitzen in fein verteilter Form verbrennt es an der Luft zu SnO_2. Mit Halogenen bilden sich die Tetrahalogenide SnX_4. In starken Säuren und Basen geht Zinn in Lösung:

$$Sn + 2\,HCl \longrightarrow SnCl_2 + H_2$$

und $\quad Sn + 4\,H_2O + 2\,OH^- + 2\,Na^+ \longrightarrow 2\,Na^+ + [Sn(OH)_6]^{2-} + 2\,H_2$

Beim Eindampfen lässt sich Natriumstannat $Na_2[Sn(OH)_6]$ isolieren.

Verwendung: Zum Verzinnen (Beispiel: verzinntes Eisenblech = Weißblech. Es ist vor Korrosion geschützt und eignet sich für Konservendosen). Als Legierungsbestandteil: Bronze = Zinn + Kupfer; Britanniametall = Zinn + Antimon + wenig Kupfer; Weichlot oder Schnellot = 40–70 % Zinn und 30–60 % Blei.

Zinn-Verbindungen

In seinen Verbindungen kommt Zinn in den Oxidationsstufen +2 und +4 vor. Die vierwertige Stufe ist die beständigste. Zinn(II)-Verbindungen sind starke Reduktionsmittel.

Am Beispiel des $SnCl_2$ und $SnCl_4$ kann man zeigen, dass in Verbindungen mit höherwertigen Metallkationen der kovalente Bindungsanteil größer ist als in Verbindungen mit Kationen geringerer Ladung (kleinerer Oxidationszahl). Die höher geladenen Kationen sind kleiner und haben eine größere polarisierende Wirkung auf die Anionen als die größeren Kationen mit kleinerer Oxidationszahl (Ionenradien: Sn^{2+}: 112 pm, Sn^{4+}: 71 pm). Dementsprechend ist $SnCl_2$ eine feste, salzartig gebaute Substanz und $SnCl_4$ eine Flüssigkeit mit $SnCl_4$-Molekülen.

Zinn(II)–Verbindungen

SnCl₂ bildet sich beim Auflösen von Zinn in Salzsäure. Es kristallisiert wasserhaltig als $SnCl_2 \cdot 2\,H_2O$ („Zinnsalz"). In verdünnter Lösung erfolgt Hydrolyse:

$$SnCl_2 + H_2O \rightleftharpoons Sn(OH)Cl + HCl$$

Wasserfreies $SnCl_2$ entsteht aus $SnCl_2 \cdot 2\,H_2O$ durch Erhitzen in HCl-Gasatmosphäre auf Rotglut.

$SnCl_2$ ist ein starkes Reduktionsmittel.

Im Gaszustand ist monomeres $SnCl_2$ gewinkelt gebaut. Festes $(SnCl_2)_x$ enthält $SnCl_3$-Struktureinheiten.

Sn(OH)₂ entsteht als weißer, schwerlöslicher Niederschlag beim tropfenweisen Zugeben von Alkalilaugen zu Sn(II)-Salzlösungen:

$$Sn^{2+} + 2\,OH^- \longrightarrow Sn(OH)_2$$

Als amphoteres Hydroxid löst es sich sowohl in Säuren als auch in Basen:

$$Sn(OH)_2 + 2\,H^+ \longrightarrow Sn^{2+} + 2\,H_2O$$

$$Sn(OH)_2 + OH^- \longrightarrow [Sn(OH)_3]^-$$

oder $\quad Sn(OH)_2 + 2\,OH^- \longrightarrow [Sn(OH)_4]^{2-}$

Diese Stannat(II)-Anionen sind starke Reduktionsmittel.

SnS ist dunkelbraun. Es bildet metallglänzende Blättchen Es ist unlöslich in *farblosem „Schwefelammon"*.

Zinn(IV)-Verbindungen

SnCl₄ entsteht durch Erhitzen von Zinn im Cl_2-Strom. Es ist eine farblose, an der Luft rauchende Flüssigkeit (Schmp. –36,2 °C, Sdp. 114,1 °C). Mit Wasser reagiert es unter Hydrolyse und Bildung von kolloidgelöstem SnO_2. Es lässt sich auch ein Hydrat $SnCl_4 \cdot 5\,H_2O$ („Zinnbutter") isolieren.

Beim Einleiten von HCl-Gas in eine wässrige Lösung von $SnCl_4$ bildet sich Hexachlorozinnsäure $H_2[SnCl_6] \cdot 6\,H_2O$. Ihr Ammoniumsalz (Pinksalz) wird als Beizmittel in der Färberei verwendet.

$SnCl_4$ ist eine starke Lewis-Säure, von der viele Addukte bekannt sind.

SnO₂ kommt in der Natur als Zinnstein vor. Herstellung durch Erhitzen von Zinn an der Luft („Zinnasche"). Es dient zur Herstellung von Email. Beim Schmelzen mit NaOH entsteht Natriumstannat(IV): $Na_2[Sn(OH)_6]$. Dieses Natriumhexahydroxostannat (Präpariersalz) wird in der Färberei benutzt. Die zugrunde liegende freie Zinnsäure ist unbekannt.

SnS₂, Zinndisulfid, Musivgold bildet sich in Form goldglänzender, durchscheinender Blättchen beim Schmelzen von Zinn und Schwefel unter Zusatz von NH_4Cl. Es findet Verwendung als Goldbronze. Bei der Umsetzung von Zinn(IV)-Salzen mit H_2S ist es als gelbes Pulver erhältlich. Mit Alkalisulfid bilden sich Thio-stannate:

$$SnS_2 + Na_2S \longrightarrow Na_2[SnS_3] \text{ (auch } Na_4[SnS_4])$$

Blei (Pb)

Geschichte: Blei (lat. **Pl**umb**u**m) gehört zu den am längsten bekannten Metallen. Es kannten bereits die alten Ägypter, sehr wahrscheinlich auch die Israeliten. Die Römer benutzten das Blei hauptsächlich für Wasserleitungsrohre. Bleipräparate wie Bleiglätte PbO, Mennige Pb_3O_4, Bleiweiß (bas. Bleicarbonat) sind schon den alten Griechen und Römern gekannt gewesen.

Vorkommen: selten gediegen, dagegen sehr verbreitet als Bleiglanz, PbS, und Weißbleierz, $PbCO_3$, etc.

Herstellung: PbS kann z.B. nach folgenden zwei Verfahren in elementares Blei übergeführt werden:

(1.) Röst-Reduktionsverfahren:

a) $\quad PbS + 1½ O_2 \longrightarrow PbO + SO_2 \qquad$ „Röstarbeit"

b) $\quad PbO + CO \longrightarrow Pb + CO_2 \qquad$ „Reduktionsarbeit"

(2.) Röst-Reaktionsverfahren: Hierbei wird PbS unvollständig in PbO übergeführt. Das gebildete PbO reagiert mit dem verbliebenen PbS nach der Gleichung:

$$PbS + 2\,PbO \longrightarrow 3\,Pb + SO_2 \qquad \text{„Reaktionsarbeit"}$$

Das auf diese Weise gewonnene Blei (Werkblei) kann u.a. elektrolytisch gereinigt werden.

Verwendung: Blei findet vielseitige Verwendung im Alltag und in der Industrie, wie z.B. in Akkumulatoren, als Legierungsbestandteil im Schrotmetall (Pb/As), Letternmetall (Pb, Sb, Sn), Blei-Lagermetalle usw.

Blei-Verbindungen

In seinen Verbindungen kommt Blei in der Oxidationsstufe +2 und +4 vor. Die zweiwertige Oxidationsstufe ist die beständigste. Vierwertiges Blei ist ein starkes Oxidationsmittel.

Blei(II)-Verbindungen

PbX_2, Blei(II)-Halogenide (X = F, Cl, Br, I) bilden sich nach der Gleichung:

$$Pb^{2+} + 2\,X^- \longrightarrow PbX_2$$

Sie sind relativ schwerlöslich. PbF_2 ist in Wasser praktisch unlöslich.

$PbSO_4$: $Pb^{2+} + SO_4^{2-} \longrightarrow PbSO_4$, ist eine weiße, schwerlösliche Substanz.

PbO, Bleiglätte ist ein Pulver (gelbe oder rote Modifikation). Es entsteht durch Erhitzen von Pb, $PbCO_3$ usw. an der Luft und dient zur Herstellung von Bleigläsern.

PbS kommt in der Natur als Bleiglanz vor. Aus Bleisalzlösungen fällt es mit S^{2-}-Ionen als schwarzer, schwerlöslicher Niederschlag aus.

$$Lp_{PbS} = 3{,}4 \cdot 10^{-28} \, mol^2 \cdot L^{-2}$$

Wegen des kleinen Löslichkeitsproduktes ist es eine sehr empfindliche Nachweisreaktion für Blei.

Pb(OH)₂ bildet sich durch Einwirkung von Alkalilaugen oder NH_3 auf Bleisalzlösungen. Es ist ein weißes, in Wasser schwerlösliches Pulver. In konzentrierten Alkalilaugen löst es sich unter Bildung von Plumbaten(II):

$$Pb(OH)_2 + OH^- \longrightarrow [Pb(OH)_3]^-$$

Blei(IV)-Verbindungen

PbCl₄ ist unbeständig:

$$PbCl_4 \longrightarrow PbCl_2 + Cl_2$$

PbO₂, Bleidioxid entsteht als braunschwarzes Pulver bei der Oxidation von Blei(II)-Salzen durch starke Oxidationsmittel wie z.B. Cl_2 oder durch anodische Oxidation ($Pb^{2+} \to Pb^{4+}$). PbO_2 wiederum ist ein relativ starkes Oxidationsmittel:

$$PbO_2 + 4\ HCl \longrightarrow PbCl_2 + H_2O + Cl_2$$

Beachte seine Verwendung im Blei-Akku:

Anode: Bleigitter, gefüllt mit Bleischwamm; *Kathode:* Bleigitter, gefüllt mit PbO_2; Elektrolyt 20–30 %ige H_2SO_4.

Anodenvorgang: $\quad Pb \longrightarrow Pb^{2+} + 2\ e^- \quad\quad (Pb^{2+} + SO_4^{2-} \longrightarrow PbSO_4)$
(negativer Pol)

Kathodenvorgang: $\quad PbO_2 + SO_4^{2-} + 4\ H_3O^+ + 2\ e^- \longrightarrow PbSO_4 + 6\ H_2O$
(positiver Pol)

Das Potential einer Zelle beträgt ca. 2 V.

Beim *Aufladen* des Akkus wird aus $PbSO_4$ elementares Blei und PbO_2 zurückgebildet:

$$2\ PbSO_4 + 2\ H_2O \longrightarrow Pb + PbO_2 + 2H_2SO_4$$

Beachte: Beim Entladen (Stromentnahme) wird H_2SO_4 verbraucht und H_2O gebildet. Dies führt zu einer Verringerung der Spannung. Durch Dichtemessungen der Schwefelsäure lässt sich daher der Ladungszustand des Akkus überprüfen.

Pb₃O₄, Mennige enthält Blei in beiden Oxidationsstufen: $Pb_2[PbO_4]$ (Blei(II)-orthoplumbat(IV)). Als leuchtendrotes Pulver entsteht es beim Erhitzen von fein-verteiltem PbO an der Luft auf ca. 500 °C.

Inert-pair-Effekt

Blei wird häufig dazu benutzt, um gewisse Valenz-Regeln in den Hauptgruppen des PSE aufzuzeigen.

In einer Hauptgruppe mit z.B. geradzahliger Nummer sind ungeradzahlige Valenzen wenig begünstigt, wenn nicht gar unmöglich. Pb_3O_4 ist ein „valenzgemischtes" salzartiges Oxid.

Ein Beispiel für ein Element mit ungeradzahliger Gruppennummer ist Sb_2O_4 = $Sb(III)Sb(V)O_4$.

Als Erklärung für das Fehlen bestimmter Wertigkeitsstufen für ein Element, wie z.B. Blei oder Antimon, dient die Vorstellung, dass die s-Elektronen nicht einzeln und nacheinander abgegeben werden. Sie werden erst abgegeben, wenn eine ausreichende Ionisierungsenergie verfügbar ist: = „inert electron pair".

V. Hauptgruppe
Stickstoffgruppe (N, P, As, Sb, Bi)

Die Elemente dieser Gruppe bilden die V. Hauptgruppe des PSE. Sie haben alle die Elektronenkonfiguration s^2p^3 und können durch Aufnahme von drei Elektronen ein Oktett erreichen. Sie erhalten damit formal die Oxidationsstufe –3. *Beispiele:* NH_3, PH_3, AsH_3, SbH_3, BiH_3. Die Elemente können auch bis zu 5 Valenzelektronen abgeben. Ihre Oxidationszahlen können demnach Werte von –3 bis +5 annehmen. Die Stabilität der höchsten Oxidationsstufe nimmt in der Gruppe von oben nach unten ab. Bi_2O_5 ist im Gegensatz zu P_4O_{10} ein starkes Oxidationsmittel. H_3PO_3 ist im Vergleich zu $Bi(OH)_3$ ein starkes Reduktionsmittel.

Der Metallcharakter nimmt innerhalb der Gruppe nach unten hin zu: Stickstoff ist ein typisches Nichtmetall, Bismut ein typisches Metall. Die Elemente Phosphor, Arsen und Antimon kommen in metallischen und nichtmetallischen Modifikationen vor. Diese Erscheinung heißt *Allotropie*.

Beachte: Stickstoff kann als Element der 2. Periode in seinen Verbindungen maximal vierbindig sein (Oktett-Regel).

Stickstoff (N)

Geschichte: In der zweiten Hälfte des 18. Jd.s war bekannt, dass die Luft einen Bestandteil enthält, der die Atmung und Verbrennung nicht unterhält (*C. W. Scheele* 1777, „Abhandlung von der Luft und dem Feuer"). *A. L. de Lavoisier* nannte die „verdorbene Luft" (*Scheele*) Azote, d.h. Stickgas oder Stickstoff (= Leben nicht unterhaltend). Nach der Entdeckung, dass sich Salpetersäure vom Stickstoff ableitet, wurde von *Jean-Antoine Chaptal* der Name nitrogène vorgeschlagen. Daraus wurde *Nitrogenium*. Die Verbindungen des Stickstoffs.

Salpetersäure und Ammoniak waren in Form ihrer Salze schon den arabischen Alchemisten bekannt. Die Herstellung von freier Salpetersäure wird schon von *Geber* (14. oder 15. Jd.) beschrieben. Ammoniak in Gasform herzustellen konnte erst *Joseph Priestley* 1774.

Die Nutzbarmachung von Luftstickstoff zur großtechnischen Synthese von Ammoniak und Salpetersäure gelang erst nach 1904 mit der Kalkstickstofferzeugung von *Rothe-Frank-Caro*, der Salpeterherstellung nach dem Verfahren von *Kristian Birkeland* und *Sam Eyde* seit 1905, Salpeterdarstellung durch katalytische

Tabelle 12. Eigenschaften der Elemente der Stickstoffgruppe

Element	Stickstoff	Phosphor	Arsen	Antimon	Bismut
Elektronenkonfiguration	[He]$2s^22p^3$	[Ne]$3s^23p^3$	[Ar]$3d^{10}4s^24p^3$	[Kr]$4d^{10}5s^25p^3$	[Xe]$4f^{14}5d^{10}6s^26p^3$
Schmp. [°C]	−210	44[a]	817 (28,36 bar)[b]	631	271
Sdp. [°C]	−196	280	subl. bei 613°C[b]	1380	1560
Ionisierungsenergie [kJ/mol]	1400	1010	950	830	700
Atomradius [pm] (kovalent)	70	110	118	136	152
Ionenradius [pm] E^{5+}	13	35	46	62	74
Elektronegativität	3,0	2,1	2,0	1,9	1,9
Metallischer Charakter					$\longrightarrow$ zunehmend
Affinität zu elektropositiven Elementen					$\longrightarrow$ abnehmend
Affinität zu elektronegativen Elementen					$\longrightarrow$ zunehmend
Basencharakter der Oxide					$\longrightarrow$ zunehmend
Salzcharakter der Halogenide					$\longrightarrow$ zunehmend

[a] weiße Modifikation
[b] graues As

Ammoniakverbrennung nach *Wilhelm Ostwald* seit 1906, Ammoniakherstellung nach dem *Haber-Bosch*-Verfahren seit 1909.

Vorkommen: Luft enthält 78,09 Volumenanteile (%) Stickstoff. Gebunden kommt Stickstoff u.a. vor im Salpeter KNO_3, Chilesalpeter $NaNO_3$ und als Bestandteil von Eiweiß.

Gewinnung: **Technisch** durch fraktionierte Destillation von flüssiger Luft. Stickstoff hat einen Sdp. von –196 °C und verdampft zuerst. Sauerstoff (Sdp. –183 °C) bleibt zurück.

Stickstoff entsteht z.B. auch beim Erhitzen von Ammoniumnitrit:

$$NH_4NO_2 \xrightarrow{\Delta} N_2 + 2\,H_2O$$

Eigenschaften: Stickstoff ist nur als Molekül N_2 beständig (Abb. 29). Er ist farb-, geruch- und geschmacklos und schwer löslich in H_2O. Er ist nicht brennbar und unterhält nicht die Atmung. N_2 ist sehr reaktionsträge, weil die N-Atome durch eine **Dreifachbindung** zusammengehalten werden, N_2: $|N\equiv N|$. Die Bindungsenergie beträgt 945 kJ · mol^{-1}. Beim Erhitzen mit Si, B, Al und Erdalkalimetallen bilden sich Verbindungen, die Nitride. (Li_3N bildet sich auch schon bei Zimmertemperatur.)

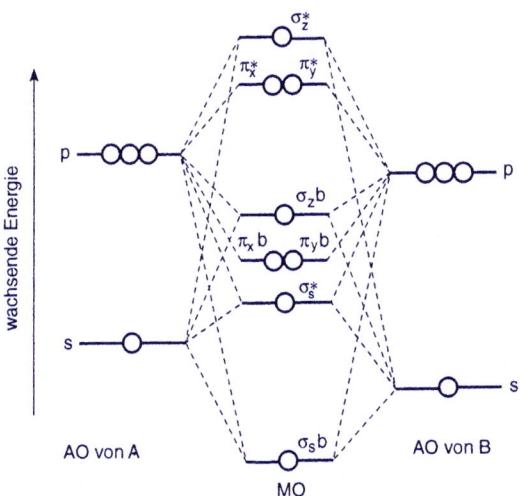

Abb. 29. MO-Energiediagramm für AB-Moleküle; B ist der elektronegativere Bindungspartner. *Beispiele:* CN⁻, CO, NO. Beachte: Für **N_2** haben die AO auf beiden Seiten die gleiche Energie. Die Konfiguration ist $(\sigma_s^b)^2(\sigma_s^*)^2(\pi_{x,y}^b)^4(\sigma_z^b)^2$. Es gibt somit **eine** σ-Bindung und **zwei** π-Bindungen. Vergleiche den Unterschied in der Reihenfolge der MO beim O_2-Molekül, S. 138! Es beruht darauf, dass hier eine Wechselwirkung zwischen den 2s-AO und den 2p-AO auftritt, weil die Energiedifferenz zwischen diesen Orbitalen klein ist.

Verwendung: Stickstoff wird als billiges Inertgas sehr häufig bei chemischen Reaktionen eingesetzt. Das unter Druck verflüssigte Gas ist in dunkelgrün gestrichenen Stahlflaschen im Handel Ausgangsstoff für NH_3-Synthese.

Zusammensetzung trockener Luft in Volumenanteilen (%): N_2: 78,09; O_2: 20,95; Ar: 0,93; CO_2: 0,03; restliche Edelgase sowie CH_4.

Stickstoff-Verbindungen

Salzartige Nitride werden von den stark elektropositiven Elementen (Alkali- und Erdalkalimetalle, Zn, Cd) gebildet. Sie enthalten in ihrem Ionengitter das N^{3-}-Anion. Bei der Hydrolyse entsteht NH_3.

NH_3, Ammoniak ist ein farbloses, stechend riechendes Gas. Es ist leichter als Luft und löst sich sehr leicht in Wasser (Salmiakgeist). Die Lösung reagiert alkalisch:

$$NH_3 + H_2O \rightleftharpoons NH_4^+ + OH^-$$

Flüssiges Ammoniak ist ein *wasserähnliches Lösemittel* (Sdp. −33,4 °C). Im Vergleich zum Ionenprodukt des Wassers ist dasjenige von flüssigem NH_3 sehr klein:

$$2\,NH_3 \rightleftharpoons NH_4^+ + NH_2^- \qquad c(NH_4^+) \cdot c(NH_2^-) = 10^{-29}\,mol^2 \cdot L^{-2}$$

Flüssiges (wasserfreies) Ammoniak löst Alkali- und Erdalkalimetalle mit blauer Farbe. Die Blaufärbung rührt von solvatisierten Elektronen her: $e^- \cdot n\,NH_3$. Die Lösung ist ein starkes Reduktionsmittel.

NH_3 ist eine starke Lewis-Base und kann als Komplexligand fungieren. *Beispiele:* $[Ni(NH_3)_6]^{2+}$, $[Cu(NH_3)_4]^{2+}$.

Mit Protonen bildet NH_3 *Ammonium-Ionen NH_4^+*. Beispiel:

$$NH_3 + HCl \longrightarrow NH_4Cl$$

Alle Ammoniumsalze sind leicht flüchtig.

Das NH_4^+-Ion zeigt Ähnlichkeiten mit den Alkalimetall-Ionen.

Herstellung: **Großtechnisch:** aus den Elementen nach *Haber/Bosch*:

$$3\,H_2 + N_2 \rightleftharpoons 2\,NH_3 \qquad \Delta H = -92,3\,kJ \cdot mol^{-1}$$

Das Gleichgewicht verschiebt sich bei dieser Reaktion mit sinkender Temperatur und steigendem Druck nach rechts. Leider ist die Reaktionsgeschwindigkeit bei Raumtemperatur praktisch Null. Katalysatoren wie α-Eisen wirken aber erst bei ca. 400–500 °C genügend beschleunigend. Weil die Reaktion exotherm verläuft, befinden sich bei dem Druck 1 bar bei dieser Temperatur nur ca. 0,1 Volumenanteile (%) Ammoniak im Gleichgewicht mit den Ausgangsstoffen. Da die Ammo-

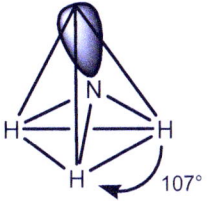
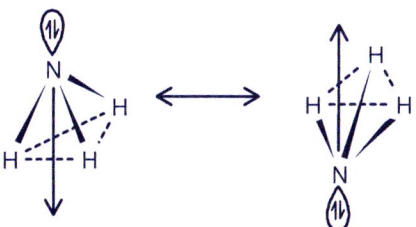

Abb. 30. Molekülstruktur von Ammoniak (NH_3) (sp^3 = 1 s-AO + 3 p-AO)

Abb. 31. Inversion im NH_3-Molekül

niakbildung unter Volumenverminderung verläuft, kann man durch Druckerhöhung die Ausbeute an Ammoniak beträchtlich erhöhen (Prinzip von *Le Chatelier*, s. Bd. I).

Reaktionsbedingungen: Temperatur 400–500 °C, Druck 200 bar, Ausbeute: 21 %. Andere Verfahren arbeiten bei Drücken von 750 oder 1000 bar. Die Ammoniakausbeute ist dann entsprechend höher. Die hohen Drücke bedingen jedoch einen größeren apparativen Aufwand. Der Reaktor besteht aus einem Cr/Mo-Stahlmantel und innen aus V2A-Stahl.

Verwendung von Ammoniak: zur Herstellung von Düngemitteln wie $(NH_4)_2SO_4$, zur Herstellung von Salpetersäure (Ostwald-Verfahren), zur Sodaherstellung, für Reinigungszwecke, als Kältemittel.

Im NH_3-Molekül (Abb. 30) und seinen Derivaten kann das N-Atom durch die von den drei Bindungspartnern aufgespannte Ebene „hindurchschwingen". Die Energiebarriere für das als *Inversion* (Abb. 31) bezeichnete Umklappen beträgt etwa 24 kJ · mol^{-1}. Im NH_3-Molekül schwingt das N-Atom mit einer Frequenz von $2,387 \cdot 10^{10}$ Hz. Diese Inversion ist der Grund dafür, dass bei $|NR^1R^2R^3$-Molekülen im allgemeinen keine optischen Isomere gefunden werden (s. Bd. II).

Werden im NH_3-Molekül die H-Atome durch Reste R substituiert, erhält man *Amine:* z.B. $CH_3\overline{N}H_2$, Monomethylamin, $(CH_3)_2\overline{N}H$, Dimethylamin, $(CH_3)_3N|$, Trimethylamin. Ihre Struktur leitet sich vom Tetraeder des $|NH_3$ ab.

Ausnahme: $(H_3Si)_3N$, Trisilylamin, ist eben gebaut. Man erklärt dies damit, dass sich zwischen einem p-Orbital des N-Atoms und d-Orbitalen der Si-Atome partielle d_π-p_π-Bindungen ausbilden. Es ist eine sehr schwache Lewis-Base.

Ersetzt man im NH_3-Molekül **ein** H-Atom durch Metalle, entstehen *Amide.* Beispiel: $Na^+NH_2^-$, Natriumamid.

Herstellung von Natriumamid:

$$2\,Na + 2\,HNH_2 \xrightarrow{Kat.} 2\,NaNH_2 + H_2 \qquad \Delta H = -146\,\text{kJ} \cdot \text{mol}^{-1}$$

Werden **zwei** H-Atome durch Metalle ersetzt, erhält man *Imide*. Beispiel: $(Li^+)_2NH^{2-}$.

Nitride enthalten das N^{3-}-Ion. Beispiel: $(Li^+)_3N^{3-}$. Mit Wasser entwickeln diese Salze Ammoniak. Es handelt sich demnach um Salze von NH_3.

N_2H_4, Hydrazin ist eine *endotherme* Verbindung ($\Delta H(fl) = +55{,}6$ kJ · mol^{-1}). Bei Raumtemperatur ist es eine farblose, an der Luft rauchende Flüssigkeit (Sdp. 113,5 °C, Schmp. 1,5 °C). Beim Erhitzen disproportioniert Hydrazin gelegentlich explosionsartig in N_2 und NH_3. Es ist eine schwächere Base als NH_3. Hydrazin bildet **Hydraziniumsalze**: $N_2H_5^+X^-$, mit sehr starken Säuren: $N_2H_6^{2+}(X^-)_2$ (X = einwertiger Säurerest). $N_2H_5^+HSO_4^-$ lässt sich aus Wasser umkristallisieren. Hydrazin ist ein starkes **Reduktionsmittel**; als Zusatz im Kesselspeisewasser vermindert es die Korrosion. Mit Sauerstoff verbrennt es nach der Gleichung:

$$N_2H_4 + O_2 \longrightarrow N_2 + 2\,H_2O \qquad \Delta H = -623 \text{ kJ} \cdot \text{mol}^{-1}$$

Verwendung: als Korrosionsinhibitor, zur Herstellung von Treibmitteln, Polymerisationsinitiatoren, Herbiziden, Pharmaka. N_2H_4 und org. Derivate als Treibstoffe für Spezialfälle in der Luftfahrt.

Beachte: Hydrazin wird als cancerogen eingestuft.

Die *Herstellung* von Hydrazin erfolgt durch Oxidation von NH_3.

(1.) Bei der **Hydrazinsynthese nach *Raschig*** verwendet man hierzu Natriumhypochlorit, NaOCl. Dabei entsteht Chloramin, NH_2Cl, als Zwischenstufe:

$$NH_3 + HOCl \longrightarrow NH_2Cl + H_2O$$

$$NH_2Cl + NH_3 \longrightarrow H_2N-NH_2 + HCl$$

Die durch Schwermetallionen katalysierte Nebenreaktion:

$$N_2H_4 + 2\,NH_2Cl \longrightarrow N_2 + 2\,NH_4Cl$$

wird durch Zusatz von Komplexbildnern wie Leim, Gelatine usw. unterdrückt.

Aus der wässrigen Lösung kann Hydrazin als *Sulfat* oder durch Destillation abgetrennt werden. Durch Erwärmen mit konz. KOH entsteht daraus Hydrazinhydrat, $N_2H_4 \cdot H_2O$. Entwässern mit festem NaOH liefert wasserfreies Hydrazin.

(2.) Ein Herstellungsverfahren verläuft über ein **Ketazin**:

$$2NH_3 + Cl_2 + 2\,R_2C{=}O \longrightarrow R_2C{=}N{-}N{=}CR_2 + 2\,H_2O + 2\,HCl$$
$$\text{(Ketazin)}$$

$$R_2C{=}N{-}N{=}CR_2 + 2\,H_2O \longrightarrow N_2H_4 + 2\,R_2C{=}O$$

Diese Reaktion verläuft unter Druck.

Molekülstruktur von N_2H_4:

Vgl. hierzu die Struktur von H_2O_2 !   schiefe, gestaffelte Konformation
(engl. skew oder gauche)

HN_3, Stickstoffwasserstoffsäure ist eine in wasserfreier Form farblose, leichtbewegliche, explosive Flüssigkeit. HN_3 ist eine schwache Säure (pK_S = 4,75). Ihre Salze heißen Azide. Das Azid-Ion N_3^- ist ein *Pseudohalogenid*, s. S. 177. Es verhält sich in vielen Reaktionen wie Cl^-. Wichtige Ausnahme: **Schwermetallazide sind hochexplosiv** und finden als Initialzünder Verwendung wie $Pb(N_3)_2$. Die Azide stark elektropositiver Metalle sind beständiger. **Natriumazid,** das aus Distickstoffoxid, N_2O, und Natriumamid, $NaNH_2$, entsteht, zersetzt sich beispielsweise erst ab 300 °C:

$$2\ NaN_3 \longrightarrow 2\ Na + 3\ N_2$$

Es entsteht reines Na und spektralanalytisch reiner Stickstoff.

Herstellung von HN_3:

(1.) $N_2H_4 + HNO_2 \longrightarrow HN_3 + 2\ H_2O$

HN_3 wird durch Destillation abgetrennt.

(2.) $2\ NaNH_2 + N_2O \longrightarrow NaN_3 + NaOH + NH_3$

Durch Destillation mit verd. H_2SO_4 entsteht freie HN_3. Durch Entwässern mit $CaCl_2$ erhält man 90 %ige HN_3.

Molekülstruktur von HN_3:

Beachte: Die größere Anzahl von mesomeren Grenzformeln (bessere Verteilung der Elektronen) macht die größere Stabilität von N_3^- gegenüber HN_3 verständlich.

NH$_2$OH, Hydroxylamin kristallisiert in farblosen, durchsichtigen, leicht zersetzlichen Kristallen (Schmp. 33,1 °C). Oberhalb 100 °C zersetzt sich NH$_2$OH explosionsartig:

$$3\ NH_2OH \longrightarrow NH_3 + N_2 + 3\ H_2O$$

Hydroxylamin bildet Salze, z.B.

$$NH_2OH + HCl \longrightarrow [^+NH_3OH]Cl^- \quad \text{(Hydroxylammoniumchlorid)}$$

Die *Herstellung* erfolgt durch Reduktion, z.B. von HNO$_3$, oder nach der Gleichung:

$$NO_2 + 2\tfrac{1}{2}\ H_2 \xrightarrow{Pt} NH_2OH + H_2O$$

Hydroxylamin ist weniger basisch als Ammoniak. Es ist ein starkes Reduktionsmittel, kann aber auch gegenüber starken Reduktionsmitteln wie SnCl$_2$ als Oxidationsmittel fungieren.

Molekülstruktur:

Hydroxylamin reagiert mit Carbonylgruppen: Mit Ketonen entstehen Ketoxime und mit Aldehyden Aldoxime: R$_2$C=$\overline{N}$–OH bzw. RCH=$\overline{N}$–OH.

N$_2$O, Distickstoffmonoxid (Lachgas) ist ein farbloses Gas, das sich leicht verflüssigen lässt (Sdp. –88,48 °C). Es muss für Narkosezwecke zusammen mit Sauerstoff eingeatmet werden, da es die Atmung nicht unterhält. Es unterhält jedoch die Verbrennung, weil es durch die Temperatur der Flamme in N$_2$ und ½ O$_2$ gespalten wird.

Herstellung: Durch Erhitzen von NH$_4$NO$_3$ $\xrightarrow{\Delta}$ N$_2$O + 2 H$_2$O.

Elektronenstruktur:

$$\overset{112{,}9\ \ 118{,}8}{N-N-O} \qquad \underline{\overline{N}}=\overset{+}{N}=\underline{\overline{O}} \longleftrightarrow |N\equiv\overset{+}{N}-\underline{\overline{O}}|^-$$

Beachte: In den Grenzformeln ist N$_2$O mit CO$_2$ isoelektronisch!

N$_2$O ist stark schmerzstillend und wenig toxisch; es erzeugt eingeatmet einen rauschartigen Zustand mit Lachreiz.

N$_2$O ersetzt in der Lebensmittelindustrie Fluorkohlenwasserstoffe als Treibgas z.B. für gebrauchsfertige Schlagsahne.

NO, Stickstoffmonoxid ist ein farbloses, in Wasser schwer lösliches Gas. Es ist eine *endotherme Verbindung*. An der Luft wird es sofort braun, wobei sich NO_2 bildet:

$$2\,NO + O_2 \rightleftharpoons 2\,NO_2 \qquad \Delta H = -56{,}9\,kJ \cdot mol^{-1}$$

Oberhalb 650 °C liegt das Gleichgewicht auf der linken Seite.

Bei der Umsetzung mit F_2, Cl_2 und Br_2 entstehen die entsprechenden *Nitrosylhalogenide*:

$$2\,NO + Cl_2 \longrightarrow 2\,NOCl \qquad \Delta H = -77\,kJ \cdot mol^{-1}$$

Die Verbindungen NOX (X = F, Cl, Br) sind weitgehend kovalent gebaut. NO^+-Ionen liegen vor in $NO^+ClO_4^-$, $NO^+HSO_4^-$. Dabei hat das neutrale NO-Molekül ein Elektron abgegeben und ist in das NO^+-Kation (Nitrosyl-Ion) übergegangen. Das NO^+-Ion kann auch als Komplexligand fungieren.

Die Reaktion von NO mit Stickstoffdioxid NO_2 liefert **Distickstofftrioxid, N_2O_3:**

$$NO + NO_2 \longrightarrow N_2O_3$$

N_2O_3 ist nur bei tiefen Temperaturen stabil (tiefblaue Flüssigkeit, blassblaue Kristalle). Oberhalb –10 °C bilden sich NO und NO_2 zurück.

Herstellung: **Großtechnisch** durch katalytische Ammoniakverbrennung (*Ostwald-Verfahren*) bei der Herstellung von Salpetersäure HNO_3:

$$4\,NH_3 + 5\,O_2 \xrightarrow{Pt} 4\,NO + 6\,H_2O \qquad \Delta H = -906\,kJ \cdot mol^{-1}$$

s. Salpetersäure!

Weitere Herstellungsmöglichkeiten: Aus den Elementen bei Temperaturen um 3000 °C (Lichtbogen):

$$\tfrac{1}{2}\,N_2 + \tfrac{1}{2}\,O_2 \rightleftharpoons NO \qquad \mathbf{\Delta H = +90\,kJ \cdot mol^{-1}}$$

oder durch Einwirkung von Salpetersäure auf Kupfer und andere Metalle (Reduktion von HNO_3):

$$3\,Cu + 8\,HNO_3 \longrightarrow 3\,Cu(NO_3)_2 + 2\,NO + 4\,H_2O \qquad \text{usw.}$$

Elektronenstruktur von NO: **Das NO-Molekül** enthält ein ungepaartes Elektron und **ist** folglich **ein Radikal**. Im flüssigen und festen Zustand liegt es weitgehend dimer vor: N_2O_2. Die Anordnung der Elektronen im NO lässt sich sehr schön mit einem MO-Energiediagramm demonstrieren; vgl. hierzu Abb. 29, S. 107. Ein Elektron befindet sich in einem antibindenden π*-Orbital. Die Elektronenkonfiguration ist $(\sigma_s^b)^2(\sigma_s^*)^2(\pi_{x,y}^b)^4(\sigma_z^b)^2(\pi_{x,y}^*)$. Gibt NO sein ungepaartes Elektron ab, entsteht NO⁺. Das Nitrosyl-Ion ist isoster mit CO, CN⁻ N₂. Die Bindungsordnung ist höher als im NO!

NO ist ein physiologisches Stoffwechselprodukt und als *Botenstoff* u.a. für Gefäßerweiterungen verantwortlich.

NO₂, Stickstoffdioxid: rotbraunes, erstickend riechendes Gas. Beim Abkühlen auf –20°C entstehen farblose Kristalle aus (NO₂)₂:

$$2\,NO_2 \rightleftharpoons N_2O_4 \qquad \Delta H = -57\,kJ \cdot mol^{-1}$$

Bei Temperaturen zwischen –20 C und 140°C liegt immer ein Gemisch aus dem monomeren und dem dimeren Oxid vor. Oberhalb 650°C ist NO₂ vollständig in NO und ½ O₂ zerfallen.

NO₂ ist ein Radikal; es enthält ein ungepaartes Elektron (paramagnetisch). Durch Elektronenabgabe entsteht NO₂⁺, das Nitryl-Kation oder Nitronium-Ion. Dieses Ion ist isoster mit CO₂. Durch Aufnahme eines Elektrons entsteht NO₂⁻, das Nitrit-Ion (Anion der Salpetrigen Säure).

NO₂ ist ein starkes Oxidationsmittel. Mit Wasser reagiert es unter Bildung von Salpetersäure HNO₃ **und** Salpetriger Säure HNO₂ (*Disproportionierung*):

$$2\,NO_2 + H_2O \longrightarrow HNO_3 + HNO_2$$

Mit Alkalilaugen entstehen die entsprechenden Nitrite und Nitrate.

Herstellung von NO₂: NO₂ entsteht als Zwischenprodukt bei der Salpetersäureherstellung nach dem *Ostwald-Verfahren* aus NO und O₂

$$2\,NO + O_2 \longrightarrow 2\,NO_2$$

Im Labormaßstab erhält man es durch Erhitzen von Nitraten von Schwermetallen wie Pb(NO₃)₂.

Molekülstruktur:

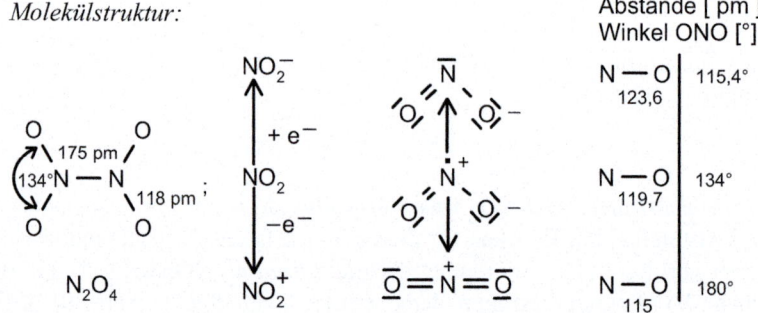

N₂O₅, Distickstoffpentoxid ist das Anhydrid der Salpetersäure HNO₃. Es entsteht aus ihr durch Wasserabspaltung, z.B. mit P₄O₁₀ (bei Anwesenheit von O₃). Es bildet farblose Kristalle und neigt zu Explosionen. Im festen und flüssigen Zustand liegt es als $NO_2^+NO_3^-$, Nitryl-nitrat, vor. Im Gaszustand und in CCl_4-Lösungen hat es folgende (kovalente) Struktur:

HNO₂, Salpetrige Säure ist in freiem Zustand nur in verdünnten, kalten wässrigen Lösungen bekannt (pK_S = 3,29). Ihre Salze, die **Nitrite,** sind dagegen stabil. Beim Versuch, die wässrige Lösung zu konzentrieren, und beim Erwärmen disproportioniert HNO_2 in HNO_3 und NO. Diese Reaktion verläuft über mehrere Stufen: In einem ersten Schritt zerfällt HNO_2 in Wasser und ihr Anhydrid N_2O_3. Dieses zersetzt sich sofort weiter zu NO und NO_2. NO_2 reagiert mit Wasser unter Disproportionierung usw. Zusammengefasst lässt sich die Reaktion wie folgt beschreiben:

$$3\ HNO_2 \longrightarrow HNO_3 + 2\ NO + H_2O$$

Je nach der Wahl des Reaktionspartners reagieren HNO_2 bzw. ihre Salze als Reduktions- oder Oxidationsmittel. *Beispiele:* **Reduktionswirkung** hat HNO_2 gegenüber starken Oxidationsmitteln wie $KMnO_4$. **Oxidationswirkung:**

$$HNO_2 + NH_3 \longrightarrow N_2 + 2\ H_2O$$

NH_3 wird hierbei zu Stickstoff oxidiert und HNO_2 zu Stickstoff reduziert. Erhitzen von NH_4NO_2 liefert die gleichen Reaktionsprodukte (*Komproportionierung*). $NaNO_2$ wird in der organischen Chemie zur Herstellung von HNO_2 verwendet (s. *Sandmeyer-Reaktion*, Bd. II).

Herstellung von Nitriten: Aus Nitraten durch Erhitzen bei Anwesenheit eines schwachen Reduktionsmittels oder durch Einleiten eines Gemisches aus gleichen Teilen NO und NO_2 in Alkalilaugen:

$$NO + NO_2 + 2\ NaOH \longrightarrow 2\ NaNO_2 + H_2O$$

Molekülstruktur: Von der freien HNO_2 sind zwei tautomere Formen denkbar, von denen organische Derivate existieren (R–NO_2 = Nitroverbindungen, R–ONO = Ester der Salpetrigen Säure).

(b)   (a)   (b)

Beachte: Im Gaszustand ist nur das Isomere (b) nachgewiesen worden. Das Molekül ist planar.

HNO₃, Salpetersäure kommt in Form ihrer Salze, der Nitrate, in großer Menge vor; $NaNO_3$ (Chilesalpeter). Nitrate entstehen bei allen Verwesungsprozessen organischer Körper bei Anwesenheit von Basen wie $Ca(OH)_2$.

Wasserfreie HNO_3 ist eine farblose, stechend riechende Flüssigkeit, stark ätzend und an der Luft rauchend (Sdp. 84 °C, Schmp. –42 °C). Sie zersetzt sich im Licht und wird daher in braunen Flaschen aufbewahrt.

$$2\ HNO_3 \longrightarrow H_2O + 2\ NO_2 + \tfrac{1}{2}\ O_2$$

Gebräuchlich sind wässrige Lösungen und Verdünnungen von ca. 65, 38, 19 und 13 %.

HNO_3 ist ein kräftiges Oxidationsmittel und eine starke Säure ($pK_S = -1{,}32$).

Oxidationswirkung:

$$NO_3^- + 4\ H^+ + 3\ e^- \longrightarrow NO + 2\ H_2O$$

Besonders starke Oxidationskraft besitzt konz. HNO_3. Sie oxidiert alle Stoffe mit einem Redoxpotenzial negativer als +0,96 V. Außer Gold und Platin löst sie fast alle Metalle. Als **„Scheidewasser"** dient eine 50 %ige Lösung zur Trennung von Silber, Kupfer und Gold. Fast alle Nichtmetalle wie Schwefel, Phosphor, Arsen usw. werden zu den entsprechenden Säuren oxidiert. Aus Zucker entsteht CO_2 und H_2O. Erhöhen lässt sich die oxidierende Wirkung bei Verwendung eines Gemisches aus **einem** Teil HNO_3 und **drei** Teilen konz. HCl. Es heißt **„Königswasser"**, weil es sogar Gold (= König der Metalle) löst:

$$HNO_3 + 3\ HCl \longrightarrow 3\ Cl\cdot + NO + 2\ H_2O$$

In Königswasser entsteht Chlor „in statu nascendi".

Einige unedle Metalle wie Aluminium und Eisen werden von konz. HNO_3 nicht gelöst, weil sie sich mit einer Oxid-Schutzschicht überziehen (*Passivierung*).

HNO₃ als Säure: Verdünnte HNO_3 ist eine sehr starke Säure:

$$HNO_3 + H_2O \longrightarrow H_3O^+ + NO_3^-$$

Ihre Salze heißen **Nitrate**. Alle Nitrate sind in Wasser leicht löslich. Sie entstehen bei der Umsetzung von HNO_3 mit den entsprechenden Carbonaten oder Hydroxiden.

Beachte: Alle Nitrate werden beim Glühen zersetzt. Alkalinitrate und $AgNO_3$ zersetzen sich dabei in Nitrite und O_2:

$$NaNO_3 \xrightarrow{\Delta} NaNO_2 + \tfrac{1}{2}\ O_2$$

Die übrigen Nitrate gehen in die Oxide oder freien Metalle über, z.B.

$$Cu(NO_3)_2 \xrightarrow{\Delta} CuO + 2 NO_2 + \tfrac{1}{2} O_2$$
$$Hg(NO_3)_2 \xrightarrow{\Delta} Hg + 2 NO_2 + O_2$$

Herstellung von Salpetersäure: **Großtechnisch** durch die katalytische Ammoniakverbrennung (*Ostwald-Verfahren*):

1. Reaktionsschritt:

$$4 NH_3 + 5 O_2 \xrightarrow{Pt/Rh} 4 NO + 6 H_2O$$

2. Schritt: Beim Abkühlen bildet sich NO_2:

$$NO + \tfrac{1}{2} O_2 \longrightarrow NO_2$$

3. Schritt: NO_2 reagiert mit Wasser unter Bildung von HNO_3 und HNO_2. Letztere disproportioniert in HNO_3 und NO:

$$3 HNO_2 \longrightarrow HNO_3 + 2 NO + H_2O$$

NO wird mit überschüssigem O_2 wieder in NO_2 übergeführt, und der Vorgang beginnt erneut.

Zusammenfassung:

$$4 NO_2 + 2 H_2O + O_2 \longrightarrow 4 HNO_3$$

Eine hohe Ausbeute an NO wird dadurch erzielt, dass man das NH_3/Luft-Gemisch mit hoher Geschwindigkeit durch ein Netz aus einer Platin/Rhodium-Legierung als Katalysator strömen lässt. Die Reaktionstemperatur beträgt ca. 700 °C.

HNO_3 entsteht auch beim Erhitzen von $NaNO_3$ mit H_2SO_4:

$$NaNO_3 + H_2SO_4 \longrightarrow HNO_3 + NaHSO_4$$

Verwendung: Als „Scheidewasser" zur Trennung von Silber, Kupfer und Gold, als „Königswasser" zum lösen von Gold, zur Herstellung von Nitraten, Kunststoffen, zur Farbstoff-Fabrikation, zum Ätzen von Metallen, zur Herstellung von Schießpulver und Sprengstoffen wie Nitroglycerin, s. hierzu Bd. II. Über die Nitriersäure s. Bd. II.

HNO_3 wird vor allem als *Nitriersäure* in der chemischen Industrie, die Salze vorwiegend als Düngemittel, $NaNO_3$ (Chilesalpeter) und NH_4NO_3, verwendet.

Molekülstruktur von HNO_3:

Mesomere Grenzformeln von NO_3^-

$$\overset{|\overline{O}|}{\underset{|\overline{\underline{O}}|^-}{\overset{\|}{\underset{|}{N^+}}}}\,|\overline{\underline{O}}|^- \longleftrightarrow \overset{|\overline{O}|^-}{\underset{|\overline{\underline{O}}|^-}{\overset{|}{\underset{\|}{N^+}}}}\,\overline{\underline{O}} \longleftrightarrow \overset{|\overline{O}|^-}{\underset{|\overline{\underline{O}}|^-}{\overset{|}{\underset{\|}{N^+}}}}\,\overline{\underline{O}}$$

HNO_3 und das NO_3^--Ion sind planar gebaut (sp^2-Hybridorbitale am N-Atom).

Nitrylverbindungen enthalten das Nitryl-Kation (Nitronium-Ion) NO_2^+. NO_2X-Verbindungen entstehen aus HNO_3 mit noch stärkeren Säuren:

$$O_2NOH + HX \longrightarrow NO_2X + H_2O$$

Beispiele: $NO_2^+ClO_4^-$, $NO_2^+SO_3F^-$.

Stickstoff-Halogen-Verbindungen

Ihre Herstellung erfolgt nach der Gleichung:

$$NH_3 + 3\,X_2 \longrightarrow NX_3 + 3\,HX$$

NF_3, Stickstofftrifluorid ist ein farbloses, stabiles Gas. Mit Wasser erfolgt keine Reaktion. Fluor ist der elektronegativere Bindungspartner. NF_3 besitzt praktisch keine Lewis-Base-Eigenschaften, verglichen mit NH_3. ∡ FNF = 98°.

NCl_3, Trichloramin ist ein explosives, gelbes Öl. Stickstoff ist der elektronegativere Bindungspartner. Reaktion mit Wasser:

$$NCl_3 + 3\,H_2O \rightleftharpoons NH_3 + 3\,HOCl$$

$NBr_3 \cdot NH_3$, $NI_3 \cdot NH_3$ sind wie NCl_3 explosiv.

Phosphor (P)

Geschichte: Phosphor wurde 1669 von *Henning Brand* entdeckt. Er erhitzte eingedampften Urin sehr stark unter Luftabschluss.

Den Namen bekam er nach der Eigenschaft im Dunklen zu leuchten (von griech. φως-φορος phosphoros „lichttragend", vom Leuchten des weißen Phosphors bei der Reaktion mit Sauerstoff).

Vorkommen: Nur in Form von Derivaten der Phosphorsäure, z.B. als $Ca_3(PO_4)_2$ in den Knochen, als $3\,Ca_3(PO_4)_2 \cdot CaF_2$ (Apatit), als $3\,Ca_3(PO_4)_2 \cdot Ca(OH,F,Cl)_2$ (Phosphorit), im Zahnschmelz, als Ester im Organismus.

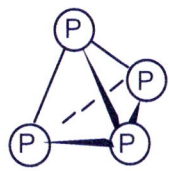

Abb. 32. Struktur von weißem Phosphor

Herstellung: Man erhitzt tertiäre Phosphate zusammen mit Koks und Sand (SiO_2) im elektrischen Ofen auf 1300–1450 °C:

$$2\ Ca_3(PO_4)_2 + 10\ C + 6\ SiO_2 \longrightarrow 6\ CaSiO_3 + 10\ CO + 4\ P$$

Bei der Kondensation des Phosphordampfes entsteht weißer Phosphor P_4.

Eigenschaften: Das Element Phosphor kommt in mehreren **monotropen** (einseitig umwandelbaren) Modifikationen vor:

(1.) *Weißer (gelber, farbloser) Phosphor* (Abb. 32) ist fest, wachsglänzend, wachsweich, wasserunlöslich, **in Schwefelkohlenstoff (CS_2) löslich**, Schmp. 44 °C. **Er entzündet sich bei etwa 45 °C an der Luft von selbst** und verbrennt zu P_4O_{10}, Phosphorpentoxid. **Weißer Phosphor muss** daher **unter Wasser aufbewahrt werden.** Verwendet wird er in den berüchtigten Phosphorbrandbomben. Er ist sehr giftig. An feuchter Luft zerfließt er langsam unter Bildung von H_3PO_3, H_3PO_4 und $H_4P_2O_6$ (Unterdiphosphorsäure).

Phosphor reagiert mit den meisten Elementen, in lebhafter Reaktion z.B. mit Chlor, Brom und Iod zu den entsprechenden Phosphorhalogeniden.

Im Dampfzustand besteht der weiße Phosphor aus P_4-Tetraedern und oberhalb 800 °C aus P_2-Teilchen.

Die ∢ PPP sind 60° (gleichseitige Dreiecke). Diese Winkel verursachen eine beträchtliche Ringspannung (Spannungsenergie etwa 92 kJ · mol^{-1}).

Das Zustandekommen der Spannung wird dadurch erklärt, dass an der Bildung der P–P-Bindungen im Wesentlichen nur p-Orbitale beteiligt sind. Die drei p-Orbitale am Phosphoratom bilden aber Winkel von 90° miteinander.

(2.) *Roter Phosphor* entsteht aus weißem Phosphor durch Erhitzen unter Ausschluss von Sauerstoff auf ca. 300 °C. Das rote Pulver ist **unlöslich in organischen Lösemitteln, ungiftig und schwer entzündlich.** Auch in dieser Modifikation ist jedes P-Atom mit drei anderen P-Atomen verknüpft, es bildet sich jedoch eine mehr oder weniger geordnete Raumnetzstruktur. Der Ordnungsgrad hängt von der thermischen Behandlung ab.

Roter Phosphor findet z.B. bei der Zündholzfabrikation Verwendung. Zusammen mit Glaspulver befindet er sich auf den Reibflächen der Zündholzschachtel. In den

Streichholzköpfen befindet sich $KClO_3$, Sb_2S_3 oder Schwefel (als brennbare Substanz).

(3.) *„Violetter Phosphor"*, *„Hittdorfscher Phosphor"* entsteht beim längeren Erhitzen von rotem Phosphor auf Temperaturen oberhalb 550 °C. Das kompliziert gebaute, geordnete Schichtengitter hat einen Schmp. von ca. 620 °C. Die Substanz ist unlöslich in CS_2.

(4.) *Schwarzer Phosphor* ist die bis 550 °C **thermodynamisch beständigste Phosphormodifikation**. Alle anderen sind in diesem Temperaturbereich metastabil, d.h. nur beständig, weil die Umwandlungsgeschwindigkeit zu klein ist.

Schwarzer Phosphor entsteht aus dem weißen Phosphor bei hoher Temperatur und sehr hohem Druck, z.B. 200 °C und 12 000 bar. Ohne Druck erhält man ihn durch Erhitzen von weißem Phosphor auf 380 °C mit Quecksilber als Katalysator und Impfkristallen aus schwarzem Phosphor. Diese Phosphormodifikation ist **ungiftig, unlöslich, metallisch und leitet den elektrischen Strom.** Das Atomgitter besteht aus Doppelschichten, die parallel übereinander angeordnet sind, wie aus Abb. 33 zu ersehen ist.

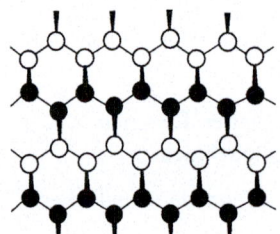

Abb. 33. Ausschnitt aus dem Gitter des schwarzen Phosphors in der Draufsicht.

● Diese Phosphoratome liegen über der Papierebene.
○ Diese Phosphoratome liegen unter der Papierebene.
∡ P–P–P ≈ 100°

Phosphor-Verbindungen

PH_3, Monophosphan ist ein farbloses, knoblauchartig riechendes, giftiges, brennbares Gas (Sdp. –87,7 °C). Der HPH-Winkel beträgt 93,5°. Das freie Elektronenpaar befindet sich daher vornehmlich in einem s-Orbital. PH_3 ist eine schwache Lewis-Base. Mit HI bildet sich $PH_4^+I^-$, Phosphoniumiodid.

Herstellung:

(1.) Durch Kochen von weißem Phosphor mit Alkalilauge:

$$4\,P + 3\,NaOH + 3\,H_2O \longrightarrow PH_3 + 3\,NaH_2PO_2$$
(Salz der hypophosphorigen Säure)

(2.) Durch Hydrolyse von Phosphiden wie Ca_3P_2.

(3.) In reiner Form durch Zersetzung von Phosphoniumverbindungen:

$$PH_4^+ + OH^- \longrightarrow PH_3 + H_2O$$

PH_3 ist stärker reduzierend und schwächer basisch als NH_3. Es reduziert z.B. $AgNO_3$ zum Metall. Mit O_2 bildet sich H_3PO_4.

P_2H_4, Diphosphan entsteht bei der Hydrolyse von Phosphiden als Nebenprodukt; Sdp. +51,7 °C. Es ist selbstentzündlich und zerfällt in PH_3 und $(PH)_X$ (gelbe Polymere).

Phosphor-Sauerstoff-Verbindungen

P_4O_6 entsteht beim Verbrennen von Phosphor bei beschränkter Sauerstoffzufuhr bzw. bei stöchiometrischem Umsatz. Es leitet sich vom P_4-Tetraeder des weißen Phosphors dadurch ab, dass in jede P–P-Bindung unter Aufweitung des PPP-Winkels ein Sauerstoffatom eingeschoben wird.

P_4O_{10}, Phosphorpentoxid bildet sich beim Verbrennen von Phosphor im Sauerstoffüberschuss. Seine Molekülstruktur unterscheidet sich von derjenigen des P_4O_6 lediglich dadurch, dass jedes Phosphoratom noch ein Sauerstoffatom erhält (Abb. 34). P_4O_{10} ist das Anhydrid der Orthophosphorsäure, H_3PO_4. Es ist sehr hygroskopisch und geht mit Wasser über Zwischenstufen in H_3PO_4 über. Es findet als starkes Trockenmittel vielseitige Verwendung.

Phosphorsäuren

Phosphor bildet eine Vielzahl von Sauerstoffsäuren: *Ortho*säuren H_3PO_n (n = 2, 3, 4, 5), *Meta*säuren $(HPO_3)_n$ (n = 3 bis 8), *Poly*säuren $H_{n+2}P_nO_{3n+1}$ und *Thio*phosphorsäuren.

Abb. 34. Struktur von P_4O_6 und P_4O_{10}

H₃PO₂, Phosphinsäure (früher: Hypophosphorige Säure) ist eine **ein**wertige Säure. Zwei H-Atome sind direkt an Phosphor gebunden. Phosphor hat in dieser Verbindung die Oxidationszahl +1. Sie ist ein starkes Reduktionsmittel und reduziert z.B. $CuSO_4$ zu CuH, Kupferhydrid! Beim Erwärmen auf ca. 130 °C disproportioniert sie in PH_3 und H_3PO_3. Ihre Salze, die Phosphinate wie NaH_2PO_2, sind gut wasserlöslich.

Molekülstruktur:

$$H_3PO_2 \qquad H_2PO_2^-$$

Beachte: Phosphor hat in H_3PO_2 eine tetraedrische Umgebung.

Herstellung:

$$P_4 + 6\,H_2O \rightleftharpoons PH_3 + 3\,H_3PO_2$$

H₃PO₃, Phosphonsäure (früher Phosphorige Säure): Farblose, in Wasser sehr leicht lösliche Kristalle (Schmp. 70 °C).

Herstellung:

$$PCl_3 + 3\,H_2O \longrightarrow H_3PO_3 + 3\,HCl$$

Sie ist ein relativ starkes Reduktionsmittel. Beim Erwärmen disproportioniert sie in PH_3 und H_3PO_4. H_3PO_3 ist eine **zwei**wertige Säure, weil ein H-Atom direkt an Phosphor gebunden ist. Dementsprechend kennt man Hydrogenphosphonate wie NaH_2PO_3 und Phosphonate wie Na_2HPO_3.

Struktur von H_3PO_3 und ihren Anionen:

$$H_3PO_3 \qquad H_2PO_3^- \qquad HPO_3^{2-}$$

Beachte: Phosphor hat in H_3PO_3 eine tetraedrische Umgebung.

H_3PO_4, *Orthophosphorsäure,* kurz *Phosphorsäure* ist eine **drei**wertige mittelstarke Säure. Sie bildet Dihydrogenphosphate (primäre Phosphate), Hydrogenphosphate (sekundäre Phosphate) und Phosphate (tertiäre Phosphate). Über ihre Verwendung im *Phosphatpuffer* s. Bd. I.

Herstellung:

(1.) $3 P + 5 HNO_3 + 2 H_2O \longrightarrow 3 H_3PO_4 + 5 NO$

(2.) $Ca_3(PO_4)_2 + 3 H_2SO_4 \longrightarrow 3 CaSO_4 + 2 H_3PO_4$ (20–50 %ige Lösung)

(3.) $P_4O_{10} + 6 H_2O \longrightarrow 4 H_3PO_4$ (85–90 %ige wässrige Lösung = sirupöse Phosphorsäure)

Eigenschaften: Reine H_3PO_4 bildet eine farblose, an der Luft zerfließende Kristallmasse, Schmp. 42 °C. Beim Erhitzen bilden sich Polyphosphorsäuren, s. S. 124.

Verwendung: Phosphorsäure wird zur Rostumwandlung (Phosphatbildung) benutzt. Phosphorsaure Salze finden als Düngemittel Verwendung.

„**Superphosphat**" ist ein Gemisch aus unlösl. $CaSO_4$ und lösl. $Ca(H_2PO_4)_2$.

$$Ca_3(PO_4)_2 + 2 H_2SO_4 \longrightarrow Ca(H_2PO_4)_2 + 2 CaSO_4$$

„**Doppelsuperphosphat**" entsteht nach der Gleichung:

$$Ca_3(PO_4)_2 + 4 H_3PO_4 \longrightarrow 3 Ca(H_2PO_4)_2 \quad \text{(s. hierzu auch S. 264)}$$

Im PO_4^{3-} sitzt das P-Atom in einem symmetrischen Tetraeder. Alle Bindungen sind gleichartig. Die π-Bindungen sind p_π-d_π-Bindungen.

Molekülstruktur von H_3PO_4 und ihren Anionen:

H_3PO_4 — $H_2PO_4^-$ — HPO_4^{2-} — PO_4^{3-}

$H_4P_2O_7$, *Diphosphorsäure* (Pyrophosphorsäure) erhält man durch Eindampfen von H_3PO_4-Lösungen oder durch genau dosierte Hydrolyse von P_4O_{10}. Die farblose, glasige Masse (Schmp. 61°C) geht mit Wasser in H_3PO_4 über. Sie ist eine vierwertige Säure und bildet Dihydrogendiphosphate, z.B. $K_2H_2P_2O_7$, und Diphosphate (Pyrophosphate), z.B. $K_4P_2O_7$.

Molekülstruktur

$$2\,H-O-\underset{\underset{OH}{|}}{\overset{\overset{O}{\|}}{P}}-O-H \;\rightleftharpoons\; H-O-\underset{\underset{OH}{|}}{\overset{\overset{O}{\|}}{P}}-O-\underset{\underset{OH}{|}}{\overset{\overset{O}{\|}}{P}}-O-H \;+\; H_2O$$

Strukturhinweis: Zwei Tetraeder sind über eine Ecke miteinander verknüpft.

$H_4P_2O_7$ entsteht durch Kondensation aus zwei Molekülen H_3PO_4:

$$H_3PO_4 + H_3PO_4 \xrightarrow[-H_2O]{} H_4P_2O_7$$

Durch Erhitzen von H_3PO_4 bzw. von primären Phosphaten bilden sich durch intermolekulare Wasserabspaltung höhere **Polysäuren** ($H_{n+2}P_nO_{3n+1}$).

$Na_5P_3O_{10}$, Natriumtripolyphosphat entsteht nach der Gleichung:

$$Na_4P_2O_7 + 1/n\,(NaPO_3)_n \xrightarrow{\Delta} Na_5P_3O_{10}$$

Es findet vielfache Verwendung, so bei der Wasserenthärtung, Lebensmittelkonservierung, in Waschmitteln.

Das Polyphosphat $Na_nH_2P_nO_{3n+1}$ (n = 30 - 90) bildet mit Ca^{2+}-Ionen lösliche Komplexe.

Metaphosphorsäuren heißen cyclische Verbindungen der Zusammensetzung $(HPO_3)_n$ (n = 3 - 8). Sie sind relativ starke Säuren. Die Trimetaphosphorsäure bildet einen ebenen Ring; die höhergliedrigen Ringe sind gewellt.

Trimetaphosphat - Ion

$Na_3P_3O_9$ entsteht beim Erhitzen von NaH_2PO_4 auf 500°C.

Die **Phosphorsulfide**: *P_4S_3, P_4S_5, P_4S_7* und *P_4S_{10}* entstehen beim Zusammenschmelzen von rotem Phosphor und Schwefel. Sie dienen in der organischen Chemie als Schwefelüberträger. Ihre Strukturen kann man formal vom P_4-Tetraeder ableiten, vgl. Abb. 35.

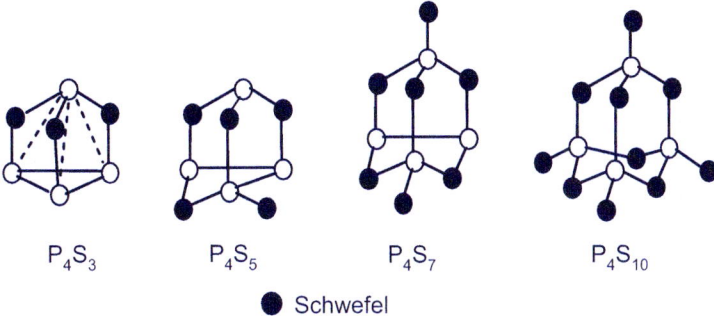

P_4S_3 P_4S_5 P_4S_7 P_4S_{10}

● Schwefel

Abb. 35. Phosphorsulfide

Phosphor-Halogen-Verbindungen

Man kennt Verbindungen vom Typ PX_3, PX_5, P_2X_4 und POX_3, PSX_3 (X = Halogen).

PF_3 entsteht durch Fluorierung von PCl_3. Das farblose Gas ist ein starkes Blutgift, da es sich anstelle von O_2 an Hämoglobin anlagert. In Carbonylen kann es das CO vertreten.

PF_5 entsteht durch Fluorierung von PF_3, PCl_5 u.a. Es ist ein farbloses, hydrolyseempfindliches Gas und eine starke Lewis-Säure. *Bau:* trigonal-bipyramidal. Es zeigt bei RT als **„nicht starres"** Molekül intramolekularen Ligandenaustausch, oder besser Ligandenumordnung (= *Pseudorotation*) Berry 1960.

Pseudorotation (Berry-Mechanismus)

In der trigonalen Bipyramide gibt es *zwei* Sätze von äquivalenten Positionen. **Satz 1** besteht aus den beiden axialen (apicalen) (a) Positionen, **Satz 2** aus den drei äquatorialen (e) Positionen (Abb. 36).

Die Ligandenumordnung erfolgt mit relativ schwachen und einfachen Winkeldeformationsbewegungen. Zwischen den trigonalen Bipyramiden (a) bzw. (c) und der quadratischen Pyramide (b) besteht nur ein geringer Energieunterschied. Die Rotationsfrequenz ist für PF_5: $10^5 \cdot s^{-1}$, die Rotationsbarriere beträgt $20\,kJ \cdot mol^{-1}$.

Andere Beispiele für nicht-starre Moleküle: NH_3, H_2O, SF_4, IF_5, XeF_6, IF_7, $Fe(CO)_5$.

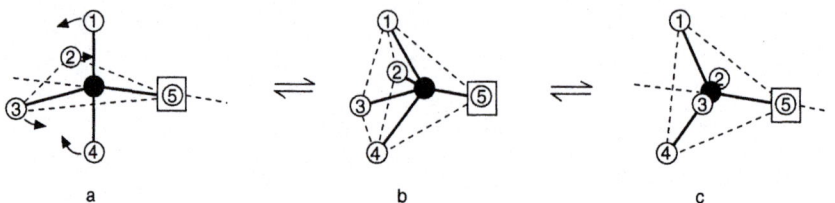

Abb. 36 a-c. Intramolekularer Umordnungsprozess = Pseudorotation (**a**) trigonale Bipyramide (ursprüngliche Anordnung), (**b**) quadratische Pyramide (Übergangsstufe), (**c**) trigonale Bipyramide. *Beachte:* Die Position 5 wurde festgehalten

PCl₃ bildet sich aus den Elementen:

$$P + 2\,Cl_2 \longrightarrow PCl_3$$

Es ist eine farblose, stechend riechende Flüssigkeit (Sdp. 75,9 °C). Mit Wasser bildet sich phosphorige Säure:

$$PCl_3 + 3\,H_2O \longrightarrow H_3PO_3 + 3\,HCl$$

Mit Sauerstoff bzw. Schwefel entsteht $POCl_3$, Phosphoroxidchlorid (Phosphorylchlorid), bzw. $PSCl_3$, Thiophosphorylchlorid.

PCl₅ bildet sich direkt aus den Elementen über PCl_3 als Zwischenstufe. Im festen Zustand ist es ionisch gebaut: $PCl_4^+PCl_6^-$. Im Dampfzustand und meist auch in Lösung liegen bipyramidal gebaute PCl_5-Moleküle vor. PCl_5 sublimiert ab 160 °C. Hydrolyse liefert über $POCl_3$ als Endprodukt H_3PO_4. PCl_5 wird als Chlorierungsmittel verwendet.

POCl₃, Phosphoroxidchlorid ist eine farblose Flüssigkeit (Sdp. 108 °C). Es entsteht bei der unvollständigen Hydrolyse von PCl_5, z.B. mit Oxalsäure $H_2C_2O_4$.

Phosphor-Stickstoff-Verbindungen

Es gibt eine Vielzahl von Substanzen, die Bindungen zwischen Phosphor- und Stickstoffatomen enthalten. Am längsten bekannt sind die *Phosphazene*. Sie sind cyclische oder kettenförmige Verbindungen mit der $R_3P=N-$ -Gruppierung (Abb. 37). Präparativen Zugang zu den Phosphazenen findet man z.B. über die Reaktion von PCl_5 mit NH_4Cl:

$$n\,PCl_5 + n\,NH_4Cl \xrightarrow{\text{in } C_2H_2Cl_4 \text{ oder } C_6H_5Cl} (NPCl_2)_n + 4n\,HCl$$
$$n = 3,4,n$$

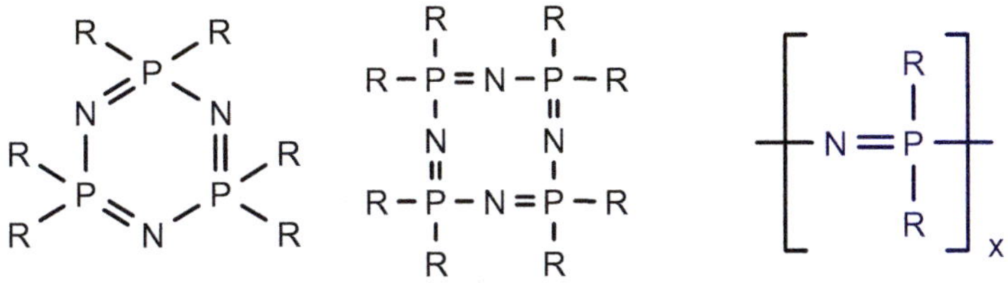

Abb. 37. Formale Darstellung von (NPR$_2$)$_n$-Verbindungen

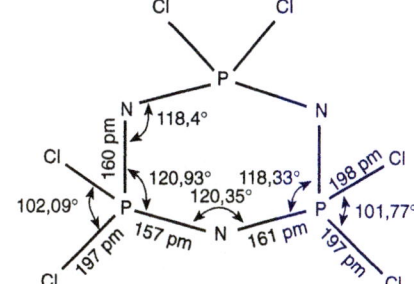

Abb. 38. Bindungsabstände und -winkel in [NPCl$_2$]$_3$. Berechnet: P–N = 180 pm; P=N = 161 pm

In diesen Verbindungen lassen sich die Chloratome relativ leicht durch eine Vielzahl anderer Atome und Gruppierungen ersetzen, wie z.B. F, Br, SCN, CH$_3$, C$_6$H$_5$, OR.

Vielfach sind die Substanzen sehr stabil. (NPCl$_2$)$_3$ (Abb. 38) z.B. bildet farblose Kristalle (Schmp. 113 °C). Die Substanz lässt sich sublimieren und destillieren (Sdp. 256,5 °C).

Beachte: In den Phosphazenen ist die P=N-Doppelbindung meist nur formal vorhanden. Da das π-Elektronensystem mehr oder weniger stark delokalisiert ist, kann man oft nicht mehr zwischen einer P–N-Einfach- und einer P=N-Doppelbindung in den Molekülen unterscheiden.

Arsen (As)

Geschichte: Die natürlichen Arsenschwefelverbindungen Realgar (As$_4$S$_4$) und Auripigment (As$_2$S$_3$) werden schon von *Aristoteles* und seinem Schüler *Theophrast* erwähnt. Im 1. Jd. n. Chr. berichtet *Dioskorides* über das „Rösten" von „Arsenik".

Der Name Arsen geht auf das griechische arsenikón (αρσενικόν) zurück, die Bezeichnung des Arsenminerals Auripigment.

Die Herstellung von metallischem Arsen findet man zuerst bei *Albertus Magnus* (13. Jd.) beschrieben.

Die Anwendung von Arsenverbindungen in der Heilkunde geht auf *Paracelsus* zurück.

Vorkommen: Selten gediegen in Form von grauschwarzen Kristallen als Scherbenkobalt. Mit Schwefel verbunden als As_4S_4 (Realgar), As_2S_3 (Auripigment), NiAs (Rotnickelkies), FeAsS (Arsenkies).

Herstellung:

(1.) Durch Erhitzen von Arsenkies:

$$FeAsS \longrightarrow FeS + As$$

Arsen sublimiert ab.

(2.) Durch Reduktion von As_2O_3 mit Kohlenstoff:

$$As_2O_3 + 3\,C \longrightarrow 2\,As + 3\,CO$$

Eigenschaften: Es gibt mehrere monotrope Modifikationen: **„graues"** oder metallisches Arsen ist die normal auftretende und stabilste Modifikation; es ist stahlgrau, glänzend und spröde und leitet den elektrischen Strom; es kristallisiert in einem Schichtengitter. Die gewellten Schichten bestehen aus verknüpften Sechsecken.

Beim Abschrecken von As-Dampf mit flüssiger Luft entsteht nichtmetallisches **gelbes Arsen,** As_4. Es ähnelt in seiner Struktur dem weißen Phosphor, ist jedoch instabiler als dieser.

„Schwarzes" Arsen entspricht dem schwarzen Phosphor.

An der Luft verbrennt Arsen zu As_2O_3. In Chloratmosphäre entzündet es sich unter Bildung von $AsCl_3$. Mit Metallen bildet es Arsenide.

Verwendung: Arsen wird Bleilegierungen zugesetzt, um ihre Festigkeit zu verbessern und das Blei gießbar zu machen. Vor allem die fein strukturierten Platten von Akkumulatoren könnten ohne Arsen nicht gegossen werden.

Historisch war Arsen eine wichtige Zutat von Kupferlegierungen, die dadurch besser verarbeitbar wurden.

Metallisches Arsen wurde früher gelegentlich zur Erzeugung mattgrauer Oberflächen auf Metallteilen verwendet, um eine Alterung vorzutäuschen.

Arsen wird in Form seiner Verbindungen in einigen Ländern als Schädlingsbekämpfungsmittel im Weinbau, als Fungizid (Antipilzmittel) in der Holzwirtschaft, als Holzschutzmittel, als Rattengift und als Entfärbungsmittel in der Glasherstellung verwendet. Der Einsatz ist sehr umstritten, da die eingesetzten Arsenverbindungen (hauptsächlich Arsen(III)-oxid) hoch toxisch sind.

Die Verwendung arsenhaltiger Mineralien als Heilmittel ist bereits durch die Autoren der Antike, *Hippocrates* und *Plinius*, bezeugt.

Arsen-Verbindungen

AsH_3 ist ein farbloses, nach Knoblauch riechendes, sehr giftiges Gas. Es verbrennt mit fahler Flamme zu As_2O_3 und H_2O. In der Hitze zerfällt es in die Elemente. Leitet man das entstehende Gasgemisch auf kalte Flächen, scheidet sich ein schwarzer Belag von metallischem Arsen ab (Arsenspiegel, *Marshsche Probe*).

Herstellung: Durch Einwirkung von naszierendem Wasserstoff (z.B. aus Zink und Salzsäure) auf lösliche Arsenverbindungen.

Arsen-Sauerstoff-Verbindungen

Alle Oxide und Säuren sind feste weiße Stoffe.

$(As_2O_3)_x$, Arsentrioxid, Arsenik ist ein sehr giftiges, in Wasser sehr wenig lösliches weißes Pulver oder eine glasige Masse. Die kubische Modifikation ist aus As_4O_6-Molekülen aufgebaut. Die monokline Modifikation ist hochmolekular und besteht aus gewellten Schichten.

Herstellung: Durch Verbrennung von Arsen mit Sauerstoff.

Verwendung: Zur Schädlingsbekämpfung, zum Konservieren von Tierpräparaten und Häuten, zur Glasfabrikation usw.

As_2O_5 bzw. *As_4O_{10}* entsteht durch Erhitzen (Entwässern) von H_3AsO_4, Arsensäure, als weiße glasige Masse.

H_3AsO_3, Arsenige Säure ist im freien Zustand unbekannt. Ihre wässrige Lösung entsteht beim Lösen von As_2O_3 in Wasser. Sie ist eine schwache Säure (pK_S = 9,23) und wirkt je nach Reaktionspartner reduzierend oder oxidierend. Ihre Salze heißen *Arsenite*. Die Alkali- und Erdalkalisalze leiten sich von der Metaform ab: $KAsO_2$. Schwermetallsalze kennt man von der Orthoform: Ag_3AsO_3.

H_3AsO_4, Arsensäure entsteht beim Erhitzen von Arsen oder As_2O_3 in konz. HNO_3 in Form von zerfließenden, weißen Kristallen. Gegenüber geeigneten Reaktionspartnern kann sie als Oxidationsmittel wirken. Verwendung fanden sie und ihre Salze, die Arsenate, als Schädlingsbekämpfungsmittel.

Arsensäure ist eine dreiwertige mittelstarke Säure. Dementsprechend gibt es drei Typen von Salzen: z.B. KH_2AsO_4, K_2HAsO_4, K_3AsO_4.

Arsen-Halogen-Verbindungen

AsF_3, farblose Flüssigkeit, z.B. aus As_2O_3 mit HF.

$AsCl_3$, farblose Flüssigkeit, aus den Elementen oder As_2O_3 mit HCl.

AsI₃, rote Kristalle.

AsF₅, u.a. aus den Elementen als farbloses Gas.

Alle Arsenhalogenverbindungen sind Lewis-Säuren.

Arsen-Schwefel-Verbindungen

As_2S_3 bzw. *As_4S_6* kommt in der Natur als Auripigment vor. Es bildet sich beim Einleiten von H_2S in saure Lösungen von As(III)-Substanzen. Es ist löslich in Na_2S zu Na_3AsS_3, Natrium-thioarsenit.

As_4S_4, Realgar bildet sich beim Verschmelzen der Elemente im richtigen stöchiometrischen Verhältnis. Seine Struktur ähnelt der des S_4N_4, s. S. 153.

As_2S_5 bzw. *As_4S_{10}* erhält man als gelben Niederschlag durch Einleiten von H_2S in saure Lösungen von As(V)-Verbindungen. In Na_2S z.B. ist es löslich zu Na_3AsS_4, Natrium-thioarsenat.

Antimon (Sb)

Geschichte: Den Grauspießglanz (Sb_2S_3) kannte man schon im Altertum; man benutzte ihn zum Schwarzfärben der Augenbrauen und Wimpern.

Bei den Römern hieß er *stibium*. Später kam der Name *antimonium*.

Im 15. Jd. Beschreibt der Benediktinermönch *Basilius Valentinus* die Herstellung des metallischen Antimons, die schon damals übliche Verwendung seiner Legierungen, z.B. der Bleilegierungen zum Gießen von Lettern für den Buchdruck. Atimonpräparate als Heilmittel waren sehr beliebt.

So war es auch üblich Wein in Bechern aus Antimon einige Zeit stehen zu lassen und dann als Brechmittel zu verabreichen.

Vorkommen: vor allem als Sb_2S_3 (Grauspießglanz), in geringen Mengen gediegen und als Sb_2O_3 (Weißspießglanz).

Herstellung:

(1.) Durch **Röst-Reduktionsarbeit**:

$$Sb_2S_3 + 5\ O_2 \longrightarrow Sb_2O_4\ (\text{Tetroxid}) + 3\ SO_2$$

Das Oxid wird mit Kohlenstoff reduziert.

(2.) Niederschlagsarbeit: Durch Verschmelzen mit Eisen wird Antimon in den metallischen Zustand übergeführt:

$$Sb_2S_3 + 3\ Fe \longrightarrow 3\ FeS + 2\ Sb$$

Eigenschaften: Von Antimon kennt man mehrere monotrope Modifikationen. Das **„graue", metallische** Antimon ist ein grauweißes, glänzendes, sprödes Metall. Es kristallisiert in einem Schichtengitter, vgl. As, und ist ein guter elektrischer Leiter. **„Schwarzes", nichtmetallisches** Antimon entsteht durch Aufdampfen von Antimon auf kalte Flächen.

Antimon verbrennt beim Erhitzen an der Luft zu Sb_2O_3. Mit Cl_2 reagiert es unter Aufglühen zu $SbCl_3$ und $SbCl_5$.

Verwendung findet es als Legierungsbestandteil: mit Blei als Letternmetall, Hartblei, Lagermetalle. Mit Zinn als Britanniametall, Lagermetalle usw.

Antimon-Verbindungen

SbH_3, Antimonwasserstoff, Monostiban ist ein farbloses, giftiges Gas. Die Herstellung und Eigenschaften der endothermen Verbindung sind denen des AsH_3 ähnlich.

$SbCl_3$, Antimontrichlorid ist eine weiße, kristalline Masse (Antimonbutter). Sie lässt sich sublimieren und aus Lösemitteln schön kristallin erhalten. Mit Wasser bilden sich basische Chloride (Oxidchloride), z.B. SbOCl.

$SbCl_5$, Antimonpentachlorid entsteht aus $SbCl_3$ durch Oxidation mit Chlor. Es ist eine gelbe, stark hydrolyseempfindliche Flüssigkeit (Schmp. 3,8 °C). In allen drei Aggregatzuständen ist die Molekülstruktur eine trigonale Bipyramide. Es ist eine starke Lewis-Säure und bildet zahlreiche Komplexe mit der Koordinationszahl 6, z.B. $[SbCl_6]^-$. $SbCl_5$ findet als Chlorierungsmittel in der organischen Chemie Verwendung.

Antimonoxide sind Säure- und Basen-Anhydride, denn sie bilden sowohl mit starken Säuren als auch mit starken Basen Salze, die *Antimonite* und die *Antimonate*. Alle Oxide und Säuren sind feste, weiße Substanzen.

$(Sb_2O_3)_x$ entsteht beim Verbrennen von Antimon mit Sauerstoff als weißes Pulver. Im Dampf und in der kubischen Modifikation liegen Sb_4O_6-Moleküle vor, welche wie P_4O_6 gebaut sind. Die rhombische Modifikation besteht aus hochpolymeren Bandmolekülen. Der Umwandlungspunkt liegt bei 570 °C.

Sb_2O_3 löst sich in konz. H_2SO_4 oder konz. HNO_3 unter Bildung von $Sb_2(SO_4)_3$ bzw. $Sb(NO_3)_3$. In Laugen entstehen Salze der Antimonigen Säure, $HSbO_2$ bzw. $HSb(OH)_4$ (Meta- und Orthoform).

Sb_2O_5 ist das Anhydrid der „Antimonsäure" $Sb_2O_5 \cdot aq$

$$2\ SbCl_5 + x\ H_2O \longrightarrow Sb_2O_5 \cdot aq + 10\ HCl$$

Es ist ein gelbliches Pulver.

SbO₂, Antimondioxid, bzw. ***Sb₂O₄ Antimontetroxid,*** bildet sich aus Sb_2O_3 oder Sb_2O_5 beim Erhitzen auf Temperaturen über 800 °C als ein weißes, wasserunlösliches Pulver. Es ist ein Antimon(III,V)-oxid Sb(III)[Sb(V)O₄].

H[Sb(OH)₆], Antimon(V)-Säure, ist eine mittelstarke, oxidierend wirkende Säure. Ein Beispiel für ihre Salze ist K[Sb(OH)₆] (Kaliumhexahydroxoantimonat(V)).

Sb₂S₃ bzw. ***Sb₂S₅*** entstehen als orangerote Niederschläge beim Einleiten von H_2S in saure Lösungen von Sb(III)- bzw. Sb(V)-Substanzen. Sie bilden sich auch beim Zusammenschmelzen der Elemente. Eine graue Modifikation von Sb_2S_3 (Grauspießglanz) erhält man beim Erhitzen der orangeroten Modifikation unter Luftabschluss (Bandstruktur). Beide Sulfide lösen sich in S^{2-}-haltiger Lösung als Thioantimonit SbS_3^{3-} bzw. Thioantimonat SbS_4^{3-}

Bismut (Bi) (früher Wismut)

Geschichte: Bismut wird als ein dem Zinn ähnliches Metall zuerst von *Basilius Valetinus* im 15 Jd. Erwähnt. Genauer charakterisiert als „besonderes Element von metallischem Charakter" wurde es durch *Johann Heinrich Pott* und *Torbern Olof Bergmann*. Schon im 16. Jd. Fand Bi_2O_3 (Bismutoxid) als Farbe und als basisches Bismutnitrat als Schminke Verwendung („Spanischweiß"). Die Herkunft des Namens ist nicht eindeutig belegt.

Vorkommen: meist gediegen, als Bi_2S_3 (Bismutglanz) und Bi_2O_3 (Bismutocker).

Herstellung: Rösten von Bi_2S_3:

$$Bi_2S_3 + \tfrac{9}{2} O_2 \longrightarrow Bi_2O_3 + 3\ SO_2$$

und anschließender Reduktion von Bi_2O_3:

$$2\ Bi_2O_3 + 3\ C \longrightarrow 4\ Bi + 3\ CO_2$$

Eigenschaften: glänzendes, sprödes, rötlich-weißes Metall. Es dehnt sich beim Erkalten aus! Bi ist löslich in HNO_3 und verbrennt an der Luft zu Bi_2O_3. Bismut kristallisiert in einem Schichtengitter, s. As.

Bismut steht in der Spannungsreihe rechts vom Wasserstoff und gehört somit zu den „edleren" Elementen. Es kann deshalb nur von oxidierenden Säuren gelöst werden.

Annmerkung: Das Bismutatom ist das schwerste und größte Atom das gerade noch stabil d.h. nicht radioaktiv ist.

Verwendung: als Legierungsbestandteil: **Woodsches Metall** enthält Bi, Cd, Sn, Pb und schmilzt bei 62 °C **Rose's Metall** besteht aus Bi, Sn, Pb (Schmp. 94 °C).

Diese Legierungen finden z.B. bei Sprinkleranlagen Verwendung. Für die niedrigen Schmelzpunkte ist Bismut verantwortlich.

Bismut-Verbindungen

Beachte: Alle Bismutsalze werden durch Wasser hydrolytisch gespalten, wobei basische Salze entstehen.

BiCl$_3$ bildet sich als weiße Kristallmasse aus Bi und Cl$_2$. Mit Wasser entsteht BiOCl.

Bi$_2$O$_3$ entsteht als gelbes Pulver durch Rösten von Bi$_2$S$_3$ oder beim Verbrennen von Bi an der Luft. Es ist löslich in Säuren und unlöslich in Laugen. Es ist ein ausgesprochen basisches Oxid.

Bi(NO$_3$)$_3$ bildet sich beim Auflösen von Bi in HNO$_3$. Beim Versetzen mit Wasser bildet sich basisches Bismutnitrat:

$$Bi(NO_3)_3 + 2\ H_2O \longrightarrow Bi(OH)_2NO_3 + 2\ HNO_3$$

BiF$_3$, weißes wasserunlösliches Pulver.

BiBr$_3$, gelbe Kristalle.

BiI$_3$ bildet schwarze bis braune glänzende Kristallblättchen.

Diese Substanzen entstehen u.a. beim Auflösen von Bi$_2$O$_3$ in den betreffenden Halogenwasserstoffsäuren.

Bi(V)-Verbindungen erhält man aus Bi(III)-Verbindungen durch Oxidation mit starken Oxidationsmitteln bei Anwesenheit von Alkalilaugen in Form von „Bismutaten" wie KBiO$_3$, den Salzen einer nicht bekannten Säure.

Bismut(V)-Verbindungen sind starke Oxidationsmittel.

Verwendung: Bismutverbindungen wirken örtlich entzündungshemmend und antiseptisch, sie finden daher medizinische Anwendung.

Ausnahmen von der Doppelbindungsregel

Die Elemente der V. Hauptgruppe liefern einige schöne Beispiele für Ausnahmen von der Doppelbindungsregel. Die erste stabile Verbindung mit Phosphor-Kohlenstoff-p_π-p_π-Bindungen wurde 1964 hergestellt:

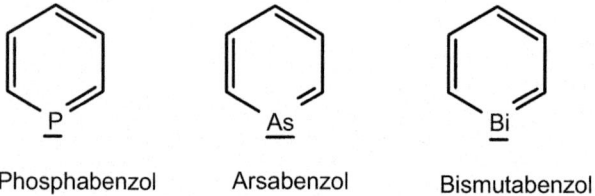

$X = S, NR_1$
$Y = BF_4^-, ClO_4^-$
$R_1 = CH_3, C_2H_5$
$R_2 = H, Br, CH_3$ u. a.

Phosphabenzol und **Arsabenzol** sind farblose, sehr reaktive Substanzen. Das **Bismutabenzol** ist nur in Lösung stabil.

Phosphabenzol   Arsabenzol   Bismutabenzol

Bekannt sind auch Verbindungen mit S=C-(3p-2p)$_\pi$-, Te=C-(5p-2p)$_\pi$-, Sb=C-(5p-2p)$_\pi$ oder Bi=C-(6p-2p)$_\pi$-Bindungen.

Im Tetramesityldisilen ist die -Si=Si- (3p-3p)$_\pi$-Bindung durch die sperrigen Mes-Reste „einbetoniert". Dies gilt auch für die nachfolgende Phosphor- und die analoge Arsen-Verbindung:

Mes_____Mes
    Si=Si   (Mes = Mesityl = Me$_3$C$_6$H$_2$)
Mes¯¯¯¯¯¯¯Mes

($+$ = tertiärbutyl)

(transfiguriert)

Eine C–P-Dreifachbindung liegt z.B. vor in (CH$_3$)$_3$Si–C≡P|.

VI. Hauptgruppe
Chalkogene (O, S, Se, Te, Po)

Die Elemente der VI. Hauptgruppe heißen Chalkogene (Erzbildner). Sie haben alle in ihrer Valenzschale die Elektronenkonfiguration s^2p^4. Aus Tabelle 13 geht hervor, dass der Atomradius vom Sauerstoff zum Schwefel sprunghaft ansteigt, während die Unterschiede zwischen den nachfolgenden Elementen geringer sind. Sauerstoff ist nach Fluor das elektronegativste Element. In seinen Verbindungen hat Sauerstoff mit zwei Ausnahmen die Oxidationszahl –2. *Ausnahmen:* Positive Oxidationszahlen hat Sauerstoff in den Sauerstoff-Fluoriden und im O_2^+ (Dioxigenyl-Kation) im $O_2[PtF_6]$; in Peroxiden wie H_2O_2 hat Sauerstoff die Oxidationszahl –1. **Für Sauerstoff gilt die Oktettregel streng.** Die anderen Chalkogene kommen in den Oxidationsstufen –2 bis +6 vor. Bei ihnen wird die Beteiligung von d-Orbitalen bei der Bindungsbildung diskutiert.

Der Metallcharakter nimmt — wie in allen vorangehenden Gruppen — von oben nach unten in der Gruppe zu. Sauerstoff und Schwefel sind typische Nichtmetalle. Von Se und Te kennt man nichtmetallische und metallische Modifikationen. Polonium ist ein Metall. Es ist ein radioaktives Zerfallsprodukt der Uran- und Protactinium-Zerfallsreihe. Im Kernreaktor entsteht es aus Bismut:

$$^{209}_{83}Bi + {}^{1}_{0}n \xrightarrow{\gamma} {}^{210}_{83}Bi \longrightarrow {}^{210}_{84}Po + \beta$$

Sauerstoff (O)

Geschichte: *Carl Wilhelm Scheele* hat 1777 in seiner „Abhandlung von der Luft und dem Feuer„ klar ausgesprochen, dass die Luft aus zwei Bestandteilen zusammengesetzt sein müsse, von denen nur der eine die Verbrennung und Atmung unterhalten kann. Reinen Sauerstoff erhielt er erstmalig durch starkes Erhitzen von Salpeter, später durch Behandeln von Braunstein mit konz. Schwefelsäure. Unabhängig davon gelang *Joseph Priestley* die Herstellung von Sauerstoff durch Erhitzen von Quecksilberoxid (HgO) und von Mennige (Pb_3O_4). Der Name Sauerstoff = Oxygenium (Oxygène) stammt von *Antoine Lavoisier*, der den Sauerstoff für einen wesentlichen Bestandteil von Säuren hielt.

Vorkommen: Sauerstoff ist mit ca. 50 % das häufigste Element der Erdrinde. Die Luft besteht zu 20,9 Volumenanteilen (%) aus Sauerstoff. Gebunden kommt Sauerstoff vor z.B. im Wasser und fast allen mineralischen und organischen Stoffen.

Tabelle 13. Eigenschaften der Chalkogene

Element	Sauerstoff	Schwefel	Selen	Tellur	Polonium
Elektronenkonfiguration	[He]$2s^2 2p^4$	[Ne]$3s^2 3p^4$	[Ar]$3d^{10} 4s^2 4p^4$	[Kr]$4d^{10} 5s^2 5p^4$	[Xe]$4f^{14} 5d^{10} 6s^2 6p^4$
Schmp. [°C]	−219	113[a]	217[b]	450	254
Sdp. [°C]	−183	445	685[b]	990	962
Ionisierungsenergie [kJ/mol]	1310	1000	940	870	810
Atomradius [pm] (kovalent)	66	104	114	132	
Ionenradius [pm] (E^{2-})	146	190	202	222	
Elektronegativität	3,5	2,5	2,4	2,1	2,0
Metallischer Charakter					zunehmend →
Allgemeine Reaktionsfähigkeit					abnehmend →
Salzcharakter der Halogenide					zunehmend →
Affinität zu elektropositiven Elementen					abnehmend →
Affinität zu elektronegativen Elementen					zunehmend →

[a] α-S
[b] graues Se

Gewinnung:

(1.) Technisch durch fraktionierte Destillation von flüssiger Luft (Linde-Verfahren). Da Sauerstoff mit –183 °C einen höheren Siedepunkt hat als Stickstoff mit –196 °C, bleibt nach dem Abdampfen des Stickstoffs Sauerstoff als blassblaue Flüssigkeit zurück.

(2.) Durch Elektrolyse von angesäuertem (leitend gemachtem) Wasser.

(3.) Durch Erhitzen von Bariumperoxid BaO_2 auf ca. 800 °C.

Eigenschaften und *Verwendung:* Von dem Element Sauerstoff gibt es zwei Modifikationen: den molekularen Sauerstoff O_2 und das Ozon O_3.

O_2, Sauerstoff ist ein farbloses, geruchloses und geschmackloses Gas, das in Wasser wenig löslich ist. Mit Ausnahme der leichten Edelgase verbindet sich Sauerstoff mit allen Elementen, meist in direkter Reaktion. Sauerstoff ist für das Leben unentbehrlich. Die Atmung ist ein von biologischen Katalysatoren gesteuerter „Verbrennungs"-prozess. Mit dem Sauerstoff der Luft bilden sich unter Energiegewinn aus Nahrungsmitteln und Reservestoffen wie *Fette* und *Kohlenhydrate* letztendlich CO_2 und H_2O.

$$C + O_2 \longrightarrow CO_2 \qquad \Delta H = -395 \text{ kJ} \cdot \text{mol}^{-1}$$

Für die Technik ist er ein wichtiges Oxidationsmittel und findet Verwendung z.B. bei der Oxidation von Sulfiden („Rösten"), bei der Stahlerzeugung, zum Schweißen (Acetylen (Ethin) + Sauerstoff, Wasserstoff + Sauerstoff), der Herstellung von Salpetersäure, der Herstellung von Schwefelsäure usw.

Eine volkswirtschaftlich negative Reaktion ist die *Rostbildung* FeO(OH), s. S. 246.

Reiner Sauerstoff ist in flüssiger Form in blauen Stahlflaschen („Bomben") mit 150 bar im Handel.

Das O_2-Molekül ist ein **Diradikal**, denn es enthält zwei ungepaarte Elektronen. Diese Elektronen sind auch der Grund für die blaue Farbe von flüssigem Sauerstoff und den Paramagnetismus. Die Elektronenstruktur des Sauerstoffmoleküls lässt sich mit der MO-Theorie plausibel machen: Abb. 39 zeigt das MO-Diagramm des Sauerstoffmoleküls. Hierbei gibt es keine Wechselwirkung zwischen den 2s- und 2p-AO, weil der Energieunterschied — im Gegensatz zum N_2 — zu groß ist, s. S. 107.

Man sieht: Die beiden ungepaarten Elektronen befinden sich in den beiden entarteten antibindenden MO (= „Triplett-Sauerstoff", abgekürzt: $^3O_2$). Durch spez. Aktivatoren wie z.B. Enzymkomplexe mit bestimmten Metallatomen (Cytochrom, Hämoglobin) oder bei Anregung durch Licht entsteht der aggressive diamagnetische „Singulett-Sauerstoff", abgekürzt: $^1O_2$ (Lebensdauer ca. 10^{-4} s).

Ein zweiter „Singulett-Sauerstoff" mit jeweils einem Elektron mit antiparallelem Spin in beiden entarteten Orbitalen hat eine Lebensdauer von nur 10^{-9} s.

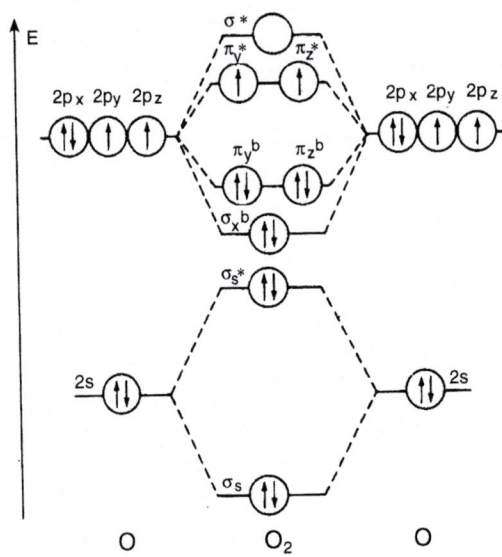

Abb. 39. MO-Energiediagramm für O_2 (s. hierzu S. 107). $(\sigma_s^b)^2(\sigma_s^*)^2(\sigma_x^b)^2(\pi_{y,z}^b)^4(\pi_y^*)^1(\pi_z^*)^1$. Für F_2 ergibt sich ein analoges MO-Diagramm

Im $^1O_2$ sind beide Valenzelektronen in einem der beiden π^*-MO gepaart.

Eine einfache präparative Methode für $^1O_2$ bietet die Reaktion von H_2O_2 und Hypochloriger Säure HOCl.

Atomarer Sauerstoff ist sehr reaktionsfähig. Wird O nicht sofort bei einer chem. Reaktion verbraucht entsteht O_2. Aus O_2 bildet sich unter der Einwirkung elektrischer Entladungen und durch Bestrahlen mit UV-Licht O_3 (Ozon).

O_3, Ozon bildet sich in der Atmosphäre z.B. bei der Entladung von Blitzen und durch Einwirkung von UV-Strahlen auf O_2-Moleküle. Die technische Herstellung erfolgt in Ozonisatoren aus O_2 durch stille elektrische Entladungen.

$$1\tfrac{1}{2}\,O_2 \longrightarrow O_3 \qquad \Delta H = 143\ \text{kJ} \cdot \text{mol}^{-1}$$

Eigenschaften und *Verwendung:* Ozon ist energiereicher als O_2 und im flüssigen Zustand ebenfalls blau. Es zerfällt leicht in molekularen und atomaren Sauerstoff:

$$O_3 \longrightarrow O_2 + O$$

Ozon ist ein starkes Oxidationsmittel. Es zerstört Farbstoffe (Bleichwirkung) und dient zur Abtötung von Mikroorganismen ($E^0_{O_2/O_3} = 1{,}9\ \text{V}$).

In der Erdatmosphäre dient es als Lichtfilter, weil es langwellige UV-Strahlung (< 310 nm) absorbiert. Der lebenswichtige Ozongürtel in der Stratosphäre wird durch Treibgase wie z.B. Fluorkohlenwasserstoffe in einer Kettenreaktion angegriffen. Hierdurch wird seine Schutzfunktion vermindert.

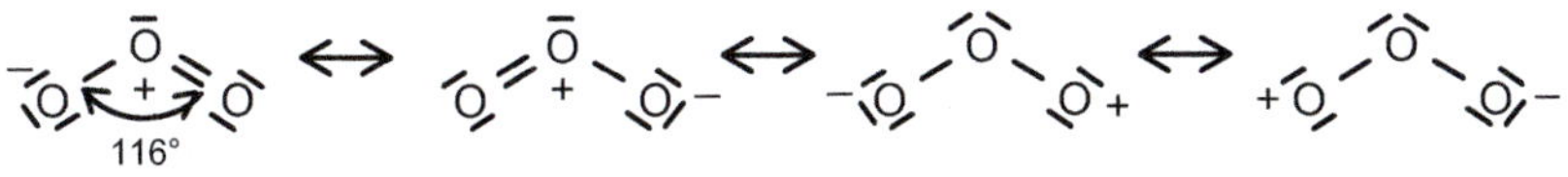

O–O-Abstand = 128 pm

Sauerstoff-Verbindungen

Die Verbindungen von Sauerstoff mit anderen Elementen werden, soweit sie wichtig sind, bei den entsprechenden Elementen besprochen. Hier folgen nur einige spezielle Substanzen.

H$_2$O, Wasser nimmt in der Chemie einen zentralen Platz ein.

Im *Wassermolekül* sind beide O–H-Bindungen polarisiert. Das Sauerstoffatom besitzt eine negative und die Wasserstoffatome eine positive Teilladung (**Partialladung**). Das Wassermolekül hat beim Sauerstoff einen negativen Pol und auf der Seite der Wasserstoffatome einen positiven Pol.

Am Beispiel des H$_2$O-Moleküls wird auch deutlich, welche Bedeutung die räumliche Anordnung der Bindungen für die Größe des Dipolmoments besitzt (Abb. 40). Ein linear gebautes H$_2$O-Molekül hätte kein Dipolmoment, weil die Ladungsschwerpunkte zusammenfallen.

Wasser ist als sehr schwacher amphoterer Elektrolyt in ganz geringem Maße dissoziiert:

$$H_2O \rightleftharpoons H^+ + OH^-$$

H$^+$-Ionen sind wegen ihrer im Verhältnis zur Größe hohen Ladung nicht existenzfähig. Sie liegen solvatisiert vor: $H^+ \cdot x\, H_2O = H_3O^+$, $H_5O_2^+$, $H_7O_3^+$, $H_9O_4^+$ = $H_3O^+ \cdot 3\, H_2O$ etc. Zur Vereinfachung schreibt man nur das erste Ion **H$_3$O$^+$** (= **Hydronium-Ion**).

δ+ und δ– geben die Ladungsschwerpunkte an

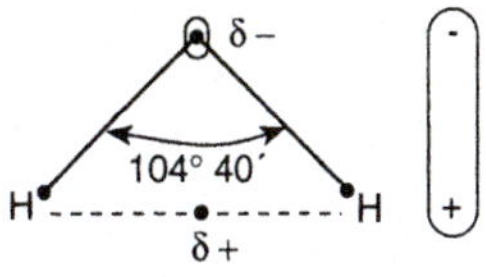

Abb. 40. Wasser als Beispiel eines elektrischen Dipols

Man formuliert die Dissoziation von Wasser meist als **Autoprotolyse** (Wasser reagiert mit sich selbst):

$$H_2O + H_2O \rightleftharpoons H_3O^+ + OH^- \quad \textit{(Autoprotolyse des Wassers)}$$

Das Massenwirkungsgesetz ergibt für diese Reaktion:

$$\frac{c(H_3O^+) \cdot c(OH^-)}{c^2(H_2O)} = K$$

oder $\quad c(H_3O^+) \cdot c(OH^-) = K \cdot c^2(H_2O) = \mathbf{K_W}$

K ist die Protolysekonstante des Wassers. Ihr Zahlenwert ist:

$$K_{(293\,K)} = 3{,}26 \cdot 10^{-18}$$

Da die Eigendissoziation des Wassers außerordentlich gering ist, kann die Konzentration des undissoziierten Wassers $c(H_2O)$ als nahezu konstant angenommen und gleichgesetzt werden der Ausgangskonzentration $c(H_2O) = 55{,}4 \text{ mol} \cdot L^{-1}$ (bei 20 °C). (1 Liter H_2O wiegt bei 20 °C 998,203 g; dividiert man durch 18,01 g · mol^{-1}, ergeben sich für $c(H_2O) = 55{,}4 \text{ mol} \cdot L^{-1}$.)

Mit diesem Zahlenwert für $c(H_2O)$ erhält man:

$$\mathbf{c(H_3O^+) \cdot c(OH^-)} = 3{,}26 \cdot 10^{-18} \cdot 55{,}4^2 \text{ mol}^2 \cdot L^{-2}$$

$$= \mathbf{1 \cdot 10^{-14} \text{ mol}^2 \cdot L^{-2}} = \mathbf{K_W}$$

Die Konstante $\mathbf{K_W}$ heißt das **Ionenprodukt des Wassers**.

Für $c(H_3O^+)$ und $c(OH^-)$ gilt:

$$\mathbf{c(H_3O^+)} = \mathbf{c(OH^-)} = \sqrt{10^{-14} \text{ mol}^2 \cdot L^{-2}} = \mathbf{10^{-7} \text{ mol} \cdot L^{-1}}$$

Anmerkungen: Der Zahlenwert von K_W ist abhängig von der Temperatur. Für genaue Rechnungen muss man statt der Konzentrationen die Aktivitäten verwenden.

Reines Wasser reagiert neutral, d.h. weder sauer noch basisch.

Weitere physikalische und chemische Eigenschaften werden in Bd. I ausführlich besprochen. So z.B. Wasserstoffbrückenbindungen und im Zusammenhang damit Schmelz- und Siedepunkt, Dielektrizitätskonstante, das Zustandsdiagramm und das Lösungsvermögen. Die Wasserhärte wird auf S. 60 behandelt.

Natürliches Wasser ist nicht rein. Es enthält gelöste Salze und kann mit Hilfe von Ionenaustauschern oder durch Destillieren in Quarzgefäßen von seinen Verunreinigungen befreit werden (Entmineralisieren).

Meerwasser enthält viele gelöste Salze so z.B. 3 % NaCl und 0,3 % andere. *Mineralwässer* haben in Abhängigkeit von der geologischen Herkunft ganz unterschiedliche gelöste Substanzen. So z.B. *Bitterwässer:* $MgSO_4$, Schwefelwässer (H_2S) haltig, *Säuerlinge:* CO_2 haltig, *Eisenwässer, Iodwässer* usw.

Reines Wasser ist farb- und geruchlos, Schmp. 0 °C, Sdp. 100 °C, und hat bei 4 °C seine größte Dichte. Beim Übergang in den festen Zustand (Eis) erfolgt eine Volumenzunahme von 10 %. Eis ist leichter (weniger dicht) als flüssiges Wasser! Bei höheren Temperaturen wirkt Wasser oxidierend: Wasserdampf besitzt erhebliche Korrosionswirkung.

Wasser ist die Grundvoraussetzung für Leben, wie wir es kennen. Anschaulich machen dies auch die Bemühungen bei der Suche nach Wasser auf dem Mars.

H_2O_2, Wasserstoffperoxid (Abb. 41) entsteht durch Oxidation von Wasserstoff und Wasser oder durch Reduktion von Sauerstoff.

Herstellung:

(1.) Über **Anthrachinonderivate** und Aceton/Isopropanol im Kreisprozess:

[Strukturformeln: 2 - Ethyl - Anthrachinon → 2 - Ethyl - Anthrahydrochinon → 2 - Ethyl - Anthrachinon + H_2O_2]

$$(CH_3)_2CO \xrightarrow{H_2/Pd} (CH_3)_2CHOH \xrightarrow{O_2} (CH_3)_2CO + H_2O_2$$

(2.) Durch anodische Oxidation von z.B. 50 %iger H_2SO_4. Es bildet sich Peroxodischwefelsäure $H_2S_2O_8$. Ihre Hydrolyse liefert H_2O_2.

(3.) Zersetzung von BaO_2:

$$BaO_2 + H_2SO_4 \longrightarrow BaSO_4 + H_2O_2$$

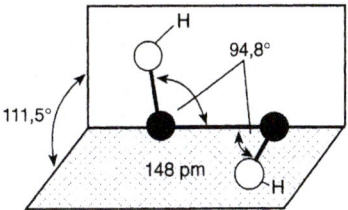

Abb. 41. Struktur von H_2O_2

Durch Entfernen von Wasser unter sehr schonenden Bedingungen erhält man konzentrierte Lösungen von H_2O_2 oder auch wasserfreies H_2O_2. 30 %iges H_2O_2 ist als „Perhydrol" im Handel.

Peroxide und *Peroxo*-Verbindungen enthalten die Gruppierung $-\overset{-1}{O}-\overset{-1}{O}-$.

Eigenschaften: Wasserfrei ist H_2O_2 eine klare, viskose, in dicken Schichten blaue Flüssigkeit, die sich bisweilen explosionsartig in H_2O und O_2 zersetzt. Durch Metalloxide wie MnO_2 wird der Zerfall katalysiert. H_2O_2 wirkt im Allgemeinen oxidierend, ist aber gegenüber stärkeren Oxidationsmitteln wie $KMnO_4$ ein Reduktionsmittel.

$$H_2O_2 + 2\,H_2O \rightleftharpoons O_2 + 2\,H_3O^+ + 2\,e^- \quad E^0 = 0{,}682 \text{ (in saurer Lösung)}$$

H_2O_2 ist eine schwache Säure, $pK_S = 11{,}62$. Mit einigen Metallen bildet sie Peroxide, z.B. Na_2O_2, BaO_2.

Diese „echten" Peroxide enthalten die Peroxo-Gruppierung $-\overline{O}-\overline{O}-$

Verwendung findet H_2O_2 als Oxidationsmittel, zum Bleichen, als Desinfektionsmittel usw.

Verwendung finden auch Additionsverbindungen in trockener und haltbarer Form wie „Perborat" $NaBO_2 \cdot H_2O_2 \cdot 3\,H_2O$; Harnstoff + H_2O_2 = Ortizon® und Perhydrid® u.a.

Alkali- und Erdalkaliperoxide sind ionisch gebaute Peroxide. Sie enthalten O_2^{2-}-Ionen im Gitter.

Nachweis: H_2O_2 oxidiert Salze der Chromsäure zu Peroxo-Verbindungen. Mit Ether kann man blaues CrO_5 ausschütteln.

Oxide

Die Oxide zahlreicher Elemente werden bei den entsprechenden Elementen besprochen. Hier sollen nur einige allgemeine Betrachtungen angestellt werden.

Salzartig gebaute Oxide bilden sich mit den Elementen der I. und II. Hauptgruppe. In den Ionengittern existieren O^{2-}-Ionen. Diese Oxide heißen auch ***basische Oxide*** und ***Basenanhydride***, weil sie bei der Reaktion mit Wasser Hydroxyl-Ionen bilden:

$$O^{2-} + H_2O \longrightarrow 2\,OH^-$$

Alkalioxide lösen sich in Wasser. Die anderen salzartigen Oxide lösen sich nur in Säuren.

Man kennt auch ***amphotere Oxide*** wie ZnO und Al_2O_3. Sie lösen sich sowohl in Säuren als auch in Laugen.

Oxide mit überwiegend *kovalenten* Bindungsanteilen sind die Oxide der Nichtmetalle und mancher Schwermetalle, z.B. CrO$_3$. Mit Wasser bilden sie Sauerstoffsäuren. Es sind daher **saure Oxide** und **Säureanhydride**.

Schwefel (S)

Geschichte: Schwefel (lat. sulphur) war schon in sehr alter Zeit bekannt. *Homer* erwähnte die Benutzung brennenden Schwefels zur Desinfektion.

Pedanios Dioscurides (1. Jd.) berichtet über die Verwendung in der Heilkunde. *Basilius Valentinus* beschreibt die Herstellung von Schwefelsäure durch Erhitzen von Eisenvitriol (FeSO$_4$ · 7 H$_2$O) im 15 Jd. Fabrikmäßig hergestellt wurde Schwefelsäure Mitte des 18. Jd.s zuerst in England.

Vorkommen: frei (gediegen) z.B. in Sizilien und Kalifornien; gebunden als Metallsulfid: Schwefelkies FeS$_2$, Zinkblende ZnS, Bleiglanz PbS, Gips CaSO$_4$ · 2 H$_2$O, als Zersetzungsprodukt in der Kohle und im Eiweiß. Im Erdgas als H$_2$S und in Vulkangasen als SO$_2$.

Gewinnung: Durch Ausschmelzen aus vulkanischem Gestein; aus unterirdischen Lagerstätten mit überhitztem Wasserdampf und Hochdrücken des flüssigen Schwefels mit Druckluft **(Frasch-Verfahren)**; durch Verbrennen von H$_2$S bei beschränkter Luftzufuhr mit Bauxit als Katalysator **(Claus-Prozess)**:

$$H_2S + \tfrac{1}{2}\,O_2 \longrightarrow S + H_2O$$

durch eine *Symproportionierungsreaktion* aus H$_2$S und SO$_2$:

$$2\,H_2S + SO_2 \longrightarrow 2\,H_2O + 3\,S$$

Schwefel fällt auch als Nebenprodukt beim Entschwefeln von Kohle an.

Eigenschaften: Schwefel kommt in vielen Modifikationen vor. Die Schwefelatome lagern sich zu Ketten oder Ringen zusammen. Die Atombindungen entstehen vornehmlich durch Überlappung von p-Orbitalen. Dies führt zur Ausbildung von **Zickzack-Ketten**. Unter normalen Bedingungen beständig ist nur der **acht**gliedrige, kronenförmige *cyclo-Octaschwefel S$_8$* (Abb. 42). Er ist wasserunlöslich, jedoch löslich in Schwefelkohlenstoff CS$_2$ und bei Raumtemperatur „schwefelgelb". Dieser *rhombische α-Schwefel* wandelt sich bei 95,6 °C reversibel in den ebenfalls achtgliedrigen *monoklinen β-Schwefel* um. Solche Modifikationen heißen *enantiotrop* (wechselseitig umwandelbar).

Bei etwa 119 °C geht der feste Schwefel in eine hellgelbe, dünnflüssige Schmelze über. Die Schmelze erstarrt erst bei 114–115 °C. Ursache für diese Erscheinung ist die teilweise Zersetzung der Achtringe beim Schmelzen. Die Zersetzungsprodukte (Ringe, Ketten) verursachen die Depression.

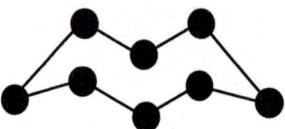

Abb. 42. Achtgliedriger Ring aus S-Atomen

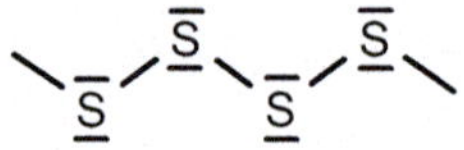

Abb. 43. Zweidimensionale Darstellung mit den freien Elektronenpaaren an den Schwefelatomen. Diese sind dafür verantwortlich, dass die Schwefelketten nicht eben sind. Es entsteht ein Diederwinkel zwischen jeweils drei von vier S-Atomen eines Kettenabschnitts

Bei ca. 160 °C wird flüssiger Schwefel schlagartig **viskos**. Man nimmt an, dass in diesem Produkt riesige Makromoleküle (Ketten und Ringe) vorliegen. Die Viskosität nimmt bei weiterem Erhitzen wieder ab; am Siedepunkt von 444,6 °C liegt wieder eine dünnflüssige Schmelze vor.

Schwefeldampf enthält — in Abhängigkeit von Temperatur und Druck — alle denkbaren Bruchstücke von S_8. **Blaues S_2 ist ein Diradikal.**

S_6, *cyclo-Hexaschwefel* entsteht beim Ansäuern wässriger Thiosulfat-Lösungen. Die orangeroten Kristalle zersetzen sich ab 50° C. S_6 liegt in der Sesselform vor und besitzt eine hohe Ringspannung.

Weitere Modifikationen enthalten S_7-, S_9-, S_{10}-, S_{11}-, S_{12}-, S_{18} oder S_{20}-Ringe.

S_6, S_{12} und S_{18} entstehen aus Polysulfanen, H_2S_x, und Chlorsulfanen, Cl_2S_y, unter HCl-Abspaltung. S_{12} (Schmp. 148 °C) und S_{18} (Schmp. 126 °C) sind hellgelbe kristalline Substanzen.

Modifikationen mit *ungeradzahligen* Schwefelringen (S_7, S_9, S_{11}) erhält man auf folgende Weise:

$$(C_5H_5)_2TiS_5 + S_xCl_2 \xrightarrow{HCl} (C_5H_5)_2TiCl_2 + S_n$$

$$((C_5H_5)_2TiCl_2 + Na_2S_5 \longrightarrow (C_5H_5)_2TiS_5)$$

Den sog. *plastischen Schwefel* erhält man durch schnelles Abkühlen (Abschrecken) der Schmelze. Gießt man die Schmelze in einem dünnen Strahl in Eiswasser, bilden sich lange Fasern. Diese lassen sich unter Wasser strecken und zeigen einen helixförmigen Aufbau. Dieser sog. *catena-Schwefel* ist unlöslich in CS_2. Er wandelt sich langsam in α-Schwefel um.

Verwendung findet Schwefel z.B. zum Vulkanisieren von Kautschuk, zur Herstellung von Zündhölzern, Schießpulver, zur Herstellung von Schwefelsäure, bei der Schädlingsbekämpfung (Pilzbefall).

Schwefel-Verbindungen

Schwefel ist sehr reaktionsfreudig. Bei höheren Temperaturen geht er mit den meisten Elementen Verbindungen ein.

Verbindungen von Schwefel mit Metallen und auch einigen Nichtmetallen heißen **Sulfide**, z.B. Na_2S Natriumsulfid, PbS Bleisulfid, P_4S_3 Phosphortrisulfid. Natürlich vorkommende Sulfide nennt man entsprechend ihrem Aussehen Kiese, Glanze oder Blenden.

H_2S, Schwefelwasserstoff ist im Erdgas und in vulkanischen Gasen enthalten und entsteht beim Faulen von Eiweiß z.B. in Darmgasen. *Herstellung:* Durch Erhitzen von Schwefel mit Wasserstoff und durch Einwirkung von Säuren auf bestimmte Sulfide, z.B.

$$FeS + H_2SO_4 \longrightarrow FeSO_4 + H_2S$$

Eigenschaften: farbloses, wasserlösliches Gas; stinkt nach faulen Eiern. Es verbrennt an der Luft zu SO_2 und H_2O. Bei Sauerstoffmangel entsteht Schwefel.

H_2S ist ein starkes Reduktionsmittel und eine schwache zweiwertige Säure. Sie bildet demzufolge zwei Reihen von Salzen: normale Sulfide wie z.B. Na_2S, Natriumsulfid, und Hydrogensulfide wie NaHS. Schwermetallsulfide haben meist charakteristische Farben und oft auch sehr kleine Löslichkeitsprodukte, z.B. $c(Hg^{2+}) \cdot c(S^{2-}) = 10^{-54}$ mol$^2 \cdot$ L^{-2}. H_2S wird daher in der analytischen Chemie als Gruppenreagens verwendet.

Beachte: ca. 0,1 % H_2S in der Atemluft sind bereits tödlich.

H_2S_x, Polysulfane entstehen z.B. beim Eintragen von Alkalipolysulfiden (aus Alkalisulfid + S_8) in kalte überschüssige konz. Salzsäure. Sie sind extrem empfindlich gegenüber OH^--Ionen.

Schwefel-Halogen-Verbindungen

Schwefelfluoride: (SF_2), S_2F_2, SF_4, S_2F_{10}, SF_6.

S_2F_2, Difluordisulfan ist ein farbloses Gas. Es gibt zwei Strukturisomere:

$$S_8 \xrightarrow{AgF/125\ °C} \textbf{FSSF}$$

$$S_2Cl_2 + 2\ KSO_2F\ \text{oder}\ 2\ KF \xrightarrow{140\ °C} \textbf{SSF}_2$$

F–S–S–F setzt sich bei –50 °C und Anwesenheit von NaF mit S=SF$_2$ ins Gleichgewicht. Oberhalb 0 °C liegt nur SSF$_2$ vor.

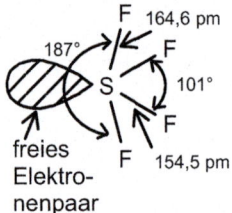

Abb. 44. Molekülstruktur von SF_4

SF_4 ist ein spezifisches Fluorierungsmittel für Carbonylgruppen. Es bildet sich z.B. nach folgender Gleichung:

$$SCl_2 + Cl_2 + 4\,NaF \xrightarrow{CH_3CN/75\,°C} SF_4 + 4\,NaCl$$

Die Molekülstruktur des SF_4 (Abb. 44) lässt sich von der trigonalen Bipyramide ableiten. Eine der drei äquatorialen Positionen wird dabei von einem freien Elektronenpaar des Schwefels besetzt.

Da dieses nur unter dem Einfluss des Schwefelkernes steht, ist es verhältnismäßig diffus und beansprucht einen größeren Raum als ein bindendes Elektronenpaar. SF_4 ist oberhalb –98 °C ein Beispiel für stereochemische Flexibilität (s. Pseudorotation!).

SF_6 entsteht z.B. beim Verbrennen von Schwefel in Fluoratmosphäre. Das farb- und geruchlose Gas ist **sehr stabil**, weil das S-Atom von den F-Atomen „umhüllt" ist. Es findet als Isoliergas Verwendung.

S_2F_{10} bildet sich als Nebenprodukt bei der Reaktion von Schwefel mit Fluor oder durch photochemische Reaktion aus SF_5Cl:

$$2\,SF_5Cl + H_2 \longrightarrow S_2F_{10} + 2\,HCl$$

Es ist **sehr giftig** (Sdp. +29 °C) und reaktionsfähiger als SF_6, weil es leicht SF_5-Radikale bildet. *Struktur:* $F_5S–SF_5$.

SF_5Cl entsteht als farbloses Gas aus SF_4 mit Cl_2 und CsF bei ca. 150°C. Es ist ein starkes Oxidationsmittel.

Schwefelchloride und Schwefelbromide

S_2Cl_2 (Abb. 45) bildet sich aus Cl_2 und geschmolzenem Schwefel Es dient als Lösemittel für Schwefel beim Vulkanisieren von Kautschuk. Es ist eine gelbe Flüssigkeit (Sdp. 139 °C) und stark hydrolyseempfindlich.

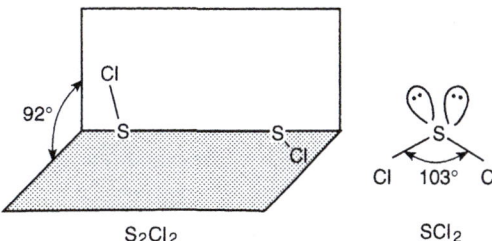

Abb. 45. Molekülstruktur von S₂Cl₂ und SCl₂

SCl₂ (Abb. 45) ist eine dunkelrote Flüssigkeit, Sdp. 60 °C. Es bildet sich aus S₂Cl₂ durch Einleiten von Cl₂ bei 0 °C:

$$S_2Cl_2 + Cl_2 \longrightarrow 2\ SCl_2$$

SCl₄ entsteht als blassgelbe, zersetzliche Flüssigkeit bei tiefer Temperatur:

$$SCl_2 + Cl_2 \longrightarrow SCl_4 \qquad \text{Schmp.} = -31\ °C$$

S₂Br₂ entsteht aus S₂Cl₂ mit Bromwasserstoff als tiefrote Flüssigkeit.

Schwefeloxidhalogenide SOX₂ (X = F, Cl, Br)

SOCl₂, Thionylchlorid bildet sich durch Oxidation von SCl₂, z.B. mit SO₃. Es ist eine farblose Flüssigkeit, Sdp. 76 °C. Mit H₂O erfolgt Zersetzung in HCl und SO₂.

Die analogen **Brom-** und **Fluor**-Verbindungen werden durch Halogenaustausch erhalten.

SO₂Cl₂, Sulfurylchlorid bildet sich durch Addition von Cl₂ an SO₂ mit Aktivkohle als Katalysator. Es ist eine farblose Flüssigkeit und dient in der organischen Chemie zur Einführung der SO₂Cl-Gruppe.

SOF₄, Thionyltetrafluorid (Abb. 46) ist ein farbloses Gas. Es entsteht durch Fluorierung von SOF₂.

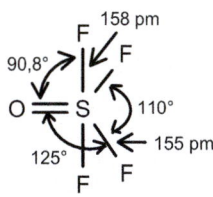

Abb. 46. Molekülstruktur von SOF₄

Schwefeloxide und Schwefelsäuren

SO_2, Schwefeldioxid kommt in den Kratergasen von Vulkanen vor.

Herstellung.

(1.) Durch Verbrennen von Schwefel.

(2.) Durch Oxidieren (Rösten) von Metallsulfiden:

$$2\ FeS_2 + 5\tfrac{1}{2}O_2 \longrightarrow Fe_2O_3 + 4\ SO_2$$

(3.) Durch Reduktion von konz. H_2SO_4 mit Metallen, Kohlenstoff etc.:

$$Cu + 2\ H_2SO_4 \longrightarrow CuSO_4 + SO_2 + 2\ H_2O$$

(4.) Im Labor. Aus Salzen der schwefligen Säure durch Ansäuern mit starken Säuren:

$$NaHSO_3 + H_2SO_4 \longrightarrow NaHSO_4 + H_2O + SO_2\uparrow$$

Natriumhydrogensulfit

Eigenschaften: farbloses, hustenreizendes Gas, leichtlöslich in Wasser. SO_2 wird bei –10 °C flüssig. Flüssiges SO_2 ist ein gutes Lösemittel für zahlreiche Substanzen. SO_2 ist das Anhydrid der Schwefligen Säure H_2SO_3. Seine wässrige Lösung reagiert daher sauer.

$$SO_2 + H_2O \longrightarrow H_2SO_3$$

SO_2 ist ein starkes Reduktionsmittel. Es reduziert z.B. organische Farbstoffe, wirkt desinfizierend und wird daher zum Konservieren von Lebensmitteln und zum Ausschwefeln von Holzfässern verwendet. Benutzt wird es auch zur Ungeziefervertilgung.

Molekülstruktur:

H_2SO_3, Schweflige Säure entsteht beim Lösen von Schwefeldioxid in Wasser.

$$SO_2 + H_2O \rightleftharpoons H_2SO_3$$

Das Gleichgewicht liegt zu 5 % auf der rechten Seite.

Sie lässt sich nicht in Substanz isolieren und ist eine **zwei**wertige Säure (pK_{s1} = 1,81 bei 18 °C). Ihre Salze, die **Sulfite**, entstehen z.B. beim Einleiten von SO_2 in

Laugen. Es gibt normale Sulfite, z.B. Na_2SO_3, und saure Sulfite, z.B. $NaHSO_3$, Natriumhydrogensulfit. Disulfite oder Pyrosulfite entstehen beim Isolieren der Hydrogensulfite aus wässriger Lösung oder durch Einleiten von SO_2 in Sulfitlösungen:

$$2\,HSO_3^- \longrightarrow H_2O + S_2O_5^{2-} \quad \text{oder} \quad SO_3^{2-} + SO_2 \longrightarrow S_2O_5^{2-}$$

Sie finden für die gleichen Zwecke Verwendung wie die Sulfite, z.B. zum Bleichen von Wolle und Papier und als Desinfektionsmittel.

SO_3, Schwefeltrioxid gewinnt man technisch nach dem Kontaktverfahren (s. unten). In der Gasphase existieren monomere SO_3-Moleküle. Die Sauerstoffatome umgeben das S-Atom in Form eines gleichseitigen Dreiecks. Festes SO_3 kommt in drei Modifikationen vor: Die **eisartige** Modifikation (γ-SO_3) besteht aus sechsgliedrigen Ringen. Die beiden **asbestartigen** Modifikationen (α-SO_3, β-SO_3) enthalten lange Ketten.

trigonal - planar

gewellter Ring   tetraedische Umgebung von S - Atomen

SO_3 reagiert mit Wasser in stark exothermer Reaktion zu Schwefelsäure, H_2SO_4.

HSO_3Cl, Chlorsulfonsäure ist ein Beispiel für eine Halogenschwefelsäure. Sie bildet sich aus SO_3 und HCl. Entsprechend werden ihre Salze aus SO_3 und Chloriden erhalten. HSO_3Cl ist eine farblose, bis 25 °C stabile Flüssigkeit. Sie zersetzt sich heftig mit Wasser. Verwendung findet sie zur Einführung der Sulfonsäuregruppe $-SO_3H$ (Sulfonierungsmittel in der organischen Chemie).

Molekülstruktur s. Tabelle 14.

H_2SO_4, Schwefelsäure

Herstellung: Durch Oxidation von SO_2 mit Luftsauerstoff in Gegenwart von Katalysatoren entsteht Schwefeltrioxid SO_3. Durch Anlagerung von Wasser bildet sich daraus H_2SO_4. Früher stellte man SO_3 nach dem sog. *Bleikammerverfahren* her; hierbei dienten NO_2/NO als Katalysator. Heute benutzt man das sog. Kontaktverfahren nach *Knietsch*.

Kontaktverfahren: SO_2 wird zusammen mit Luft bei ca. 400 °C über einen Vanadiumoxid-Kontakt (V_2O_5) geleitet:

$$SO_2 + \tfrac{1}{2} O_2 \rightleftharpoons SO_3 \qquad \Delta H = -99 \text{ kJ} \cdot \text{mol}^{-1}$$

Das gebildete SO_3 wird von konzentrierter H_2SO_4 absorbiert. Es entsteht die *rauchende Schwefelsäure* (Oleum). Sie enthält Dischwefelsäure (= Pyroschwefelsäure) und andere Polyschwefelsäuren:

$$H_2SO_4 + SO_3 \longrightarrow H_2S_2O_7$$

Durch Verdünnen mit Wasser kann man aus der rauchenden H_2SO_4 verschieden starke Schwefelsäuren herstellen:

$$H_2S_2O_7 + H_2O \longrightarrow 2\ H_2SO_4$$

Eigenschaften: 98,3 %ige Schwefelsäure (konz. H_2SO_4) ist eine konstant siedende, dicke, ölige Flüssigkeit (Dichte 1,8, Schmp. 10,4 °C, Sdp. 338 °C) und **stark hygroskopisch**. Beim Versetzen von konz. H_2SO_4 mit H_2O bilden sich in stark exothermer Reaktion Schwefelsäurehydrate: $H_2SO_4 \cdot H_2O$, $H_2SO_4 \cdot 2\ H_2O$, $H_2SO_4 \cdot 4\ H_2O$. Diese Hydratbildung ist energetisch so begünstigt, dass konz. Schwefelsäure ein **starkes Trockenmittel** für inerte Gase ist. Sie entzieht auch Papier, Holz, Zucker usw. das gesamte Wasser, so dass nur Kohlenstoff zurückbleibt.

Beachte: Beim Verdünnen von H_2SO_4 muss man die Säure langsam in das Wasser gießen. Sie reagiert heftig unter Wärmeentwicklung (Hydratationswärme).

H_2SO_4 löst alle Metalle außer Pb ($PbSO_4$-Bildung), Platin und Gold. Verdünnte H_2SO_4 löst „unedle Metalle" (negatives Normalpotenzial) unter H_2-Entwicklung. Metalle mit positivem Normalpotenzial lösen sich in konz. H_2SO_4 unter SO_2-Entwicklung. Konz. H_2SO_4 lässt sich jedoch in Eisengefäßen transportieren, weil sich eine Schutzschicht aus $Fe_2(SO_4)_3$ bildet. Konz. H_2SO_4, vor allem heiße, konz. H_2SO_4, ist **ein kräftiges Oxidationsmittel** und kann z.B. Kohlenstoff zu CO_2 oxidieren.

In wässriger Lösung ist H_2SO_4 eine sehr **starke zweiwertige Säure**. Diese bildet neutrale Salze (Sulfate), *Beispiel:* Na_2SO_4, und saure Salze (Hydrogensulfate), *Beispiel:* $NaHSO_4$. Fast alle Sulfate sind wasserlöslich. Bekannte Ausnahmen sind $BaSO_4$ und $PbSO_4$.

Verwendung: Die Hauptmenge der Schwefelsäure wird zur Herstellung künstlicher Düngemittel, z.B. $(NH_4)_2SO_4$, verbraucht. Sie wird weiter benutzt zur Herstellung von Farbstoffen, Permanentweiß ($BaSO_4$), zur Herstellung von Orthophosphorsäure H_3PO_4, von HCl, zusammen mit HNO_3 als Nitriersäure zur Herstellung von Nitrocellulose, Nitrobenzol und von Sprengstoffen wie Trinitrotoluol

VI. Hauptgruppe – Chalkogene (O, S, Se, Te, Po)

(TNT). Ferner als Akkumulatorensäure und als Reagenz im Labor, zum Trocknen von Substanzen und Gasen im Exsikkator und Gaswasserflaschen, Abspalten von Wasser aus chem. Verbindungen usw.

Molekülstruktur s. Tabelle 14.

Tabelle 14. Schwefelsäuren

Schwefelsäure	Hydrogensulfat-Ion	Sulfat-Ion	Chlorsulfonsäure
H–O–S(=O)(=O)–O–H	H–O–S(=O)(=O)–O⁻	⁻O–S(=O)(=O)–O⁻	H–O–S(=O)(=O)–Cl

Thioschwefelsäure	Schweflige Säure
H–S–S(=O)(=O)–O–H	H–O–S(=O)–O–H

Dischwefelsäure	Dithionige Säure
H–O–S(=O)(=O)–O–S(=O)(=O)–O–H	H–O–S(=O)–S(=O)–O–H

Peroxomonoschwefelsäure
H–O–O–S(=O)(=O)–O–H

Peroxodischwefelsäure	Tetrathionat-Ion
H–O–S(=O)(=O)–O–O–S(=O)(=O)–O–H	⁻O–S(=O)(=O)–S–S–S(=O)(=O)–O⁻

Beachte: Im SO_4^{2-}-Ion sitzt das S-Atom in einem Tetraeder. Die S–O-Abstände sind gleich; die p_π-d_π-Bindungen sind demzufolge delokalisiert.

H₂S₂O₄, Dithionige Säure ist nicht isolierbar. Ihre Salze, die Dithionite, entstehen durch Reduktion von Hydrogensulfit-Lösungen mit Natriumamalgam, Zinkstaub oder elektrolytisch. $Na_2S_2O_4$ ist ein vielbenutztes Reduktionsmittel.

Molekülstruktur s. Tabelle 14.

H₂S₂O₃, Thioschwefelsäure kommt nur in ihren Salzen vor, z.B. $Na_2S_2O_3$, Natriumthiosulfat. Es entsteht beim Kochen von Na_2SO_3-Lösung mit Schwefel:

$$Na_2SO_3 + S \longrightarrow Na_2S_2O_3$$

Das $S_2O_3^{2-}$-Anion reduziert Iod zu Iodid, wobei sich das Tetrathionat-Ion bildet:

$$2\,S_2O_3^{2-} + I_2 \longrightarrow 2\,I^- + S_4O_6^{2-}$$

Diese Reaktion findet Anwendung bei der Iod-Bestimmung in der analytischen Chemie (Iodometrie). Chlor wird zu Chlorid reduziert, aus $S_2O_3^{2-}$ entsteht dabei SO_4^{2-} (Antichlor). Da $Na_2S_2O_3$ Silberhalogenide unter Komplexbildung löst $[Ag(S_2O_3)_2]^{3-}$, wird es als Fixiersalz in der Photographie benutzt (s. S. 175).

Aus Thiosulfaten entsteht mit Säuren die unbeständige Thioschwefelsäure, die in schweflige Säure und Schwefel zerfällt:

$$NaS_2O_3 + 2\,HCl \longrightarrow H_2S_2O_3 + 2\,NaCl$$

$$H_2S_2O_3 \longrightarrow S\downarrow + H_2SO_3$$

Anmerkung: Die Silbe „Thio" bezeichnet allgemein den Ersatz von einem Sauerstoffatom durch ein Schwefelatom.

H₂SO₅, Peroxomonoschwefelsäure, Carosche Säure entsteht als Zwischenstufe bei der Hydrolyse von $H_2S_2O_8$, Peroxodischwefelsäure. Sie bildet sich auch aus konz. H_2SO_4 und H_2O_2. In wasserfreier Form ist sie stark hygroskopisch, Schmp. 45 °C. Sie ist ein starkes Oxidationsmittel und zersetzt sich mit Wasser in H_2SO_4 und H_2O_2.

Molekülstruktur s. Tabelle 14.

H₂S₂O₈, Peroxodischwefelsäure entsteht durch anodische Oxidation von H_2SO_4 oder aus H_2SO_4 und H_2O_2. Sie hat einen Schmp. von 65 °C, ist äußerst hygroskopisch und zersetzt sich über H_2SO_5 als Zwischenstufe in H_2SO_4 und H_2O_2.

$$2\,H_2SO_4 + H_2O_2 \rightleftharpoons 2\,H_2O + H_2S_2O_8$$

Die Salze, Peroxodisulfate, sind kräftige Oxidationsmittel. Sie entstehen durch anodische Oxidation von Sulfaten.

Molekülstruktur s. Tabelle 14.

Schwefel-Stickstoff-Verbindungen

Von den zahlreichen Substanzen mit S–N-Bindungen beanspruchen die cyclischen Verbindungen das größte Interesse. Am bekanntesten ist das *Tetraschwefeltetranitrid, S_4N_4.* Es entsteht auf vielen Wegen. Eine häufig benutzte Herstellungsmethode beruht auf der Umsetzung von S_2Cl_2 mit Ammoniak. Bei dieser Reaktion entstehen auch $S_4N_3^+Cl^-$, $S_7(NH)$ und $S_6(NH)_2$.

Die Struktur von S_4N_4 lässt sich als ein *acht*gliedriges „Käfigsystem" charakterisieren (Abb. 47). S_7NH, $S_6(NH)_2$ und das durch Reduktion von S_4N_4 zugängliche $S_4(NH)_4$ leiten sich formal von elementarem Schwefel dadurch ab, dass S-Atome im S_8-Ring durch NH-Gruppen ersetzt sind (Abb. 49). Das $S_4N_3^+$-Kation ist ein ebenes, *sieben*gliedriges Ringsystem mit einer S–S-Bindung (Abb. 48). Das *sechs*gliedrige Ringsystem des $S_3N_3Cl_3$ entsteht durch Chlorieren von S_4N_4 (Abb. 50). Oxidation von S_4N_4 mit $SOCl_2$ bei Anwesenheit von $AlCl_3$ liefert $S_5N_5^+AlCl_4^-$. Das Kation ist ein azulenförmiges, *zehn*gliedriges Ringsystem (Abb. 51). Ein Ringsystem mit unterschiedlich langen S–N-Bindungsabständen ist das $S_4N_4F_4$. Man erhält es durch Fluorieren von S_4N_4 mit AgF_2.

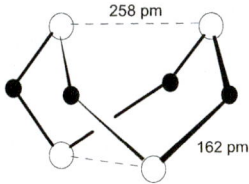

Abb. 47. Struktur von S_4N_4. Der Abstand von 258 pm spricht für eine schwache S–S-Bindung. *Beachte:* Im As_4S_4 (Realgar) tauschen die S-Atome mit den N-Atomen den Platz

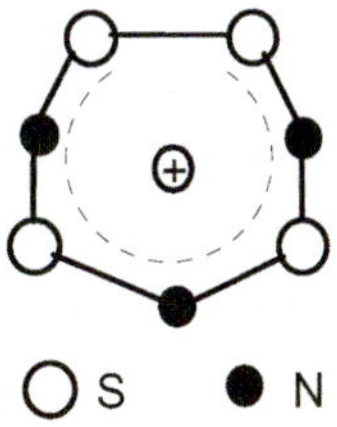

Abb. 48. Struktur von $S_4N_3^+$

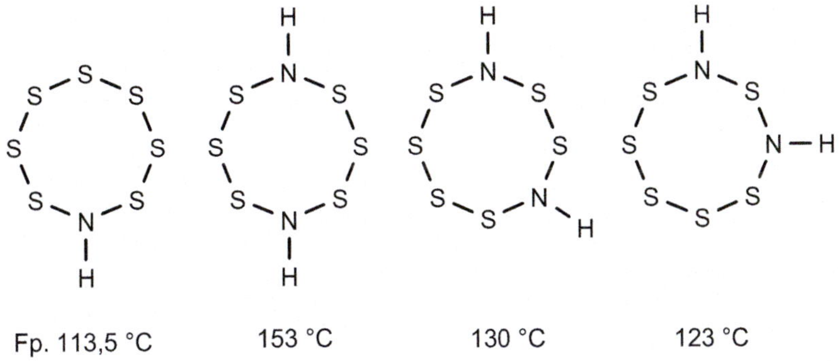

Fp. 113,5 °C   153 °C   130 °C   123 °C

Abb. 49. Die Schwefelimide S_7NH, $S_6(NH)_2$

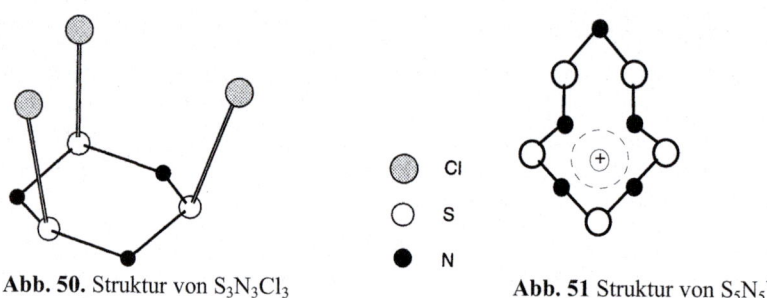

Abb. 50. Struktur von $S_3N_3Cl_3$ **Abb. 51** Struktur von $S_5N_5^+$

S_2N_2, Dischwefeldinitrid, entsteht als explosive, kristalline, farblose Substanz beim Durchleiten von S_4N_4-Dampf durch Silberwolle. Es ist nahezu quadratisch gebaut.

$(SN)_x$, Polythiazyl, entsteht durch Erhitzen von S_2N_2 oder besser durch Erhitzen von S_4N_4 auf ca. 70°C und Kondensieren des Dampfes auf Glasflächen bei 10 - 30°C. Es ist ein goldglänzender, diamagnetischer Feststoff, ein eindimensionaler elektrischer Leiter und bei 0,26 K ein Supraleiter. $(SN)_x$ bildet zickzackförmige SN-Ketten.

$S_3N_2^{2+}$, 1,3,4,2,5-Trithiazolium-Kation ist ein fünfgliedriges Ringsystem $\overline{SNSNS}^{2+}$ $(AsF_6^-)_2$ mit 6 π-Elektronen.

Selen (Se)

Geschichte: Selen (griech. σελήνη Selen „Mond") wurde 1817 von *Jöns Jakob Berzelius* im Bleikammerschlamm einer Schwefelsäurefabrik entdeckt, der neben Selen auch Tellur enthielt.

Vorkommen und *Gewinnung:* Es ist vor allem im Flugstaub der Röstgase von Schwefelerzen von Silber und Gold enthalten. Durch Erwärmen mit konz. HNO_3 erhält man SeO_2. Dieses lässt sich durch Reduktion mit z.B. SO_2 in Selen überführen:

$$SeO_2 + 2\ SO_2 \longrightarrow Se + 2\ SO_3$$

Eigenschaften: Selen bildet wie Schwefel mehrere Modifikationen. Die Molekülkristalle enthalten Se_8-Ringe. Stabil ist **graues, metallähnliches Selen.** Sein Gitter besteht aus unendlichen, spiraligen Ketten, die sich um parallele Achsen des Kristallgitters winden:

Graues Selen ist ein Halbleiter. Die elektrische Leitfähigkeit lässt sich durch Licht erhöhen. Verwendung findet es in Gleichrichtern und Photoelementen.

Selen wird zu den lebenswichtigen Spurenelementen gerechnet.

Die löslichen Selenite SeO_3^{2-} und Selenate SeO_4^{2-} sind giftig.

Selen-Verbindungen

H_2Se, Selenwasserstoff entsteht als endotherme Verbindung bei ca. 400 °C aus den Elementen. $\Delta H = +30\ kJ \cdot mol^{-1}$. Die gasförmige Substanz ist giftig und „riecht nach faulem Rettich".

SeO_2, Selendioxid bildet sich beim Verbrennen von Selen als farbloses, sublimierbares Pulver mit Kettenstruktur.

$$SeO_2 + H_2O \longrightarrow H_2SeO_3$$

H_2SeO_3, Selenige Säure ist eine schwache, zweiwertige Säure. Sie lässt sich kristallin isolieren.

SeO_3, Selentrioxid (aus H_2SeO_4 mit P_4O_{10} bei 150 °C), ist ein starkes Oxidationsmittel.

$$SeO_3 + H_2O \longrightarrow H_2SeO_4$$

H_2SeO_4, Selensäure (Schmp. 57 °C) entsteht in Form ihrer Salze durch Oxidation von Seleniten oder durch Schmelzen von Selen mit KNO_3. Sie ist eine schwächere Säure, aber ein stärkeres Oxidationsmittel als H_2SO_4.

Tellur (Te)

Tellur wurde 1782 von *Franz Joseph Müller von Reichenstein* in goldhaltigen Erzen aufgefunden und von *Martin Heinrich Klaproth* charakterisiert und nach der Erde (lat. tellus) benannt.

Vorkommen und *Gewinnung:* Es findet sich als Cu_2Te, Ag_2Te, Au_2Te im Anodenschlamm bei der elektrolytischen Kupfer-Raffination. Aus wässrigen Lösungen von Telluriten erhält man durch Reduktion (mit SO_2) ein braunes amorphes Pulver. Nach dem Schmelzen ist es silberweiß und metallisch.

„Metallisches" Tellur hat die gleiche Struktur wie graues Selen.

Tellur-Verbindungen

TeO$_2$, Tellurdioxid, entsteht beim Verbrennen von Tellur als nichtflüchtiger, farbloser Feststoff (verzerrte Rutil-Struktur). In Wasser ist es fast unlöslich. Mit starken Basen entstehen **Tellurite**: TeO$_3^{2-}$. H$_2$TeO$_3$ ist in Substanz nicht bekannt.

TeO$_3$, Tellurtrioxid, bildet sich beim Entwässern von Te(OH)$_6$ als orangefarbener Feststoff.

$$TeO_3 + 3\ H_2O \longrightarrow Te(OH)_6$$

Te(OH)$_6$, Tellursäure (Orthotellursäure) entsteht durch Oxidation von Te oder TeO$_2$ mit Na$_2$O$_2$, CrO$_3$ u.a. Die Hexahydroxoverbindung ist eine sehr schwache Säure. Es gibt Salze (Tellurate) verschiedener Zusammensetzung; sie enthalten alle TeO$_6$-Oktaeder: K[TeO(OH)$_5$], Ag$_2$[TeO$_2$(OH)$_4$], Ag$_6$TeO$_6$ usw. Bei der kristallinen Te(OH)$_6$ sind die Oktaeder über Wasserstoffbrücken verknüpft.

Polonium (Po)

Geschichte: Polonium wurde 1898 vom Ehepaar *Pierre* und *Marie Curie* entdeckt. Zu Ehren von Marie Curies Heimat Polen nannten sie es Polonium. Für die Entdeckung und Beschreibung von Polonium (zusammen mit Radium) erhielt *Marie Curie* 1911 den Nobelpreis für Chemie.

Herstellung: Heutzutage erfolgt die Herstellung von Polonium im Kernreaktor durch Neutronenbeschuss von Bismut:

$$^{209}_{83}Bi + ^{1}_{0}n \xrightarrow{\gamma} {}^{210}_{83}Bi \longrightarrow {}^{210}_{84}Po + \beta$$

Die Halbwertszeit $t_{1/2}$ für den Betazerfall von ^{210}Bi liegt bei 5,01 Tagen. Durch Destillation werden die beiden Elemente anschließend getrennt (Siedepunkt von Polonium: 962 °C; Siedepunkt von Bismut: 1564 °C). Eine andere Methode ist die Extraktion mit Hydroxidschmelzen bei Temperaturen um 400 °C. Die Weltjahresproduktion beträgt ca. 100 g.

Eigenschaften: Polonium ist ein radioaktives chemisches Element. Es ist ein silberweiß glänzendes Metall. Als einziges Metall weist die α-Modifikation eine kubisch-primitive Kristallstruktur auf. Dabei sind nur die Ecken eines Würfels mit Polonium-Atomen besetzt. Diese Kristallstruktur findet man sonst nur noch bei den Hochdruckmodifikationen von Phosphor und Antimon.

Die chemischen Eigenschaften sind vergleichbar mit denen seines linken Perioden-Nachbarn Bismut. Es ist metallisch leitend und steht bezüglich seiner Edelheit zwischen Rhodium und Silber.

Polonium löst sich in Säuren wie Salzsäure, Schwefelsäure und Salpetersäure unter Bildung des rosaroten Po^{2+}-Ions. Po^{2+}-Ionen in wässrigen Lösungen werden langsam zu gelben Po^{4+}-Ionen oxidiert, da durch die Alphastrahlung des Poloniums im Wasser oxidierende Verbindungen gebildet werden.

VII. Hauptgruppe
Halogene (F, Cl, Br, I, At)

Die Halogene (Salzbildner) bilden die VII. Hauptgruppe des PSE. **Alle Elemente haben ein Elektron weniger als das jeweils folgende Edelgas.** Um die Edelgaskonfiguration zu erreichen, versuchen die Halogenatome ein Elektron aufzunehmen. Erfolgt die Übernahme vollständig, dann entstehen die Halogenid-Ionen F^-, Cl^-, Br^-, I^-. Sie können aber auch in einer Elektronenpaarbindung einen mehr oder weniger großen Anteil an einem Elektron erhalten, das von einem Bindungspartner stammt. Aus diesem Grunde bilden alle Halogene zweiatomige Moleküle und sind Nichtmetalle: $|\overline{\underline{F}}\cdot + e^- \longrightarrow |\overline{\underline{F}}|^-$, z.B. Na^+F^-; $|\overline{\underline{F}}\cdot + \cdot\overline{\underline{F}}| \longrightarrow |\overline{\underline{F}} - \overline{\underline{F}}|$, F_2. Der Nichtmetallcharakter nimmt vom Fluor zum Astat hin ab. At ist radioaktiv; stabilstes Isotop ist ^{210}At mit $t_{1/2}$ = 8,3 h. Beim Iod deutet der metallische Glanz bereits metallische Eigenschaften an.

Fluor ist das elektronegativste aller Elemente (EN = 4) und ein sehr starkes Oxidationsmittel. Wie aus einem Vergleich der Redoxpotenziale in Tabelle 15 hervorgeht, nimmt die Oxidationskraft vom Fluor zum Iod hin stark ab.

Fluor hat in allen seinen Verbindungen die Oxidationszahl –1. Die anderen Halogene können in Verbindungen mit den elektronegativeren Elementen Fluor und Sauerstoff auch positive Oxidationszahlen aufweisen: Bei ihnen sind Oxidationszahlen von –1 bis +7 möglich.

Die Halogene kommen wegen ihrer hohen Reaktivität in der Natur nicht elementar vor.

Die einfach-negativen Ionen F^-, Cl^-, Br^- und I^- sind am beständigsten.

Die Reaktionsfähigkeit nimmt ab in der Reihenfolge: F → Cl → Br → I.

Die *Herstellung* der Halogene erfolgt durch Oxidation der Ionen meist elektrolytisch an einer Anode. Außer bei Fluor gelingt dies auch durch chemische Oxidationsmittel, speziell durch die im PSE jeweils darüber stehenden Halogene.

Mit Ausnahme von Fluor bilden die Halogene mit Sauerstoff unbeständige *Oxide* (Säureanhydride). Mit Wasser ergeben die Oxide Sauerstoffsäuren. In Folge des großen Radius von Iod sind seine Sauerstoffsäuren am stabilsten.

Die Stabilität der Halogenwasserstoffsäuren nimmt entsprechend der Oxidationszahl des Halogens ab:

$$\overset{+7}{H\,Hal\,O_4} > \overset{+5}{H\,Hal\,O_3} > \overset{+3}{H\,Hal\,O_2} > \overset{+1}{H\,Hal\,O}$$

Tabelle 15. Eigenschaften der Halogene

Element	Fluor	Chlor	Brom	Iod	Astat
Elektronenkonfiguration	[He]$2s^2 2p^5$	[Ne]$3s^2 3p^5$	[Ar]$3d^{10} 4s^2 4p^5$	[Kr]$4d^{10} 5s^2 5p^5$	[Xe]$4f^{14} 5d^{10} 6s^2 6p^5$
Schmp. [°C]	−219,62	−100,98	−7,2	113,5	302
Sdp. [°C]	−188,14	−34,6	58,78	184,35	335
Ionisierungsenergie [kJ/mol]	1680	1260	1140	1010	
Kovalenter Atomradius [pm]	64	99	111	128	
Ionenradius [pm]	133	181	196	219	
Elektronegativität	4,0	3,0	2,8	2,5	
Dissoziationsenergie des X_2-Moleküls [kJ/mol]	157,8	238,2	189,2	148,2	
Normalpotenzial [V] X^-/X_2 (in saurem Milieu)	+3,06[a]	+1,36	+1,06	+0,53	
Allgemeine Reaktionsfähigkeit				→	nimmt ab
Affinität zu elektropositiven Elementen				→	nimmt ab
Affinität zu elektronegativen Elementen				→	nimmt zu

[a] HF · aq steht im Gleichgewicht mit ½ F_2 + H^+ + e^-

Die Sauerstoffsäuren der Halogene mit der Oxidationszahl +7 H Hal O$_4$ wie die der VII. Nebengruppe haben die Bezeichnung:

$\overset{+7}{\text{H}}\text{ClO}_4$ = *Per*chlorsäure

$\overset{+7}{\text{H}}\text{IO}_4$ = *Per*iodsäure

($\overset{+7}{\text{H}}\text{MnO}_4$ = *Per*mangansäure)

Die Säuren mit der Oxidationszahl +1, hypochlorige, hypobromige und hypoiodige Säure sind sehr ungeständig und starke Oxidationsmittel:

$$\overset{+1}{\text{H Hal O}} \longrightarrow \overset{-1}{\text{H Hal}} + \text{O}$$

Eine typische Reaktion für die Halogene Chlor, Brom und Iod ist die umkehrbare Disproportionierung der Elemente beim Einleiten bzw. Eintragen in wässrige Laugen:

$$\text{Cl}_2 + 2 \text{ KOH} \underset{\text{Säure}}{\overset{\text{Lauge}}{\rightleftharpoons}} \overset{-1}{\text{K}}\text{Cl} + \overset{+1}{\text{K}}\text{ClO} + 2 \text{ H}_2\text{O}$$

$$3 \text{ Cl}_2 + 6 \text{ KOH} \underset{\text{Säure}}{\overset{\text{Lauge}}{\rightleftharpoons}} 5 \overset{-1}{\text{K}}\text{Cl} + \overset{+5}{\text{K}}\text{ClO}_3 + 3 \text{ H}_2\text{O}$$

Fluor

Geschichte: Fluor wurde von vielen Forschern systematisch gesucht. Hauptproblem war seine besondere Reaktivität.

Erst 1886 gelang *Henri Moissan* die Herstellung durch Elektrolyse von in wasserfreiem, verflüssigtem Fluorwasserstoff gelöstem Kaliumfluorid in einem Reaktionsgefäß aus Platin.

Der Name wurde von der in der Natur vorkommenden Calciumverbindung, dem Flussspat (CaF$_2$) abgeleitet, der bei metallurgischen Prozessen als Flussmittel dient (lat. fluor „Fluss").

Vorkommen: als CaF$_2$ (Flussspat, Fluorit), Na$_3$AlF$_6$ (Kryolith), Ca$_5$(PO$_4$)$_3$F ≡ 3 Ca$_3$(PO$_4$)$_2$ · CaF$_2$ (Apatit).

Herstellung: Fluor kann nur durch anodische Oxidation von Fluorid-Ionen erhalten werden: Man elektrolysiert wasserfreien Fluorwasserstoff oder eine Lösung von Kaliumfluorid KF in wasserfreiem HF. Als **Anode** dient Nickel oder Kohle, als **Kathode** Eisen, Stahl oder Kupfer. Die Badspannung beträgt ca. 10 V.

In dem Elektrolysegefäß muss der Kathodenraum vom Anodenraum getrennt sein, um eine explosionsartige Reaktion von H$_2$ mit F$_2$ zu HF zu vermeiden. Geeignete

Reaktionsgefäße für Fluor bestehen aus Cu, Ni, Monelmetall (Ni/Cu), PTFE (Polytetrafluorethylen, Teflon).

Zum MO-Energiediagramm s. S. 138.

Besetzung für F_2: $(\sigma_s^b)^2(\sigma_s^*)^2(\sigma_x^b)^2(\pi_{y,z}^b)^4(\pi_{y,z}^*)^4$.

Eigenschaften: Fluor ist ein schwach gelbliches, stechend riechendes Gas. Es ist stark ätzend und sehr giftig. Fluor ist das reaktionsfähigste aller Elemente und ein sehr starkes Oxidationsmittel. Mit Metallen wie Fe, Al, Ni oder Legierungen wie Messing, Bronze, Monelmetall (Ni/Cu) bildet es Metallfluoridschichten, wodurch das darunterliegende Metall geschützt ist (Passivierung). Verbindungen von Fluor mit Metallen heißen Fluoride.

Fluor reagiert heftig mit Wasser:

$$F_2 + H_2O \rightleftharpoons 2\,HF + \tfrac{1}{2}\,O_2\,(+\text{ wenig }O_3) \qquad \Delta H = -256{,}2\,kJ \cdot mol^{-1}$$

Fluor-Verbindungen

HF, Fluorwasserstoff, entsteht aus den Elementen oder aus CaF_2 und H_2SO_4 in Reaktionsgefäßen aus Platin, Blei oder Teflon $(C_2F_4)_x$.

Eigenschaften: HF ist eine farblose, an der Luft stark rauchende, leichtbewegliche Flüssigkeit (Sdp. 19,5 °C, Schmp. –83 °C). HF riecht stechend und ist sehr giftig.

Das monomere HF-Molekül liegt erst ab 90 °C vor. Bei Temperaturen unterhalb 90 °C assoziieren HF-Moleküle über Wasserstoffbrücken zu $(HF)_n$ (n = 2–8). Dieser Vorgang macht sich auch in den physikalischen Daten wie Schmp., Sdp. und der Dichte bemerkbar. Bei 20 °C entspricht die mittlere Molekülmasse $(HF)_3$-Einheiten.

In kristallisiertem $(HF)_n$ ist:

∡ HFH = 120,1°
d(F–H) = 92 pm
d(F–H) = 157 pm

Zick - Zack - Ketten

Flüssiger Fluorwasserstoff ist ein wasserfreies Lösemittel für viele Substanzen:

$$3\,HF \rightleftharpoons H_2F^+ + HF_2^-; \qquad c(H_2F^+) \cdot c(HF_2^-) = 10^{-10}\,mol^2 \cdot L^{-2}$$

Die wässrige HF-Lösung heißt **Fluorwasserstoffsäure** (Flusssäure). Sie ist eine mäßig starke Säure (Dissoziation bis ca. 10 %). Sie ätzt Glas unter Bildung von SiF_4 und löst viele Metalle unter H_2-Entwicklung und Bildung von Fluoriden: $M(I)^+F^-$ usw. Die Metallfluoride besitzen *Salzcharakter*. Die meisten von ihnen sind wasserlöslich. Schwerlöslich sind LiF, PbF$_2$, CuF$_2$. Unlöslich sind u.a. die Erdalkalifluoride. Einige Fluoride können HF-Moleküle anlagern wie z.B. KF: Aus wasserfreiem flüssigen Fluorwasserstoff kann man u.a. folgende Substanzen isolieren: KF · HF, KF · 2 HF (Schmp. 80 °C), KF · 3 HF usw. Sie leiten sich von (HF)$_n$ durch Ersatz von einem H$^+$ durch K$^+$ ab und lassen sich demnach schreiben als K$^+$HF$_2^-$ usw.

Zahlreiche Metall- und Nichtmetall-Fluoride bilden mit Alkalifluoriden oft sehr stabile Fluoro-Komplexe. *Beispiele:*

$$BF_3 + F^- \longrightarrow [BF_4]^-$$

$$SiF_4 + 2\,F^- \longrightarrow [SiF_6]^{2-}$$

$$AlF_3 + 3\,F^- \longrightarrow [AlF_6]^{3-}$$

$$Ti(H_2O)_6^{3+} + 6\,F^- \longrightarrow [TiF_6]^{3-}$$

Fluor-Sauerstoff-Verbindungen

Beachte: Von Fluor sind außer HOF keine Sauerstoffsäuren bekannt.

HOF, Hypofluorige Säure entsteht beim Überleiten von F$_2$-Gas bei niedrigem Druck über Eis (im Gemisch mit HF, O$_2$, F$_2$O). Sie lässt sich als weiße Substanz ausfrieren (Schmp. –117 °C). Bei Zimmertemperatur zerfällt sie nach:

$$2\,HOF \longrightarrow 2\,HF + O_2 \quad \text{und} \quad 2\,HOF \longrightarrow F_2O + H_2O$$

Organische Derivate ROF sind bekannt.

F$_2$O, Sauerstoffdifluorid entsteht beim Einleiten von Fluor-Gas in eine wässrige NaOH- oder KOH-Lösung:

$$2\,F_2 + 2\,OH^- \longrightarrow 2\,F^- + F_2O + H_2O$$

Das durch eine Disproportionierungsreaktion entstandene F$_2$O ist das Anhydrid der unbeständigen Hypofluorigen Säure HOF. *Eigenschaften:* F$_2$O ist ein farbloses, sehr giftiges Gas und weniger reaktionsfähig als F$_2$. Sein Bau ist gewinkelt mit $\angle$ F–O–F = 101,5°.

F$_2$O$_2$, Disauerstoffdifluorid entsteht durch Einwirkung einer elektrischen Glimmentladung auf ein Gemisch aus gleichen Teilen F$_2$ und O$_2$ in einem mit flüssiger Luft gekühlten Gefäß als orangegelber Beschlag. Beim Schmp. = –163,5 °C bildet es eine orangerote Flüssigkeit, welche bei –57 °C in die Elemente zerfällt. F$_2$O$_2$ ist ein starkes Oxidations- und Fluorierungsmittel.

Bau:

$$\overset{\displaystyle F\diagdown}{}\overline{\underline{O}}-\overline{\underline{O}}\diagdown_F$$

Die Substanzen SF_4, SF_6, NF_3, BF_3, PF_3, CF_4 und H_2SiF_6 werden als Verbindungen der Elemente S, N, B, P, C und Si beschrieben.

Chlor (Cl)

Geschichte: Als erstes unter den Halogenen wurde Chlor 1774 von *C. W. Scheele* in freiem Zustand hergestellt. Er oxidierte Salzsäure mit Braunstein (MnO_2). Nach zahlreichen Experimenten von *J. L. Gay-Lussac, L J. Thenard* und *H. Davy* erkannte letzterer 1810 das gelb-grüne Gas als Element an. Der Name Chlor (griech. χλωρος chlōrós „hellgrün, frisch") stammt von *Gay-Lussac*.

Vorkommen: als NaCl (Steinsalz, Kochsalz), KCl (Sylvin), $KCl \cdot MgCl_2 \cdot 6\,H_2O$ (Carnallit), $KCl \cdot MgSO_4$ (Kainit).

Herstellung:

(1.) Großtechnisch durch Elektrolyse von Kochsalzlösung **(Chloralkali-Elektrolyse)**.

(2.) Durch Oxidation von Chlorwasserstoff mit Luft oder MnO_2:

$$MnO_2 + 4\,HCl \longrightarrow MnCl_2 + Cl_2 + 2\,H_2O$$

Eigenschaften: gelbgrünes, giftiges Gas (Lungengift) von stechendem, hustenreizendem Geruch, nicht brennbar (Sdp. –34,06 °C, Schmp. –101 °C). Chlor ist 2½mal schwerer als Luft. Chlor löst sich gut in Wasser (= Chlorwasser). Es verbindet sich direkt mit fast allen Elementen zu Chloriden. Ausnahmen sind die Edelgase, O_2, N_2 und Kohlenstoff. Absolut trockenes Chlor ist reaktionsträger als feuchtes Chlor und greift z.B. weder Kupfer noch Eisen an.

Auf seiner Giftwirkung beruht seine Verwendung zur Entkeimung von Trinkwasser

$$Cl_2 + H_2O \longrightarrow HCl + HClO$$
$$HClO \longrightarrow HCl + \tfrac{1}{2}\,O_2$$

Zusammen mit Feuchtigkeit zerstört es Farbstoffe („Chlorbleiche" z.B. von Papier).

Chlor-Verbindungen

Beispiele für die Bildung von Chloriden:

$$2\,Na + Cl_2 \longrightarrow 2\,NaCl \qquad \Delta H = -822{,}57\,kJ \cdot mol^{-1}$$
$$Fe + 1\tfrac{1}{2}\,Cl_2 \longrightarrow FeCl_3 \qquad \Delta H = -405{,}3\,kJ \cdot mol^{-1}$$
$$H_2 + Cl_2 \xrightarrow{h\nu} 2\,HCl \qquad \Delta H = -184{,}73\,kJ \cdot mol^{-1}$$

Die letztgenannte Reaktion ist bekannt als *Chlorknallgas-Reaktion*, weil sie bei Bestrahlung explosionsartig abläuft (Radikal-Kettenreaktion), s. Bd. I.

In den positiven Oxidationsstufen bildet Chlor einbasige Säuren. Ihre Beständigkeit nimmt von der Chlor(I)-säure bis zur Chlor(VII)-säure zu. Ihre Stärke als Oxidationsmittel nimmt ab.

HCl, Chlorwasserstoff.

Herstellung:

(1.) in einer „gezähmten" Knallgasreaktion aus den Elementen. Man benutzt hierzu einen Quarzbrenner.

(2.) aus NaCl mit Schwefelsäure:

$$NaCl + H_2SO_4 \longrightarrow HCl + NaHSO_4$$

und $\quad NaCl + NaHSO_4 \longrightarrow HCl + Na_2SO_4$

(3.) HCl fällt auch oft als Nebenprodukt bei der Chlorierung organischer Verbindungen an.

Eigenschaften: farbloses, stechend riechendes Gas. HCl ist gut löslich in Wasser.

Bei Zimmertemperatur löst 1 Liter Wasser etwa 450 Liter, 700 Gramm oder 20 mol HCl-Gas.

Die Salze der Salzsäure, die *Chloride* bilden farblose Kristalle, sofern das Metallion nicht die Färbung verursacht. Die Chloride fast aller Metalle sind in Wasser gut löslich. Eine Ausnahme bilden AgCl und Hg(I)-Chlorid. Das schwer lösliche $PbCl_2$ ist in heißem Wasser relativ gut löslich.

Die Lösung heißt Salzsäure (Chlorwasserstoffsäure). Die Salzsäure ist fast vollständig dissoziiert und damit eine *sehr starke Säure*. **Konzentrierte Salzsäure ist 38 %ig.**

Aus konzentrierter Salzsäure entweicht Chlorwasserstoffgas. Dieses bildet mit dem Wasserdampf der Luft Nebel von Salzsäuretröpfchen = **rauchende Salzsäure**.

Mit Ammoniak, NH_3 bildet sich ein Rauch von Ammoniumchlorid:

$$NH_3 \text{ (gas)} + HCl \text{ (gas)} \longrightarrow NH_4Cl \text{ (fest)}$$

Bei der Salzsäure besteht ein zufälliger zahlenmäßiger Zusammenhang zwischen Dichte und Prozentgehalt. Verdoppelt man die Stellen hinter dem Komma, so bekommt man den %-Gehalt.

Dichte:	1,06	1,125	1,19
Prozentgehalt:	12	25	38

Sauerstoffsäuren von Chlor

HOCl, Hypochlorige Säure bildet sich beim Einleiten von Cl_2 in Wasser:

$$Cl_2 + H_2O \rightleftharpoons HOCl + HCl \quad \text{(Disproportionierung)}$$

Das Gleichgewicht der Reaktion liegt jedoch auf der linken Seite. Durch Abfangen von HCl durch Quecksilberoxid HgO (Bildung von $HgCl_2 \cdot 2\,HgO$) erhält man Lösungen mit einem HOCl-Gehalt von über 20 %. HOCl ist nur in wässriger Lösung einige Zeit beständig. Beim Versuch, die wasserfreie Säure zu isolieren, bildet sich Cl_2O:

$$2\,HOCl \rightleftharpoons Cl_2O + H_2O$$

HOCl ist ein **starkes Oxidationsmittel** ($E^0_{HOCl/Cl^-} = +1,5$ V) und eine sehr schwache Säure. Chlor hat in dieser Säure die formale Oxidationsstufe +1.

Die Salze der Sauerstoffsäuren sind wesentlich stabiler als die jeweiligen freien Säuren.

Salze der Hypochlorigen Säure:

Wichtige Salze sind NaOCl (Natriumhypochlorit), CaCl(OCl) (Chlorkalk) und $Ca(OCl)_2$ (Calciumhypochlorit). Sie entstehen durch Einleiten von Cl_2 in die entsprechenden starken Basen, z.B.:

$$Cl_2 + 2\,NaOH \longrightarrow NaOCl + H_2O + NaCl$$

Leitet man Chlor über gelöschten Kalk $Ca(OH)_2$, erhält man Chlorkalk. Dieser ist eine Verbindung von $CaCl_2$ und $Ca(OCl)_2$. Der Chlorkalk des Handels enthält noch nicht umgesetztes $Ca(OH)_2$. Er soll mindestens 25 % wirksames Chlor enthalten. Jede Säure oder auch CO_2 setzen Chlor frei.

$$CaCl(OCl) + CO_2 \longrightarrow CaCO_3 + Cl_2$$

Zersetzung erfolgt auch in der Wärme und im Licht:

$$CaCl(OCl) + CO_2 \longrightarrow CaCl_2 + \tfrac{1}{2}O_2$$

Als Ersatzstoff wird häufig Chloramin verwendet.

Hypochloritlösungen finden Verwendung als Bleich- und Desinfektionsmittel und zur Herstellung von Hydrazin (*Raschig-Synthese*).

HClO₂, Chlorige Säure entsteht beim Einleiten von ClO_2 in Wasser gemäß:

$$2\,ClO_2 + H_2O \rightleftharpoons HClO_2 + HClO_3$$

VII. Hauptgruppe – Halogene (F, Cl, Br, I, At)

Sie ist instabil. Ihre Salze, die Chlorite, werden durch Einleiten von ClO_2 in Alkalilaugen erhalten:

$$2\ ClO_2 + 2\ NaOH \longrightarrow NaClO_2 + NaClO_3 + H_2O$$

Chloratfrei entstehen sie durch Zugabe von Wasserstoffperoxid H_2O_2. Die stark oxidierenden Lösungen der Chlorite finden zum Bleichen Verwendung. Das eigentlich oxidierende Agens ist ClO_2, das mit Säuren entsteht. Festes $NaClO_2$ bildet mit oxidablen Stoffen explosive Gemische. $AgClO_2$ sowie $Pb(ClO_2)_2$ explodieren durch Schlag und Erwärmen. In $HClO_2$ und ihren Salzen hat das Chloratom die formale Oxidationsstufe +3. Das ClO_2^--Ion ist gewinkelt gebaut.

$HClO_3$, Chlorsäure entsteht in Form ihrer Salze, der Chlorate, u.a. beim Ansäuern der entsprechenden Hypochlorite. Die freigesetzte Hypochlorige Säure oxidiert dabei ihr eigenes Salz zum Chlorat:

$$2\ HOCl + ClO^- \longrightarrow 2\ HCl + ClO_3^- \quad \textit{(Disproportionierungsreaktion)}$$

Technisch gewinnt man $NaClO_3$ durch Elektrolyse einer heißen NaCl-Lösung. $Ca(ClO_3)_2$ bildet sich beim Einleiten von Chlor in eine heiße Lösung von $Ca(OH)_2$ (Kalkmilch). Zur Herstellung der freien Säure eignet sich vorteilhaft die Zersetzung von $Ba(ClO_3)_2$ mit H_2SO_4.

$HClO_3$ lässt sich bis zu einem Gehalt von ca. 40 % konzentrieren. Diese Lösungen sind kräftige Oxidationsmittel: Sie oxidieren z.B. elementaren Schwefel zu Schwefeltrioxid SO_3. In $HClO_3$ hat Chlor die formale Oxidationsstufe +5 (Abb. 52).

Feste Chlorate spalten beim Erhitzen O_2 ab und sind daher im Gemisch mit oxidierbaren Stoffen explosiv! Sie finden Verwendung z.B. mit Mg als Blitzlicht, für Oxidationen, in der Sprengtechnik, in der Medizin als Antiseptikum, ferner als Ausgangsstoffe zur Herstellung von Perchloraten.

Das ClO_3^--Anion ist pyramidal gebaut.

$HClO_4$, Perchlorsäure wird durch H_2SO_4 aus ihren Salzen, den Perchloraten, freigesetzt:

$$NaClO_4 + H_2SO_4 \longrightarrow NaHSO_4 + HClO_4$$

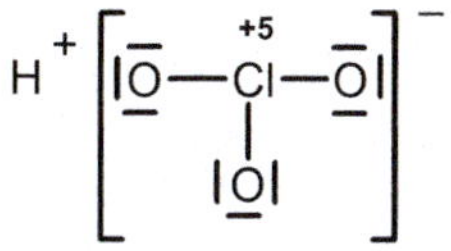

Abb. 52. Molekülstruktur von $HClO_3$ 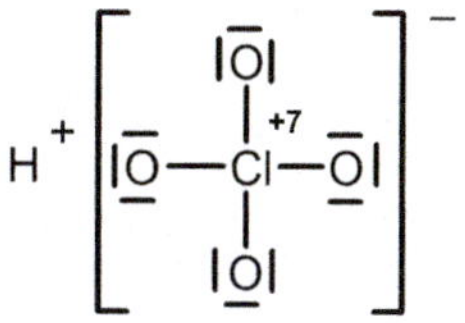   **Abb. 53.** Molekülstruktur von $HClO_4$

Sie entsteht auch durch **anodische Oxidation** von Cl_2. Perchlorate erhält man durch Erhitzen von Chloraten, z.B.:

$$4\ KClO_3 \xrightarrow{\Delta} KCl + 3\ KClO_4 \qquad \textit{(Disproportionierungsreaktion)}$$

oder durch **anodische Oxidation**. Es sind oft gut kristallisierende Salze, welche in Wasser meist leicht löslich sind. Ausnahme: $KClO_4$. In $HClO_4$ hat das Chloratom die formale Oxidationsstufe +7.

Reine $HClO_4$ ist eine farblose, an der Luft rauchende Flüssigkeit (Schmp. –112 °C). Schon bei Zimmertemperatur wurde gelegentlich explosionsartige Zersetzung beobachtet, vor allem bei Kontakt mit oxidierbaren Stoffen. Verdünnte Lösungen sind wesentlich stabiler. **In Wasser ist $HClO_4$ eine der stärksten Säuren** ($pK_S = -9!$). Die große Bereitschaft von $HClO_4$, ein H^+-Ion abzuspalten, liegt in ihrem Bau begründet. Während in dem Perchlorat-Anion ClO_4^- das Cl-Atom in der Mitte eines regulären Tetraeders liegt (energetisch günstiger Zustand), wird in der $HClO_4$ diese Symmetrie durch das kleine polarisierende H-Atom stark gestört (Abb. 53).

Es ist leicht einzusehen, dass die Säurestärke der Chlorsäuren mit abnehmender Symmetrie (Anzahl der Sauerstoffatome) abnimmt. Vgl. folgende Reihe:

$$HOCl: pK_S = +7{,}25; \quad HClO_3: pK_S = -2{,}7; \quad HClO_4: pK_S = -9$$

Oxide des Chlors

Cl_2O, Dichloroxid entsteht

(1.) bei der Umsetzung von CCl_4 mit HOCl:

$$CCl_4 + HOCl \longrightarrow Cl_2O + CHCl_3$$

(2.) beim Überleiten von Cl_2 bei 0°C über feuchtes HgO;

(3.) durch Eindampfen einer HOCl-Lösung. Das orangefarbene Gas kondensiert bei 1,9 °C zu einer rotbraunen Flüssigkeit. Cl_2O ist das Anhydrid von HOCl und zerfällt bei Anwesenheit oxidabler Substanzen explosionsartig. Das Molekül ist gewinkelt gebaut: $\measuredangle$ Cl–O–Cl = 110,8°.

ClO_2, Chlordioxid entsteht durch Reduktion von $HClO_3$. Bei der **technischen Herstellung** reduziert man $NaClO_3$ mit Schwefliger Säure H_2SO_3:

$$2\ HClO_3 + 2\ H_2SO_3 \longrightarrow 2\ ClO_2 + H_2SO_4 + H_2O$$

Weitere Bildungsmöglichkeiten ergeben sich bei der Disproportionierung von $HClO_3$, der Umsetzung von $NaClO_3$ mit konz. HCl, bei der Einwirkung von Cl_2 auf Chlorite oder der Reduktion von $HClO_3$ mit Oxalsäure ($H_2C_2O_4$).

ClO$_2$ ist ein gelbes Gas, das sich durch Abkühlen zu einer rotbraunen Flüssigkeit kondensiert (Sdp. 9,7 °C, Schmp. –59 °C). **Die Substanz ist äußerst explosiv.** Als Pyridin-Addukt stabilisiert wird es in wässriger Lösung für Oxidationen und Chlorierungen verwendet. ClO$_2$ ist ein gemischtes Anhydrid. Beim Lösen in Wasser erfolgt sofort Disproportionierung:

$$2\ ClO_2 + H_2O \longrightarrow HClO_3 + HClO_2$$

Die Molekülstruktur von ClO$_2$ ist gewinkelt, ∡ O–Cl–O = 116,5°. Es hat eine ungerade Anzahl von Elektronen.

Cl$_2$O$_3$, Dichlortrioxid bildet sich u.a. bei der Photolyse von ClO$_2$. Der dunkelbraune Festkörper ist unterhalb –78 °C stabil. Bei 0 °C erfolgt explosionsartige Zersetzung.

Cl$_2$O$_6$, Dichlorhexoxid ist als gemischtes Anhydrid von HClO$_3$ und HClO$_4$ aufzufassen. Es entsteht bei der Oxidation von ClO$_2$ mit Ozon O$_3$. Die rotbraune Flüssigkeit (Schmp. 3,5 °C) dissoziiert beim Erwärmen in ClO$_3$, welches zu ClO$_2$ und O$_2$ zerfällt. Cl$_2$O$_6$ explodiert mit organischen Substanzen. In CCl$_4$ ist es löslich.

Cl$_2$O$_7$, Dichlorheptoxid ist das Anhydrid von HClO$_4$. Man erhält es beim Entwässern dieser Säure mit P$_4$O$_{10}$ als eine farblose, ölige, explosive Flüssigkeit (Sdp. 81,5 °C, Schmp. –91,5 °C). Bau: O$_3$ClOClO$_3$.

Brom (Br)

Geschichte: Brom (griech. βρῶμος „Gestank") wurde 1826 von *Antoine-Jérôme Balard* in Mutterlaugen der Seesalzbereitung entdeckt und eingehend untersucht.

Vorkommen: Brom kommt in Form seiner Verbindungen meist zusammen mit den analogen Chloriden vor (Cl : Br ≈ 300 : 1). Im Meerwasser bzw. in Salzlagern als NaBr, KBr und KBr · MgBr$_2$ · 6 H$_2$O (Bromcarnallit).

Herstellung: Zur Herstellung kann man die unterschiedlichen Redoxpotenziale von Chlor und Brom ausnutzen: $E^0_{2Cl^-/Cl_2}$ = +1,36 V und $E^0_{2Br^-/Br_2}$ = +1,07 V. Durch Einwirkung von Cl$_2$ auf Bromide wird elementares Brom freigesetzt:

$$2\ KBr + Cl_2 \longrightarrow Br_2 + 2\ KCl$$

Im Labormaßstab erhält man Brom auch mit der Reaktion:

$$4\ HBr + MnO_2 \longrightarrow MnBr_2 + 2\ H_2O + Br_2$$

Oder durch freimachen von Brom mittels Chlor (aus Chloramin und Salzsäure und Ausschütteln mit Chloroform).

$$2\ NaBr + Cl_2 \longrightarrow 2\ NaCl + Br_2$$

Eigenschaften: Brom ist bei Raumtemperatur eine gelbbraune, übelriechende Flüssigkeit. Es löst sich in Chloroform.

Brom und Quecksilber sind die einzigen bei Raumtemperatur flüssigen Elemente.

Brom ist weniger reaktionsfähig als Chlor. In wässriger Lösung (bis zu 3,5 %) reagiert es unter Lichteinwirkung:

$$H_2O + Br_2 \longrightarrow 2\ HBr + \tfrac{1}{2}\ O_2$$

Mit Kalium reagiert Brom explosionsartig unter Bildung von KBr.

Brom-Verbindungen

HBr, Bromwasserstoff ist ein farbloses Gas. Es reizt die Schleimhäute, raucht an der Luft und lässt sich durch Abkühlen verflüssigen. HBr ist leicht zu Br_2 oxidierbar:

$$2\ HBr + Cl_2 \longrightarrow 2\ HCl + Br_2$$

Die wässrige Lösung von HBr heißt **Bromwasserstoffsäure**. Ihre Salze, die **Bromide**, sind meist wasserlöslich. Ausnahmen sind z.B. AgBr, Silberbromid und Hg_2Br_2, Quecksilber(I)-bromid.

KBr wirkt als Sedativum, Schlafmittel zentral beruhigend.

AgBr (Silberbromid, „Bromsilber") wird in der Photographie als lichtempfindliche Schicht der Filme benutzt, s. S. 175.

Herstellung: Aus den Elementen mittels Katalysator (Platinschwamm, Aktivkohle) bei Temperaturen von ca. 200 °C oder aus Bromiden mit einer nichtoxidierenden Säure:

$$3\ KBr + H_3PO_4 \longrightarrow K_3PO_4 + 3\ HBr$$

Es entsteht auch durch Einwirkung von Br_2 auf Wasserstoffverbindungen wie H_2S oder bei der Bromierung gesättigter organischer Kohlenwasserstoffe, z.B. Tetralin, $C_{10}H_{12}$.

HOBr, Hypobromige Säure erhält man durch Schütteln von Bromwasser mit Quecksilberoxid:

$$2\ Br_2 + 3\ HgO + H_2O \longrightarrow HgBr_2 \cdot 2\ HgO + 2\ HOBr$$

Die Salze (Hypobromite) entstehen ebenfalls durch Disproportionierung aus Brom und den entsprechenden Laugen:

$$Br_2 + 2\,NaOH \longrightarrow NaBr + NaOBr$$

Bei Temperaturen oberhalb 0 °C disproportioniert HOBr:

$$3\,HOBr \longrightarrow 2\,HBr + HBrO_3$$

Verwendung finden Hypobromitlösungen als Bleich- und Oxidationsmittel.

HBrO$_2$, Bromige Säure bildet sich in Form ihrer Salze (Bromite) aus Hypobromit durch Oxidation in alkalischem Medium:

$$BrO^- + ClO^- \longrightarrow BrO_2^- + Cl^-$$

Bromite sind gelbe Substanzen. NaBrO$_2$ findet bei der Textilveredlung Verwendung.

HBrO$_3$, Bromsäure erhält man aus Bromat und H$_2$SO$_4$. Ihre Salze, die Bromate, sind in ihren Eigenschaften den Chloraten ähnlich.

HBrO$_4$, Perbromsäure bildet sich in Form ihrer Salze aus alkalischen Bromatlösungen mit Fluor:

$$BrO_3^- + F_2 + H_2O \longrightarrow BrO_4^- + 2\,HF$$

Die Säure gewinnt man aus den Salzen mit verd. H$_2$SO$_4$. Beim Erhitzen entsteht aus KBrO$_4$ (Kaliumperbromat) KBrO$_3$ (Kaliumbromat).

KBrO$_3$ ist ein Reagenz. Es dient als Urtitersubstanz (= gut wägbare Reinstsubstanz, die sich zur Herstellung von Lösungen mit genau bekanntem Gehalt (Urtiterlösungen) eignet) zum Einstellen der Natriumthiosulfat-Maßlösung.

Br$_2$O, Dibromoxid ist das Anhydrid der hypobromigen Säure. Es ist nur bei Temperaturen < –40 °C stabil und ist aus Brom und HgO in Tetrachlorkohlenstoff oder aus BrO$_2$ erhältlich.

BrO$_2$, Bromdioxid entsteht z.B. durch Einwirkung einer Glimmentladung auf ein Gemisch von Brom und Sauerstoff. Die endotherme Substanz ist ein nur bei tiefen Temperaturen beständiger gelber Festkörper.

Iod (I)

Geschichte: Iod (Jod) wurde 1811 von dem Salpetersieder *Bernard Courtois* in der Asche von Strandpflanzen entdeckt. Die Asche benutzte er zur Sodaherstellung. 1813 wurde das Element von *Nicolas Clément-Désormes, J. L Gay-Lussac* und *H. Davy* genau untersucht. Der Name Iod stammt von Gay-Lussac auf Grund seines violetten Dampfes (griech. ἰωειδής „veilchenfarbig").

Vorkommen: im Meerwasser und manchen Mineralquellen, als $NaIO_3$ im Chilesalpeter, angereichert in einigen Algen, Tangen, Korallen, in der Schilddrüse etc.

Herstellung:

(1.) Durch Oxidation von Iodwasserstoff HI mit MnO_2.

(2.) Durch Oxidation von NaI mit Chlor:

$$2\,NaI + Cl_2 \longrightarrow 2\,NaCl + I_2$$

(3.) Aus der Mutterlauge des Chilesalpeters ($NaNO_3$) durch Reduktion des darin enthaltenen $NaIO_3$ mit SO_2:

$$2\,NaIO_3 + 5\,SO_2 + 4\,H_2O \longrightarrow Na_2SO_4 + 4\,H_2SO_4 + I_2$$

Die Reinigung kann durch Sublimation erfolgen.

Eigenschaften: Metallisch glänzende, grauschwarze Blättchen oder rhombische Tafeln. Die Schmelze ist braun und der Iod-Dampf violett. Iod ist schon bei Zimmertemperatur merklich flüchtig. Es bildet ein Schichtengitter.

Wegen seines hohen Dampfdrucks ist festes Iod bei vorsichtigem Erhitzen sublimierbar.

Löslichkeit: In Wasser ist Iod nur sehr wenig löslich. Sehr gut löst es sich mit dunkelbrauner Farbe in einer wässrigen Lösung von Kaliumjodid, KI, oder Iodwasserstoff, HI, unter Bildung von Additionsverbindungen wie $KI \cdot I_2 = K^+I_3^-$ oder HI_3. In organischen Lösemitteln wie Alkohol, Ether, Aceton ist Iod sehr leicht löslich mit brauner Farbe. In Benzol, Toluol usw. löst es sich mit roter Farbe, und in CS_2, $CHCl_3$, CCl_4 ist die Lösung violett gefärbt. Eine 2,5–10 %ige alkoholische Lösung heißt Iodtinktur.

Die violetten Lösungen enthalten I_2-Moleküle, die braunen Lösungen „Ladungsübertragungskomplexe" (charge transfer-Komplexe) $I + |D \leftrightarrow I_2^- \cdots D^+$. D ist ein Elektronenpaardonor wie O oder N.

Iod zeigt nur eine geringe Affinität zum Wasserstoff. So zerfällt Iodwasserstoff, HI, beim Erwärmen in die Elemente. Bei höherer Temperatur reagiert Iod z.B. direkt mit Phosphor, Eisen, Quecksilber.

Eine wässrige Stärkelösung wird durch freies Iod blau gefärbt (s. Bd. II). Dabei wird Iod in Form einer Einschlussverbindung in dem Stärkemolekül eingelagert (sehr empfindliche Reaktion).

Iodflecken lassen sich mit Natriumthiosulfat $Na_2S_2O_3$ entfernen. Hierbei entsteht NaI und Natriumtetrathionat $Na_2S_4O_6$.

Zur Schilddrüsenbehandlung und –diagnostik werden die radioaktiven Isotope ^{125}I und ^{131}I als Na^{125}I und Na^{131}I benutzt.

Analytisch interessant ist die Fällung von gelbem Silberiodid mit AgNO$_3$-Lösung.

$$NaI + AgNO_3 \longrightarrow NaNO_3 + AgI\downarrow$$

Iod-Verbindungen

HI, Iodwasserstoff ist ein farbloses, stechend riechendes Gas, das an der Luft raucht und sich sehr gut in Wasser löst. Es ist leicht zu elementarem Iod oxidierbar. HI ist ein stärkeres Reduktionsmittel als HCl und HBr. Die wässrige Lösung von HI ist eine Säure, die **Iodwasserstoffsäure**. Viele Metalle reagieren mit ihr unter Bildung von Wasserstoff und den entsprechenden Iodiden. Die Alkaliiodide entstehen nach der Gleichung:

$$I_2 + 2\ NaOH \longrightarrow NaI + NaOI + H_2O$$

Herstellung:

(1.) Durch Einleiten von Schwefelwasserstoff H$_2$S in eine Aufschlämmung von Iod in Wasser.

(2.) Aus den Elementen:

$$H_2 + I_2(g) \rightleftharpoons 2\ HI$$

mit Platinschwamm als Katalysator.

(3.) Durch Hydrolyse von Phosphortriiodid PI$_3$.

HOI, Hypoiodige Säure ist unbeständig und zersetzt sich unter Disproportionierung in HI und Iodsäure:

$$3\ HOI \longrightarrow 2\ HI + HIO_3$$

Diese reagieren unter Komproportionierung zu Iod:

$$HIO_3 + 5\ HI \longrightarrow 3\ H_2O + 3\ I_2$$

Herstellung: Durch eine Disproportionierungsreaktion aus Iod. Der entstehende HI wird mit HgO aus dem Gleichgewicht entfernt:

$$2\ I_2 + 3\ HgO + H_2O \longrightarrow HgI_2 \cdot 2\ HgO + 2\ HOI$$

Die Salze, die Hypoiodite, entstehen aus I$_2$ und Alkalilaugen. Sie disproportionieren in Iodide und Iodate.

HIO₃, *Iodsäure* entsteht z.B. durch Oxidation von I_2 mit HNO_3 oder Cl_2 in wässriger Lösung. Sie bildet farblose Kristalle und ist ein starkes Oxidationsmittel. $pK_S = 0,8$.

Iodate: Die Alkaliiodate entstehen aus I_2 und Alkalilaugen beim Erhitzen. Sie sind starke Oxidationsmittel. Im Gemisch mit brennbaren Substanzen detonieren sie auf Schlag. IO_3^- ist pyramidal gebaut.

Periodsäuren: Wasserfreie Orthoperiodsäure, **H₅IO₆,** ist eine farblose, hygroskopische Substanz. Sie ist stark oxidierend und schwach sauer. Sie zersetzt sich beim Erhitzen über die **Metaperiodsäure**, **HIO₄,** und I_2O_7 in I_2O_5. *Herstellung:* Oxidation von Iodaten.

Die Periodsäure und die Periodate werden analytisch als Oxidationsmittel verwendet (Natriummetaperiodat).

Iodoxide

I₂O₄, *IO⁺IO₃⁻* entsteht aus HIO_3 mit heißer H_2SO_4. Gelbes körniges Pulver.

I₂O₅ bildet sich als Anhydrid der HIO_3 aus dieser durch Erwärmen auf 240–250 °C. Es ist ein weißes kristallines Pulver, das bis 275 °C stabil ist. Es ist eine **exotherme** Verbindung ($\Delta H = -158{,}18$ kJ · mol⁻¹).

I_2O_7 bildet sich beim Entwässern von HIO_4. Orangefarbener polymerer Feststoff.

I₄O₉, *Iod(III)-iodat*, *I(IO₃)₃* ist aus I_2 mit Ozon O_3 in CCl_4 bei –78 °C erhältlich.

Astat (At)

Astat wird durch Beschuss von Bismut mit Alphateilchen im Energiebereich von 26 bis 29 MeV hergestellt. Bei diesem radioaktiven Element wurde mit Hilfe der Massenspektrometrie nachgewiesen, dass es sich chemisch wie die anderen Halogene, besonders wie Iod verhält (es sammelt sich wie dieses in der Schilddrüse an). Astat ist stärker metallisch als Iod. Organische Astatverbindungen dienen in der Nuklearmedizin zur Bestrahlung bösartiger Tumore.

Geschichte: Bestätigt werden konnte die Entdeckung des Astat (griech. ἀστατέω = „unbeständig sein") erstmals im Jahre 1940 durch die Wissenschaftler *Dale Corson*, *Kenneth MacKenzie* und *Emilio Gino Segrè*, die es durch Beschuss von Bismut mit Alphateilchen künstlich herstellten.

Drei Jahre später konnte das Element von *Berta Karlik* und *Traude Bernert* auch als Produkt des natürlichen Zerfallsprozesses von Uran gefunden werden.

VII. Hauptgruppe – Halogene (F, Cl, Br, I, At)

Tabelle 16. Bindungsenthalpien und Acidität von Halgenwassertsoff-Verbindungen

Substanz	ΔH [kJ · mol^{-1}]	pK$_S$-Wert	
HF	−563,5	3,14	
HCl	−432	−6,1	**HI ist demnach die**
HBr	−355,3	−8,9	**stärkste Säure!**
HI	−299	< −9,3	

Bindungsenthalpie und Acidität

Betrachten wir die Bindungsenthalpie (ΔH) der Halogenwasserstoff-Verbindungen und ihre Acidität (Tabelle 16), so ergibt sich: Je stärker die Bindung, d.h. je größer die Bindungsenthalpie, umso geringer ist die Neigung der Verbindung, das H-Atom als Proton abzuspalten.

Salzcharakter der Halogenide

Der Salzcharakter der Halogenide nimmt von den Fluoriden zu den Iodiden hin ab. Gründe für diese Erscheinung sind die Abnahme der Elektronegativität von Fluor zu Iod und die Zunahme des Ionenradius von F^- zu I^-: Das große I^--Anion ist leichter polarisierbar als das kleine F^--Anion. Dementsprechend wächst der kovalente Bindungsanteil von den Fluoriden zu den Iodiden.

Unter den Halogeniden sind die Silberhalogenide besonders erwähnenswert. Während z.B. **AgF in Wasser leicht löslich** ist, sind AgCl, AgBr und AgI schwerlösliche Substanzen (Lp$_{AgCl}$ = 10^{-10} mol^2·L^{-2}, Lp$_{AgBr}$ = $5 \cdot 10^{-13}$ mol^2·L^{-2}, Lp$_{AgI}$ = 10^{-16} mol^2·L^{-2}). Die Silberhalogenide gehen alle unter Komplexbildung in Lösung: AgCl löst sich u.a. in verdünnter NH$_3$-Lösung, AgBr löst sich z.B. in konz. NH$_3$-Lösung oder Na$_2$S$_2$O$_3$-Lösung, s. unten, und AgI löst sich in NaCN-Lösung.

Photographischer Prozess (Schwarz-Weiß-Photographie)

Der Film enthält in einer Gelatineschicht auf einem Trägermaterial fein verteilte AgBr-Kristalle. Bei der Belichtung entstehen an den belichteten Stellen **Silberkeime (latentes Bild)**. Durch das **Entwickeln** mit Reduktionsmitteln wie Hydrochinon wird die unmittelbare Umgebung der Silberkeime ebenfalls zu elementarem (schwarzem) Silber reduziert. Beim anschließenden Behandeln mit einer Na$_2$S$_2$O$_3$-Lösung (= **Fixieren**) wird durch die Bildung des Bis(thiosulfato)argentat-Komplexes [Ag(S$_2$O$_3$)$_2$]$^{3-}$ das restliche unveränderte AgBr aus der Gelatineschicht herausgelöst, und man erhält das gewünschte **Negativ**.

Das **Positiv** (wirklichkeitsgetreues Bild) erhält man durch Belichten von Photopapier mit dem Negativ als Maske in der Dunkelkammer. Danach wird wie oben entwickelt und fixiert.

Anmerkung: Bei der *Farb*photographie kommen im Filmmaterial noch mehrere Schichten für die Bildung von Farbstoffen hinzu.

Interhalogenverbindungen

Verbindungsbildung der Halogene untereinander führt zu den sog. *Interhalogenverbindungen* (Tabelle 17). Sie sind vorwiegend vom Typ **XY_n**, wobei Y das leichtere Halogen ist, und **n eine ungerade Zahl zwischen 1 und 7 sein kann. Interhalogenverbindungen sind umso stabiler, je größer die Differenz zwischen den Atommassen von X und Y ist.** Ihre Herstellung gelingt aus den Elementen bzw. durch Anlagerung von Halogen an einfache XY-Moleküle. Die Verbindungen sind sehr reaktiv. **Extrem reaktionsfreudig ist IF_7.** Es ist ein gutes Fluorierungsmittel.

Die Struktur von ClF_3, BrF_3 und ICl_3 leitet sich von der trigonalen Bipyramide ab. Die Substanzen dimerisieren leicht (Abb. 54). ClF_3 und BrF_3 dissoziieren:

$$2\ ClF_3 \rightleftharpoons ClF_2^+ + ClF_4^-$$

ClF_2^+ bzw. BrF_2^+ sind gewinkelt und ClF_4^- bzw. BrF_4^- quadratisch planar gebaut.

Polyhalogenid-Ionen sind geladene Interhalogenverbindungen wie z.B. I_3^- (aus I^- + I_2), Br_3^-, I_5^-, IBr_2^-, ICl_3F^- (aus ICl_3 + F^-), ICl_4^- (aus ICl_2 + Cl_2). *Mit großen Kationen ist I_3^- linear und symmetrisch gebaut:*

$$\left[\overline{\underline{I}}-\overline{\underline{I}}-\overline{\underline{I}}\right]^-$$

Manche Ionen entstehen auch durch Eigendissoziation einer Interhalogenverbindung wie z.B.

$$2\ BrF_3 \rightleftharpoons BrF_2^+ + BrF_4^-$$

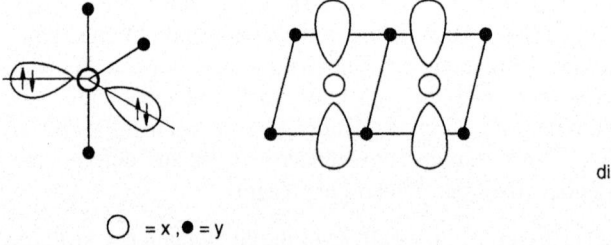

dimeres ClF_3
BrF_3
ICl_3

$\bigcirc = x, \bullet = y$

Abb. 54. monomeres und dimeres ClF_3, BrF_3, ICl_3

Tabelle 17. Interhalogenverbindungen

XY: **ClF** (farbloses Gas, Schmp. –155,6 °C, Sdp. –100 °C); **BrF** (hellrotes Gas); **IF** (braun, fest); **ICl** (rote Nadeln, Schmp. 27,2 °C, Sdp. 97,5 °C); **IBr** (rot-braune Kristalle, Schmp. 36 °C, Sdp. 116 °C).

XY_3: **ClF$_3$** (farbloses Gas, Schmp. –82,6 °C, Sdp. 11,3 °C); **BrF$_3$** (farblose Flüssigkeit, Schmp. 8,8 °C, Sdp. 127 °C); **IF$_3$** (gelb, fest); **ICl$_3$** (gelbe Kristalle).

XY_5: **ClF$_5$** (farbloses Gas); **BrF$_5$** (farblose Flüssigkeit, Schmp. –61,3 °C, Sdp. 40,5 °C); **IF$_5$** (farblose Flüssigkeit, Schmp. 8,5 °C, Sdp. 97 °C). Die Struktur ist ein Oktaeder, bei dem eine Ecke von einem Elektronenpaar besetzt ist.

XY_7: **IF$_7$** (farbloses Gas, Schmp. 4,5 °C, Sdp. 5,5 °C) (pentagonale Bipyramide).

Pseudohalogene — Pseudohalogenide

Die Substanzen $(CN)_2$ (Dicyan), $(SCN)_2$ (Dirhodan), $(SeCN)_2$ (Selenocyan) zeigen eine gewisse Ähnlichkeit mit den Halogenen. Sie heißen daher ***Pseudohalogene***.

$(CN)_2$, Dicyan ist ein farbloses, giftiges Gas. Unter Luftausschluss polymerisiert es zu Paracyan. Mit Wasser bilden sich $(NH_4)_2C_2O_4$ (Ammoniumoxalat), $NH_4^+HCO_2^-$ (Ammoniumformiat), $(NH_4)_2CO_3$ und $OC(NH_2)_2$ (Harnstoff). Bei hohen Temperaturen treten CN-Radikale auf. Dicyan ist das Dinitril der Oxalsäure.

Herstellung: durch thermische Zersetzung von AgCN (Silbercyanid):

$$2\ AgCN \xrightarrow{\Delta} 2\ Ag + (CN)_2; \qquad N\equiv C-C\equiv N$$

durch Erhitzen von $Hg(CN)_2$ mit $HgCl_2$:

$$Hg(CN)_2 + HgCl_2 \longrightarrow Hg_2Cl_2 + (CN)_2;$$

$$2\ Cu^{2+} + 4\ CN^- \longrightarrow 2\ CuCN + (CN)_2,$$

oder durch Oxidation von HCN mit MnO_2.

$(SCN)_2$, Dirhodan ist ein gelber Festkörper, der schon bei Raumtemperatur zu einem roten unlöslichen Material polymerisiert. $(SCN)_2$ ist ein Oxidationsmittel, das z.B. Iodid zu Iod oxidiert.

Die Pseudohalogene bilden **Wasserstoffsäuren**, von denen sich Salze ableiten. **Vor allem die Silbersalze sind in Wasser schwer löslich.** Zwischen Pseudohalogenen und Halogenen ist Verbindungsbildung möglich, wie z.B. Cl–CN, Chlorcyan, zeigt.

HCN, Cyanwasserstoff, Blausäure ist eine nach Bittermandelöl riechende, sehr giftige Flüssigkeit (Sdp. 26 °C). Sie ist eine sehr schwache Säure, ihre Salze heißen **Cyanide**. Schon Kohlensäure setzt sie aus ihren Salzen frei.

Herstellung: durch Zersetzung der Cyanide mit Säure oder **großtechnisch** durch folgende Reaktion:

$$2\ CH_4 + 3\ O_2 + 2\ NH_3 \xrightarrow{\text{Katalysator/800 °C}} 2\ HCN + 6\ H_2O$$

Vom Cyanwasserstoff existiert nur die *Normalform* HCN. Die organischen Derivate **RCN** heißen **Nitrile**. Von der *Iso-Form* sind jedoch organische Derivate bekannt, die **Isonitrile**, **RNC**.

$$H-C\equiv N| \qquad R-C\equiv N| \qquad {}^-|C\equiv N^+-R$$
$$\qquad \text{Nitrile} \qquad \text{Isonitrile}$$

Das *Cyanid-Ion* CN^- ist ein *Pseudohalogenid*. Es ist eine starke Lewis-Base und ein guter Komplexligand.

NaCN wird technisch aus Natriumamid $NaNH_2$ durch Erhitzen mit Kohlenstoff hergestellt:

$$NH_3 + Na \longrightarrow NaNH_2 + \tfrac{1}{2}\ H_2$$

$$2\ NaNH_2 + C \xrightarrow{600\ °C} Na_2N_2C\ (\text{Natriumcyanamid}) + 2\ H_2$$

$$Na_2N_2C + C \xrightarrow{>\ 600\ °C} 2\ NaCN$$

KCN („Cyankali") erhält man z.B. nach der Gleichung:

$$HCN + KOH \longrightarrow KCN + H_2O$$

Kaliumcyanid wird durch starke Oxidationsmittel zu *KOCN, Kaliumcyanat* oxidiert. Mit Säuren entsteht daraus eine wässrige Lösung von *HOCN, Cyansäure,* die man auch durch thermische Zersetzung von Harnstoff erhalten kann. Von der Cyansäure existiert eine **Iso-Form**, die mit der **Normal-Form** im Gleichgewicht steht (= **Tautomerie**). Cyansäure kann zur Cyanursäure trimerisieren (s. Bd. II).

$$H-O-C\equiv N| \quad \rightleftharpoons \quad O=C=NH$$
$$\text{Normal-Form} \qquad\qquad \text{Iso-Form}$$

Das Cyanat-Ion, $|N\equiv C-\overline{O}|^-$, ist wie das Isocyanat-Ion ein **Pseudohalogenid**. Weitere Pseudohalogenide sind die Anionen: SCN^-, Thiocyanat (Rhodanid) und N_3^-, Azid, s. S. 111, 176.

Knallsäure, Fulminsäure ist eine zur Cyansäure isomere Substanz, welche im freien Zustand sehr unbeständig ist. Ihre Schwermetallsalze (Hg- und Ag-Salze) dienen als Initialzünder. Die Salze heißen Fulminate. Man erhält sie aus dem Metall, Salpetersäure und Ethanol. Auch von der Knallsäure gibt es eine **Iso-Form:**

$$H-C\equiv N^+-\overline{\underline{O}}|^- \rightleftharpoons {}^-|C\equiv N^+-\overline{\underline{O}}-H$$
Iso-Form

VIII. Hauptgruppe
Edelgase (He, Ne, Ar, Kr, Xe, Rn)

Die Edelgase bilden die VIII. bzw. 0. Hauptgruppe des Periodensystems (PSE). Sie haben eine abgeschlossene Elektronenschale (= **Edelgaskonfiguration**): Helium hat s^2-Konfiguration, alle anderen haben eine s^2p^6-Konfiguration. Aus diesem Grund liegen sie als **einatomige Gase** vor und sind sehr reaktionsträge. Zwischen den Atomen wirken nur *van der Waals-Kräfte*, s. Bd. I.

Geschichte: Im Jahre 1892 fand *Lord Rayleigh* bei einer Untersuchung über die Dichten der „gewöhnlichen" Gase (Sauerstoff, Wasserstoff usw.), dass der aus der atmosphärischen Luft durch Entzug des Sauerstoffs erhaltenen Stickstoff eine höherer Dichte besitzt als der aus chemischen Verbindungen, wie Ammoniak oder Nitraten hergestellte. *Sir William Ramsay* führte die Abweichung auf ein unbekanntes schweres Gas zurück. Er entfernte den Sauerstoff mit glühendem Kupfer und den Stickstoff durch erhitztes Magnesium. Der Gasrest war ein neues chem. Element mit charakteristischem Spektrum das gleichzeitig von *Lord Rayleigh* isoliert wurde. Beide Forscher gaben dem Element den Namen *Argon* (griech. αργόν, argos, „träge") wegen seiner chem. Trägheit.

Das Element *Helium* (griech. ήλιος hélios „Sonne") wurde zuerst bei einer Sonnenfinsternis 1868 mit seiner Spektrallinie entdeckt (*Jules Janssen*). Der Name stammt von Sir *Joseph Norman Lockyer* und *Sir Edward Frankland*.

Das von *Carl von Linde* veröffentliche Verfahren der Verflüssigung der Luft ermöglichte *W. Ramsay* die Verflüssigung und traditionelle Destillation von Argon und die Entdeckung von *Krypton* (griech. κρυπτός kryptós „verborgen"), *Neon* (griech. νέος neos „neu") und *Xenon* (griech. ξένος xénos „fremd"). Nach Vorarbeiten von *Daniel Rutherford* der fand, dass aus bestimmten radioaktiven Stoffen radioaktive Gase entstehen, konnte 1910 *W. Ramsay* das von *Friedrich Ernst Dorn* 1900 entdeckte *Radon* (wie Radium von lat. radius „Strahl", wegen seiner Radioaktivität) als Edelgas charakterisieren.

Vorkommen: In trockener Luft sind enthalten (in Volumenanteilen (%)): He: $5{,}24 \cdot 10^{-4}$, Ne: $1{,}82 \cdot 10^{-3}$, Ar: 0,934, Kr: $1{,}14 \cdot 10^{-4}$, Xe: $1 \cdot 10^{-5}$, Rn nur in Spuren. Rn und He kommen ferner als Folgeprodukte radioaktiver Zerfallsprozesse in einigen Mineralien vor. He findet man auch in manchen Erdgasvorkommen (bis zu 10 %).

Radon ist ein radioaktives Gas, das in Gesteinen und Böden vorkommt, von dort aus gelangt es in die Luft. Menschen können das Gas und seine Zerfallsprodukte mit der Atemluft aufnehmen. Während Radon zum größten teil wieder ausgeatmet

Tabelle 18. Eigenschaften der Edelgase

Element	Helium	Neon	Argon	Krypton	Xenon	Radon
Elektronenkonfiguration	$1s^2$	$1s^2 2s^2 sp^6$	$[Ne]3s^2 3p^6$	$[Ar]3d^{10}4s^2 4p^6$	$[Kr]4d^{10}5s^2 5p^6$	$[Xe]4f^{14}5d^{10}6s^2 6p^6$
Schmp. [°C]	-269^a (104 bar)	-249	-189	-157	-112	-71
Sdp. [°C]	-269	-246	-186	-152	-108	-62
Ionisierungsenergie [kJ/mol]	2370	2080	1520	1320	1170	1040
Kovalenter Atomradius [pm]	99	160	192	192	217	

[a] Helium ist bei 1 bar am absoluten Nullpunkt flüssig (He I). Ab 2,18 K und 1,013 bar zeigt He ungewöhnliche Eigenschaften (He II): supraflüssiger Zustand. Seine Viskosität ist um 3 Zehnerpotenzen kleiner als die von gasförmigen H_2, seine Wärmeleitfähigkeit ist um 3 Zehnerpotenzen höher als die von Kupfer bei Raumtemperatur.

wird, lagern sich seine radioaktiv strahlenden Zerfallsprodukte in der Lunge an. Hier können sie Krebs verursachen. Betroffen sind nach Angaben von Experten Gebiete in Süddeutschland, im Schwarzwald, Thüringen, Sachsen und der Eifel. Europaweit sollen pro Jahr 20000 Todesfälle auf das Konto von Radonstrahlung gehen. Auf der anderen Seite wird in Deutschland in 8 Badeorten die so genannte Radontherapie angeboten. S. hierzu BfS zur Radon-Balneotherapie in „Informationen des Bundesamtes für Strahlenschutz", 2/00, 3.Jg., Juni 2000.

Gewinnung: He aus den Erdgasvorkommen, die anderen außer Rn aus der verflüssigten Luft durch Adsorption an Aktivkohle, anschließende Desorption und fraktionierte Destillation.

Eigenschaften: Die Edelgase sind farblos, geruchlos, mit Ausnahme von Radon ungiftig und nicht brennbar. Weitere Daten sind in Tabelle 18 enthalten.

Verwendung: **Helium:** Im Labor als Schutz- und Trägergas, ferner in der Kryotechnik, der Reaktortechnik und beim Gerätetauchen als Stickstoffersatz zusammen mit O_2 wegen der im Vergleich zu N_2 geringeren Löslichkeit im Blut um eine Luftembolie zu vermeiden. Auch Asthmatiker können dieses Gemisch besser einatmen als Luft. **Argon:** Als Schutzgas bei metallurgischen Prozessen und bei Schweißarbeiten. Edelgase finden auch wegen ihrer geringen Wärmeleitfähigkeit als Füllgas für Glühlampen Verwendung, ferner in Gasentladungslampen und Lasern. Gewöhnliche Glühlampen enthalten ein Ar-N_2-Gemisch.

In Gasentladungslampen leuchtet **Helium** gelb, **Neon** rot, **Argon** blau und rot, **Krypton** gelb-grün und **Xenon** blau-grün.

Chemische Eigenschaften: Nur die schweren Edelgase gehen mit den stark elektronegativen Elementen O_2 und F_2 Reaktionen ein, weil die Ionisierungsenergien mit steigender Ordnungszahl abnehmen. So kennt man **von Xenon verschiedene Fluoride, Oxide und Oxidfluoride.** Ein $XeCl_2$ entsteht nur auf Umwegen.

Edelgas-Verbindungen

Die *erste* hergestellte Edelgasverbindung ist das $Xe^+[PtF_6]^-$ (*Neill Bartlett,* 1962).

Edelgas-Halogenide

KrF_2, Kryptondifluorid entsteht aus Kr und F_2. Es ist nur bei tiefer Temperatur stabil.

RnF_x bildet sich z.B. aus Rn und F_2 beim Erhitzen auf 400 °C.

$XeCl_2$ wurde massenspektroskopisch und IR-spektroskopisch nachgewiesen. Von *$XeCl_4$* existiert ein Mößbauer-Spektrum.

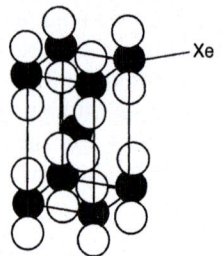
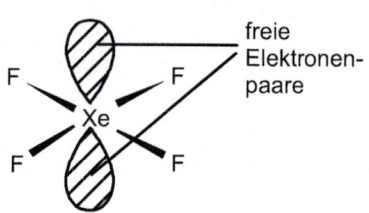

Abb. 55. XeF$_2$-Moleküle im XeF$_2$-Kristall

Abb. 56. Molekülstruktur von XeF$_4$.
Xe ↔ F = 195 pm

Xenonfluoride sind farblose, kristalline, verdampfbare Stoffe. Sie entstehen bei der Reaktion: Xe + n · F$_2$ + Energie (elektrische Entladungen, UV-Bestrahlung, Erhitzen).

XeF$_2$: linear gebaut (Abb. 55). Schmp. 129 °C. Disproportioniert:

$$2\ XeF_2 \xrightarrow{\Delta} Xe + XeF_4$$

XeF$_4$: planar-quadratisch (Abb. 56). Schmp. 117 °C. Lässt sich im Vakuum sublimieren.

XeF$_6$: oktaedrisch verzerrt.

$$XeF_6 + RbF \rightleftharpoons Rb[XeF_7] \xrightleftharpoons{> 50\,°C} \tfrac{1}{2}\ XeF_6 + \tfrac{1}{2}\ Rb_2[XeF_8]$$
(leicht verzerrtes
quadratisches Antiprisma)

$$XeF_6 + HF \longrightarrow [XeF_5]^+ HF_2^-$$

Xenon-Oxide

XeO$_3$ (Abb. 57) entsteht bei der Reaktion

$$XeF_6 + 3\ H_2O \longrightarrow XeO_3 + 6\ HF \qquad \Delta H = +401\ kJ \cdot mol^{-1}$$

und ist in festem Zustand explosiv. Die wässrige Lösung ist stabil und wirkt stark oxidierend. Mit starken Basen bilden sich Salze der **Xenonsäure H$_2$XeO$_4$**, welche mit OH$^-$-Ionen disproportionieren:

$$2\ HXeO_4^- + 2\ OH^- \longrightarrow XeO_6^{4-} + Xe + O_2 + 2\ H_2O$$

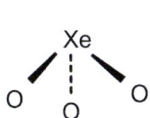
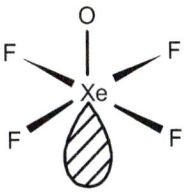

Abb. 57. Struktur von XeO₃.
Xe–O = 176 pm (ähnlich dem IO_3^--Ion)

Abb. 58. Molekülstruktur von XeOF₄

Das XeO_6^{4-}-Anion ist ein starkes Oxidationsmittel (Perxenat-Ion). *Beispiele:* Na₄XeO₆, Ba₂XeO₆.

XeO₄ ist sogar bei –40°C noch explosiv (Zersetzung in die Elemente). Es ist tetraedrisch gebaut und isoelektronisch mit IO_4^-. Die Herstellung gelingt mit Ba₂XeO₆ und konz. H₂SO₄.

Oxidfluoride von Xenon: XeOF₄, XeO₂F₂, XeOF₂.

XeOF₄ (Abb. 58) entsteht als Primärprodukt bei der Reaktion von XeF₆ (bei 50 °C) mit Quarzgefäßen und durch partielle Hydrolyse. Es ist eine farblose Flüssigkeit. Schmp. –28 °C.

„Physikalische Verbindungen"

Beim Ausfrieren von Wasser bei Gegenwart der Edelgase bildet sich eine besondere kubische Eis-Struktur.

Pro Elementarzelle mit 46 H₂O-Molekülen sind 8 Hohlräume vorhanden, die von Edelgasatomen besetzt sind: 8 E · 46 H₂O. Diese Substanzen bezeichnet man als **Einschlussverbindungen, Clathrate** (Käfigverbindungen).

Ähnliche Substanzen entstehen mit Hydrochinon in einer Edelgasatmosphäre unter Druck.

Beschreibung der Bindung in Edelgasverbindungen

Zur Beschreibung der Bindung der Edelgasverbindungen wurden sehr unterschiedliche Ansätze gemacht.

Besonders einfach ist die Anwendung des VSEPR-Konzepts, s. Bd. I. Es gibt auch MO-Modelle, die nur 5s- und 5p-Orbitale von Xenon benutzen.

Die Möglichkeit, dass 5d-, 6s- und 6p-Orbitale an der Bindung beteiligt sind, wird besonders für XeF₄ und XeF₆ diskutiert.

Allgemeine Verfahren zur Reindarstellung von Metallen (Übersicht)

Einige Metalle kommen in elementarem Zustand (= gediegen) vor: **Au, Ag, Pt, Hg**. Siehe *Cyanidlaugerei* für Ag, Au.

Von den Metallverbindungen sind die wichtigsten: Oxide, Sulfide, Carbonate, Silicate, Sulfate, Phosphate und Chloride.

Entsprechend den Vorkommen wählt man die Aufarbeitung. *Sulfide* führt man meist durch Erhitzen an der Luft (= ***Rösten***) in die **Oxide** über.

I. Reduktion der *Oxide* zu den Metallen

1) **Reduktion mit Kohlenstoff bzw. CO:**

   Fe, Cd, Mn, Mg, Sn, Bi, Pb, Zn, Ta.

   Metalle, die mit Kohlenstoff ***Carbide*** bilden, können auf diese Weise nicht rein erhalten werden. Dies trifft für die meisten Nebengruppenelemente zu.

   S. auch „Ferrochrom", „Ferromangan", „Ferrowolfram", „Ferrovanadium".

2) **Reduktion mit Metallen**

   a) Das *aluminothermische Verfahren* eignet sich z.B. für Cr_2O_3, MnO_2, Mn_3O_4, Mn_2O_3, V_2O_5, BaO (im Vakuum), TiO_2.

   $$Cr_2O_3 + Al \longrightarrow Al_2O_3 + 2\,Cr \qquad \Delta H = -535 \text{ kJ} \cdot \text{mol}^{-1}$$

   b) Reduktion mit *Alkali-* oder *Erdalkalimetallen*

   V_2O_5 mit Ca; TiO_2 bzw. ZrO_2 über $TiCl_4$ bzw. $ZrCl_4$ mit Na oder Mg.

   Auf die gleiche Weise gewinnt man Lanthanoide (s. S. 257) und einige Actinoide (s. S. 259).

3) **Reduktion mit *Wasserstoff* bzw. *Hydriden***

   Beispiele: MoO_3, WO_3, GeO_2, TiO_2 (mit CaH_2).

II. *Elektrolytische* Verfahren

1) Schmelzelektrolyse

Zugänglich sind auf diese Weise **Aluminium** aus Al_2O_3, **Natrium** aus NaOH, die **Alkali-** und **Erdalkalimetalle** aus den Halogeniden.

2) Elektrolyse wässriger Lösungen

Cu, Cd bzw. Zn aus H_2SO_4-saurer Lösung von $CuSO_4$, $CdSO_4$ bzw. $ZnSO_4$. Vgl. Kupfer-Raffination.

Reinigen kann man auf diese Weise auch Ni, Ag, Au.

III. Spezielle Verfahren

1) Röst-Reaktionsverfahren

für Pb aus PbS und Cu aus Cu_2S.

2) Transportreaktionen

a) **Mond-Verfahren:** $Ni + 4\,CO \xrightarrow{80\,°C} Ni(CO)_4 \xrightarrow{180\,°C} Ni + 4\,CO$

b) **Aufwachs-Verfahren** *(van Arkel und de Boer)* für Ti, V, Zr, Hf.

Beispiel: $Ti + 2\,I_2 \underset{1200\,°C}{\overset{500\,°C}{\rightleftarrows}} TiI_4$

3) Erhitzen (Destillation, Sublimation)

As durch Erhitzen von FeAsS. Hg aus HgS unter Luftzutritt.

4) Niederschlagsarbeit:

$Sb_2S_3 + 3\,Fe \longrightarrow 2\,Sb + 3\,FeS$

5) Zonenschmelzen

Das Zonenschmelzverfahren beruht auf der Tatsache, dass Verunreinigungen in der Schmelze eine energetisch günstigere chemische Umgebung (niedrigeres chemisches Potential) haben als im Festkörper und darum vom Festkörper in die Schmelze wandern. Hiermit wird zum Beispiel Silizium von Eisenspuren befreit.

Nebengruppenelemente

Im Langperiodensystem von S. 25 sind zwischen die Elemente der Hauptgruppen II a und III a die sog. **Übergangselemente** eingeschoben. Zur Definition der Übergangselemente s. S. 24.

Man kann nun die jeweils untereinander stehenden Übergangselemente zu sog. *Nebengruppen* zusammenfassen. Hauptgruppen werden durch den Buchstaben a und Nebengruppen durch den Buchstaben b im Anschluss an die durch römische Zahlen gekennzeichneten Gruppennummern unterschieden.

Die Elemente der Nebengruppe II b (Zn, Cd und Hg) haben bereits vollbesetzte d-Niveaus: $d^{10}s^2$ und bilden den Abschluss der einzelnen Übergangsreihen. Sie werden meist gemeinsam mit den Übergangselementen besprochen, weil sie in ihrem chemischen Verhalten manche Ähnlichkeit mit diesen aufweisen.

Die Nummerierung der Nebengruppen erfolgt entsprechend der Anzahl der Valenzelektronen (Zahl der d- *und* s-Elektronen). Die Nebengruppe VIII b besteht aus drei Spalten mit insgesamt 9 Elementen. Sie enthält Elemente unterschiedlicher Elektronenzahl im d-Niveau. Diese Elementeinteilung ist historisch entstanden, weil die nebeneinander stehenden Elemente einander chemisch sehr ähnlich sind. Die sog. *Eisenmetalle* Fe, Co, Ni unterscheiden sich in ihren Eigenschaften recht erheblich von den sechs übrigen Elementen, den sog. *Platinmetallen*.

Alle Übergangselemente sind **Metalle.** Sie bilden häufig stabile **Komplexe** und können meist in **verschiedenen Oxidationsstufen** auftreten. Einige von ihnen bilden gefärbte Ionen und zeigen Paramagnetismus. Infolge der relativ leicht anregbaren d-Elektronen sind ihre Emissionsspektren *Bandenspektren*.

Die mittleren Glieder einer Übergangsreihe kommen in einer größeren Zahl verschiedener Oxidationsstufen vor als die Anfangs- und Endglieder (s. Tabelle 21).

Innerhalb einer Nebengruppe nimmt die Stabilität der höheren Oxidationsstufen von oben nach unten zu (Unterschied zu den Hauptgruppen!).

Die meisten Übergangselemente kristallisieren in dichtesten Kugelpackungen. Sie zeigen relativ **gute elektrische Leitfähigkeit** und sind im Allgemeinen ziemlich **hart**, oft **spröde** und haben relativ **hohe Schmelz- und Siedepunkte.** Den Grund hierfür kann man in den relativ kleinen Atomradien und dem bisweilen beträchtlichen kovalenten Bindungsanteil sehen.

Beachte: Die Elemente der Gruppe II b (Zn, Cd, Hg) sind weich und haben niedrige Schmelzpunkte.

Tabelle 19. Eigenschaften der Elemente Sc – Zn

	III	IV	V	VI	VII	VIII			I	II
	Sc	Ti	V	Cr	Mn	Fe	Co	Ni	Cu	Zn
Elektronen-konfiguration	$3d^14s^2$	$3d^24s^2$	$3d^34s^2$	$3d^54s^1$	$3d^54s^2$	$3d^64s^2$	$3d^74s^2$	$3d^84s^2$	$3d^{10}4s^1$	$3d^{10}4s^2$
Atomradius [pm]*	161	145	132	137	137	124	125	125	128	133
Schmelzpunkt [°C]	1540	1670	1900	1900	1250	1540	1490	1450	1083	419
Siedepunkt [°C]	2730	3260	3450	2640	2100	3000	2900	2730	2600	906
Dichte [g/cm³]	3,0	4,5	5,8	7,2	7,4	7,9	8,9	8,9	8,9	7,3
Ionenradius [pm]**										
M^{2+}		90	88	88	80	76	74	72	69	74
M^{3+}	81	87	74	63	66	64	63	62		
$E^0_{M/M^{2+}}$ [V]	–	–1,63	–1,2	–0,91	–1,18	–0,44	–0,28	–0,25	–0,35	–0,76
$E^0_{M/M^{3+}}$ [V]	–2,1	–1,2	–0,85	–0,74	–0,28	–0,04	–0,4			

* im Metall.
** im chemisch stabilen Gaszustand.
Die E^0-Werte sind in saurer Lösung gemessen.

Tabelle 20. Eigenschaften der Elemente Mo, Ru – Cd und W, Os – Hg

	Mo	Ru	Rh	Pd	Ag	Cd
Elektronen-konfiguration	$4d^5 5s^1$	$4d^7 5s^1$	$4d^8 5s^1$	$4d^{10}$	$4d^{10} s^1$	$4d^{10} s^2$
Atomradius [pm]*	136	133	134	138	144	149
Schmelzpunkt [°C]	2610	2300	1970	1550	961	321
Siedepunkt [°C]	5560	3900	3730	3125	2210	765
Dichte [g/cm³]	10,2	12,2	12,4	12,0	10,5	8,64
E^0_{M/M^+}					+0,79	
$E^0_{M/M^{2+}}$		+0,45	+0,6	+1,0		–0,4
$E^0_{M/M^{3+}}$	–0,2					

	W	Os	Ir	Pt	Au	Hg
Elektronen-konfiguration	$5d^4 6s^2$	$5d^6 6s^2$	$5d^9 6s^0$	$5d^9 6s^1$	$5d^{10} s^1$	$5d^{10} s^2$
Atomradius [pm]*	137	134	136	139	144	152
Schmelzpunkt [°C]	3410	3000	2450	1770	1063	–39
Siedepunkt [°C]	5930	5500	4500	3825	2970	357
Dichte [g/cm³]	19,3	22,4	22,5	21,4	19,3	13,54
E^0_{M/M^+}					+1,68	
$E^0_{M/M^{2+}}$		+0,85	+1,1	+1,0		+0,85
$E^0_{M/M^{4+}}$	+0,05					

*im Metall.

Die E^0-Werte sind in saurer Lösung gemessen.

Vorkommen: meist als Sulfide und Oxide, einige auch gediegen.

Herstellung: durch Rösten der Sulfide und Reduktion der entstandenen Oxide mit **Kohlenstoff** oder **CO**. Falls Carbidbildung eintritt, müssen andere Reduktionsmittel verwendet werden: **Aluminium** für die Herstellung von Mn, V, Cr, Ti, **Wasserstoff** für die Herstellung von W oder z.B. auch die Reduktion eines Chlorids mit **Magnesium** oder **elektrolytische Reduktion**.

Hochreine Metalle erhält man durch thermische Zersetzung der entsprechenden Iodide an einem heißen Wolframdraht. S. hierzu die Übersicht S. 187.

Nebengruppenelemente

Tabelle 21. Wichtige Oxidationsstufen und die zugehörigen Koordinationszahlen der Elemente Sc – Zn, Mo, Ru – Cd, W, Os – Hg und Ce

Sc	Ti	V	Cr	Mn	Fe	Co	Ni	Cu	Zn
+III	+III 6	+II 6	+II 6	+II 4,6	+II 6	+II	+II 4,6	+I 4,6	+II 4,6
	+IV 4,6	+III 4,5,6	+III 4,6	(+III) 5	+III 6	+III	(+III)	+II 4,6	
	(7,8)	+IV 4,5,6	+VI 4	(+IV) 6	(+IV) 4				
		+V 4,5,6		(+VI) 4	(+VI) 4				
				+VII 3,4					

Mo	Ru	Rh	Pd	Ag	Cd
+III 6	+II 5,6	+III 5	+II 4	+I 2,4	+II 4,6
+IV 6,8	+III 6	+IV 6	+IV 6	(+II) 4	
+V 5,6,8	+IV 6				
+VI 4,6,8	+VI 4,5,6				

W	Os	Ir	Pt	Au	Hg
+IV 6,8	+IV 6	+III 6	+II 4	+I 2,4	+I
+V 5,6,8	+VI 4,5,6	+IV 6	+IV 6	+III 4,(5),6	+II 2,4,6
+VI 4,6,8	+VIII 4,5,6	(+VI) 6			

Ce					
+III					
+IV 4					

Die Oxidationszahlen sind durch römische Zahlen gekennzeichnet.

Die arabischen Zahlen geben die zugehörigen Koordinationszahlen an.

Oxidationszahlen

Die höchsten Oxidationszahlen erreichen die Elemente nur gegenüber den stark elektronegativen Elementen Cl, O und F. Die Oxidationszahl +8 wird in der Gruppe VIII b nur von Os und Ru erreicht.

Tabelle 21 enthält eine Zusammenstellung wichtiger Oxidationsstufen und der zugehörigen Koordinationszahlen.

Qualitativer Vergleich der Standardpotenziale
von einigen Metallen in verschiedenen Oxidationsstufen

Beachte die folgenden Regeln:

1. Je **negativer** das Potenzial eines Redoxpaares ist, umso stärker ist die reduzierende Wirkung des reduzierten Teilchens (Red).
2. Je **positiver** das Potenzial eines Redoxpaares ist, umso stärker ist die oxidierende Wirkung des oxidierten Teilchens (Ox).
3. Ein oxidierbares Teilchen Red(1) kann nur dann von einem Oxidationsmittel Ox(2) oxidiert werden, wenn das Redoxpotenzial des Redoxpaares Red(2)/Ox(2) positiver ist als das Redoxpotenzial des Redoxpaares Red(1)/Ox(1). Für die Reduktion sind die Bedingungen analog.

Beispiel 1: Mangan-Ionen in verschiedenen Oxidationsstufen in sauren Lösungen:

$E^0_{Mn/Mn^{2+}} = -1{,}18$ V; $E^0_{Mn^{2+}/Mn^{3+}} = +1{,}15$ V

$E^0_{Mn^{2+}/MnO_2} = +1{,}23$ V

$E^0_{Mn^{2+}/MnO_4^-} = +1{,}51$ V; $E^0_{MnO_2/MnO_4^-} = +1{,}63$ V

Schlussfolgerung: Mn^{2+} ist relativ stabil gegenüber einer Oxidation. MnO_2 und MnO^{4-} sind starke Oxidationsmittel. Mn^{3+} lässt sich leicht zu Mn^{2+} reduzieren.

Beispiel 2: (in saurer Lösung)

$E^0_{Co/Co^{2+}} = -0{,}277$ V; $E^0_{Co^{2+}/Co^{3+}} = +1{,}82$ V

Schlussfolgerung: Co^{3+} kann aus Co^{2+} nur durch Oxidationsmittel mit einem Redoxpotenzial $> +1{,}82$ V erhalten werden. Ein geeignetes Oxidationsmittel ist z.B. $S_2O_8^{2-}$ mit $E^0_{2HSO_4^-/S_2O_8^{2-}} = +2{,}18$ V.

Beispiel 3: (in saurer Lösung)

$E^0_{Fe/Fe^{2+}} = -0{.}44$ V; $E^0_{Fe/Fe^{3+}} = -0{,}036$ V

$E^0_{Fe^{2+}/Fe^{3+}} = +0{,}77$ V; $E^0_{Fe^{3+}/FeO_4^{2-}} = +2{,}2$ V

Schlussfolgerung: Ferrate mit FeO_4^{2-} sind starke Oxidationsmittel. Fe^{2+} kann z.B. leicht mit O_2 zu Fe^{3+} oxidiert werden, weil $E^0_{H_2O/O_2} = 1{,}23$ V ist.

Qualitativer Vergleich der Atom- und Ionenradien der Nebengruppenelemente

Atomradien

Wie aus Abb. 59 ersichtlich, fallen die Atomradien am Anfang jeder Übergangselementreihe stark ab, werden dann i.a. relativ konstant und steigen am Ende der Reihe wieder an. Das Ansteigen am Ende der Reihe lässt sich damit erklären, dass die Elektronen im vollbesetzten d-Niveau die außenliegenden s-Elektronen (4s, 5s usw.) gegenüber der Kernladung abschirmen, so dass diese nicht mehr so stark vom Kern angezogen werden.

Auf Grund der Lanthanoiden-Kontraktion (s.u.) sind die Atomradien und die Ionenradien von gleichgeladenen Ionen in der 2. und 3. Übergangsreihe einander sehr ähnlich.

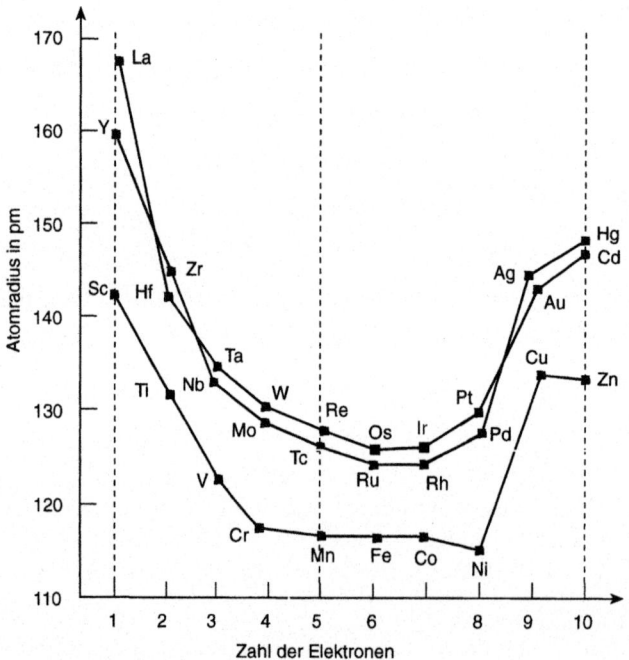

Abb. 59. Atomradien der Übergangselemente. Es wurden hier die Kovalenzradien der Atome zugrunde gelegt, um eine der Realität angenäherte Vergleichsbasis sicherzustellen.

Lanthanoiden-Kontraktion

Zwischen die Elemente **Lanthan** (Ordnungszahl 57) und **Hafnium** (Ordnungszahl 72) werden die 14 Lanthanoidenelemente oder Seltenen Erden eingeschoben, bei denen die sieben **4f-Orbitale**, also innenliegende Orbitale besetzt werden. Da sich gleichzeitig pro Elektron die Kernladung um eins erhöht, ergibt sich eine stetige Abnahme der Atom- bzw. Ionengröße. **Die Auswirkungen der Lanthanoiden-Kontraktion zeigen folgende** *Beispiele:*

Lu^{3+} hat mit 85 pm einen kleineren Ionenradius als **Y^{3+}** (92 pm). **Hf, Ta, W** und **Re** besitzen fast die gleichen Radien wie ihre Homologen **Zr, Nb, Mo** und **Tc**.

Hieraus ergibt sich eine große Ähnlichkeit in den chemischen Eigenschaften dieser Elemente.

Ähnliche Auswirkungen hat die **Actinoiden-Kontraktion.**

Ionenradien

Bei den Übergangselementen zeigen die Ionenradien eine Abhängigkeit von der Koordinationszahl und den Liganden. Abb. 60 zeigt den Gang der Ionenradien für M^{2+}-Ionen der 3d-Elemente in *oktaedrischer Umgebung*, z.B. [M(H$_2$O)$_6$]$^{2+}$. An dieser Stelle sei bemerkt, dass die Angaben in der Literatur stark schwanken.

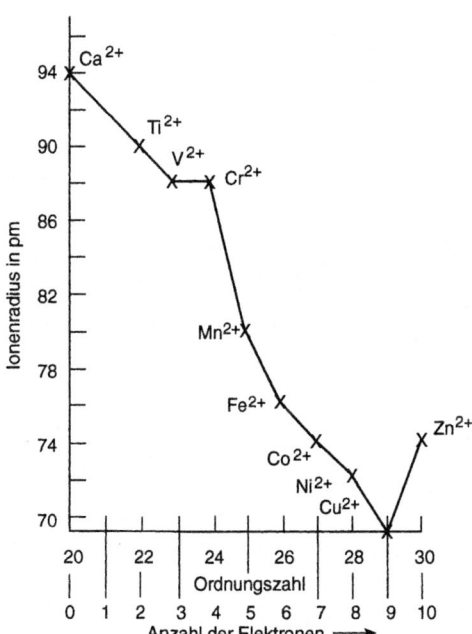

Abb. 60. Ionenradien für M^{2+}-Ionen der 3d-Elemente in oktaedrischer Umgebung

Eine Deutung des Auf und Ab der Radien erlaubt die Kristallfeldtheorie: Bei schwachen Liganden wie H_2O resultieren high spin-Komplexe. Zuerst werden die tiefer liegenden t_{2g}-Orbitale besetzt (Abnahme des Ionenradius). Bei Mn^{2+} befindet sich je ein Elektron in beiden e_g-Orbitalen. Diese Elektronen stoßen die Liganden stärker ab als die Elektronen in den t_{2g}-Orbitalen. Hieraus resultiert ein größerer Ionenradius. Von Mn^{2+} an werden die t_{2g}-Orbitale weiter aufgefüllt. Bei Zn^{2+} werden schließlich die e_g-Orbitale vollständig besetzt.

Der Radius von Ionen mit low spin-Konfiguration ist kleiner als der Radius von Ionen mit high spin-Konfiguration.

Anmerkung: Der Gang der Hydrationsenthalpien ist gerade umgekehrt. Abnehmender Ionenradius bedeutet kürzeren Bindungsabstand. Daraus resultiert eine höhere Bindungsenergie bzw. eine höhere Hydrationsenthalpie.

I. Nebengruppe
Kupfer-Gruppe (Cu, Ag, Au)

Tabelle. 22. Eigenschaften der Elemente

	Kupfer	Silber	Gold
Ordnungszahl	29	47	79
Elektronenkonfiguration	$3d^{10} 4s^1$	$4d^{10} 5s^1$	$5d^{10} 6s^1$
Schmp. [°C]	1083	961	1063
Ionenradius [pm]			
M^+	96	126	137
M^{2+}	69	89	–
M^{3+}	–	–	85
Spez. elektr. Leitfähigkeit $[\Omega^{-1} \cdot cm^{-1}]$	$5{,}72 \cdot 10^5$	$6{,}14 \cdot 10^5$	$4{,}13 \cdot 10^5$

Übersicht

Die Elemente dieser Gruppe sind *edle* Metalle und werden vielfach als *Münzmetalle* bezeichnet. *Edel bedeutet:* Sie sind wenig reaktionsfreudig, denn die Valenzelektronen sind fest an den Atomrumpf gebunden. Der edle Charakter nimmt vom Kupfer zum Gold hin zu. In nicht oxidierenden Säuren sind sie unlöslich. Kupfer löst sich in HNO_3 und H_2SO_4, Silber in HNO_3, Gold in Königswasser (HCl : HNO_3 = 3 : 1).

Die Elemente unterscheiden sich in der Stabilität ihrer Oxidationsstufen: Stabil sind im allgemeinen Cu(II)-, Ag(I)- und Au(III)-Verbindungen. Die Metalle sind dehn- und hämmerbar. Sie sind die besten elektrischen Leiter und gehören zu den ersten Gebrauchsmetallen der Menschheit.

Sie bilden Komplexe und Legierungen.

Geschichte: Kupfer (lat. **cu**prum), Silber (lat. **arg**entum) und Gold (lat. **au**rum) gehören zu den ältesten bekannten Metallen. In Form von Bronze diente Kupfer (Bronzezeitalter) zur Herstellung von Waffen, Geräten und Schmuck.

Um 3600 v. Chr. wurde in den Gesetzbüchern des ägyptischen Pharaos *Menes* der Wert von Gold und Silber wie 1 : 2½ angegeben. In der Bibel und bei *Homer* werden die drei Elemente erwähnt. Die Phönizier besaßen Kupferbergwerke auf Zypern. Die Römer bezeichneten Kupfer als aes cyprium („Erz von der Insel Zypern") davon abgeleitet wird der Name cuprum.

Kupfer (Cu)

Vorkommen: gediegen, als Cu_2S (Kupferglanz), Cu_2O (Cuprit, Rotkupfererz), $CuCO_3 \cdot Cu(OH)_2$ (Malachit), $CuFeS_2$ ($\equiv Cu_2S \cdot Fe_2S_3$) (Kupferkies).

Herstellung:

(1.) Röst-Reaktionsverfahren:

$$2\,Cu_2S + 3\,O_2 \longrightarrow 2\,Cu_2O + 2\,SO_2$$

und $\quad Cu_2S + 2\,Cu_2O \longrightarrow 6\,Cu + SO_2$

Geht man von $CuFeS_2$ aus, muss das Eisen zuerst durch kieselsäurehaltige Zuschläge verschlackt werden (Schmelzarbeit).

(2.) Kupfererze werden unter Luftzutritt mit verd. H_2SO_4 als $CuSO_4$ gelöst. Durch Eintragen von elementarem Eisen in die Lösung wird das edlere Kupfer metallisch abgeschieden (**Zementation**, Zementkupfer):

$$Cu^{2+} + Fe \longrightarrow Cu + Fe^{2+}$$

Die Reinigung von Rohkupfer („Schwarzkupfer") erfolgt durch **Elektroraffination** (Abb. 61).

Hierbei verwendet man eine Rohkupfer-Anode und eine Reinkupfer-Kathode in verd. H_2SO_4 als Lösemittel. Bei der Elektrolyse gehen aus der Anode außer Kupfer nur die unedlen Verunreinigungen wie Zn und Fe als Ionen in Lösung. Die edlen Verunreinigungen Ag, Au setzen sich als „Anodenschlamm" ab. An der Kathode scheidet sich reines Kupfer ab.

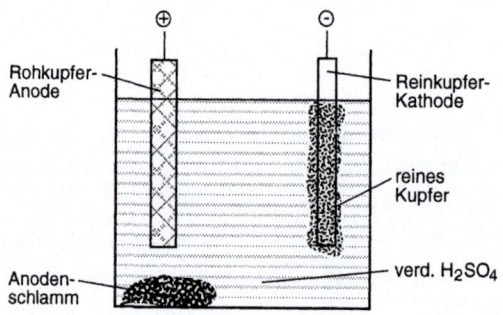

Abb. 61. Kupfer-Raffination

I. Nebengruppe – Kupfer-Gruppe (Cu, Ag, Au)

Eigenschaften: Reines Kupfer ist gelbrot. Unter Bildung von Cu_2O erhält es an der Luft die typische kupferrote Farbe. Bei Anwesenheit von CO_2 bildet sich mit der Zeit basisches Carbonat **(Patina)**: $CuCO_3 \cdot Cu(OH)_2$. **Grünspan ist basisches Kupferacetat.** Kupfer ist weich und zäh und kristallisiert in einem kubisch flächenzentrierten Gitter. Es besitzt hervorragende thermische und elektrische Leitfähigkeit.

Verwendung: Wegen seiner besonderen Eigenschaften findet Kupfer als Metall vielfache Verwendung. Es ist auch ein wichtiger Legierungsbestandteil, z.B. mit Sn in der *Bronze*, mit Zn im *Messing*, mit Zn und Ni im *Neusilber* und mit Sn, Sb und Pb im *Lagermetall*. Das hervorragende elektrische Leitvermögen wird in der Elektrotechnik genutzt. Kupfer ist wohl das älteste Werkmetall.

Mikroorganismen, wie Bakterien, Pilze und Algen sind gegen Kupfer-Verbindungen sehr empfindlich. Diese werden z.B. zur Schädlingsbekämpfung eingesetzt.

Kupfer-Verbindungen

Kupfer(II)-Verbindungen: Elektronenkonfiguration $3d^9$; paramagnetisch; meist gefärbt.

CuO (schwarz) bildet sich beim Verbrennen von Kupfer an der Luft. Es gibt leicht seinen Sauerstoff ab. Bei stärkerem Erhitzen entsteht Cu_2O.

Cu(OH)$_2$ bildet sich als hellblauer schleimiger Niederschlag:

$$Cu^{2+} + 2\ OH^- \longrightarrow Cu(OH)_2$$

Beim Erhitzen entsteht CuO. $Cu(OH)_2$ ist amphoter;

$$Cu(OH)_2 + 2\ OH^- \rightleftharpoons [Cu(OH)_4]^{2+} \text{ (hellblau)}$$

Komplex gebundenes Cu^{2+} wird in alkalischer Lösung leicht zu Cu_2O reduziert (s. hierzu Fehlingsche Lösung, (s. Bd. II).

CuS (schwarz), Gestein; $Lp_{CuS} = 10^{-40}\ mol^2 \cdot L^{-2}$

CuF$_2$ (weiß) ist vorwiegend ionisch gebaut (verzerrtes Rutilgitter).

CuCl$_2$ ist gelbbraun. Die Substanz ist über Chlorbrücken vernetzt: $(CuCl_2)_x$. Es enthält planar-quadratische $CuCl_4$-Einheiten. $CuCl_2$ löst sich in Wasser unter Bildung eines grünen Dihydrats: $CuCl_2(H_2O)_2$. Die Struktur ist planar. Die Cu–Cl-Bindung besitzt einen beträchtlichen kovalenten Bindungscharakter.

CuSO$_4$ (wasserfrei) ist weiß und *CuSO$_4 \cdot$ 5 H$_2$O (Kupfervitriol)* blau. Im triklinen $CuSO_4 \cdot 5\ H_2O$ gibt es zwei Arten von Wassermolekülen. Jedes der beiden Cu^{2+}-Ionen in der Elementarzelle ist von vier H_2O-Molekülen umgeben, die vier Ecken eines verzerrten Oktaeders besetzen. Außerdem hat jedes Cu^{2+} zwei O-Atome aus

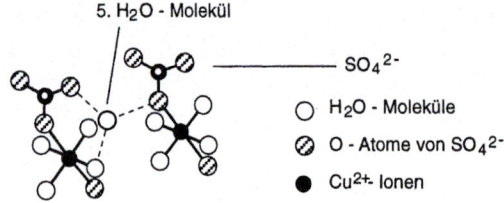

Abb. 62. Die Umgebung des fünften H$_2$O-Moleküls in CuSO$_4$ · 5 H$_2$O

den SO$_4^{2-}$-Tetraedern zu Nachbarn. Das **fünfte** H$_2$O-Molekül ist nur von anderen Wassermolekülen und von O-Atomen der SO$_4^{2-}$-Ionen umgeben, Abb. 62.

Kupfersulfat ist das gebräuchlichste Kupfersalz. Wasserfrei ist es ein Reagenz auf Wasser.

[Cu(NH$_3$)$_4$]$^{2+}$ bildet sich in wässriger Lösung aus Cu^{2+}-Ionen und NH$_3$. Die tiefblaue Farbe des Komplex-Ions dient als qualitativer Kupfernachweis. Der *„Cu(II)-tetrammin-Komplex"* hat eine quadratisch-planare Anordnung der Liganden, wenn man nur die nächsten Nachbarn des Cu^{2+}-Ions berücksichtigt. **In wässriger Lösung liegt ein verzerrtes Oktaeder vor**; hier kommen zwei H$_2$O-Moleküle als weitere Liganden (in größerem Abstand) hinzu. Die alkalische Lösung des Komplexes [Cu(NH$_3$)$_4$](OH)$_2$ (*Schweizers Reagens*) löst Cellulose. Durch Einspritzen der Cellulose-Lösungen in Säuren oder Basen bilden sich Cellulosefäden (**Kupferseide**).

Kupfer(I)-Verbindungen: 3d^{10}; diamagnetisch, farblos. Sie enthalten große polarisierbare Anionen und kovalenten Bindungsanteil.

In Wasser sind Cu$^+$-Ionen instabil:

$$2\,Cu^+ \rightleftharpoons Cu^{2+} + Cu$$

Das Gleichgewicht liegt auf der rechten Seite. Nur Anionen und Komplexliganden, welche mit Cu$^+$ schwerlösliche oder stabile Verbindungen bilden, verhindern die Disproportionierung. Es bilden sich dann sogar Cu$^+$-Ionen aus Cu^{2+} Ionen.

Beispiele:

$$Cu^{2+} + 2\,I^- \longrightarrow CuI + \tfrac{1}{2}\,I_2$$

$$2\,Cu^{2+} + 4\,CN^- \longrightarrow 2\,CuCN + (CN)_2$$

Struktur von (CuCN)$_x$: $\longrightarrow$ Cu–C≡N| $\longrightarrow$ Cu–C≡N| $\longrightarrow$ Cu–C≡N|

CuCN ist im Überschuss von CN⁻-Ionen löslich und kann folgende Komplexe bilden:

[Cu(CN)$_2$]$^-$ bildet im Gitter polymere, spiralige Anion-Ketten mit trigonal planarer Anordnung und KZ 3 am Kupfer.

[Cu(CN)$_3$]$^{2-}$ bildet Ketten aus Cu(CN)$_4$-Tetraedern.

[Cu(CN)$_4$]$^{3-}$-Ionen liegen als isolierte Tetraeder vor.

Cu$_2$O entsteht durch Reduktion von Cu^{2+} als gelber Niederschlag. Rotes Cu$_2$O erhält man durch Erhitzen von CuO bzw. gelbem Cu$_2$O.

Kupfer(I)-Salze können CO binden:

$$Cu(NH_3)_2Cl + CO \rightleftharpoons [Cu(NH_3)_2ClCO].$$

Silber (Ag)

Vorkommen: gediegen, als Ag$_2$S (Silberglanz), AgCl (Hornsilber), in Blei- und Kupfererzen.

Gewinnung: Silber findet sich im Anodenschlamm bei der Elektroraffination von Kupfer. Angereichert erhält man es bei der Bleidarstellung. Die Abtrennung vom Blei gelingt z.B. durch „Ausschütteln" mit flüssigem Zink (= **Parkesieren**). Zn und Pb sind unterhalb 400 °C praktisch nicht mischbar. Ag und Zn bilden dagegen beim Erstarren Mischkristalle in Form eines Zinkschaums auf dem flüssigen Blei. Durch teilweises Abtrennen des Bleis wird das Ag im Zinkschaum angereichert. Nach Abdestillieren des Zn bleibt ein „Reichblei" mit 8 - 12 % Ag zurück. Die Trennung Ag/Pb erfolgt jetzt durch Oxidation von Pb zu PbO, welches bei 884 °C flüssig ist, auf dem Silber schwimmt und abgetrennt werden kann (**Treibarbeit**). Eine weitere Möglichkeit der Silbergewinnung bietet die **Cyanidlaugerei** (s. Goldgewinnung, S. 203). Die Reinigung des Rohsilbers erfolgt elektrolytisch.

Eigenschaften: Ag besitzt von allen Elementen das größte thermische und elektrische Leitvermögen. Silber besitzt eine geringe Reaktivität, löslich ist es in starker Schwefelsäure:

$$2\ Ag + 2H_2SO_4 \longrightarrow Ag_2SO_4 + SO_2\uparrow + 2\ H_2O$$

Weitere Eigenschaften s. S. 201.

Verwendung: elementar für Münzen, Schmuck, in der Elektronik etc. oder als Überzug (Versilbern). Zur Verwendung von AgBr in der Photographie s. S. 175.

Silbersalze wirken bakterizid. Schon sehr wenige Ionen, die von metallischem Silber oder schwerlöslichen Salzen in Lösung gehen zeigen große Wirkung.

Beispiel: Keimfreihaltung von Wasser durch Katadyn-Kies (metallisches Silber auf Kies).

Silber-Verbindungen

Silber(I)-Verbindungen: Elektronenkonfiguration $4d^{10}$; meist farblos, stabilste Oxidationsstufe.

Ag_2O (dunkelbraun) entsteht bei der Reaktion:

$$2\,Ag^+ + 2\,OH^- \longrightarrow 2\,AgOH \longrightarrow Ag_2O + H_2O$$

Ag_2S (schwarz) hat ein Löslichkeitsprodukt von $\approx 1{,}6 \cdot 10^{-49}\,mol^3 \cdot L^{-3}$.

$AgNO_3$ ist das wichtigste Ausgangsmaterial für andere Ag-Verbindungen. Es ist leicht löslich in Wasser und entsteht nach folgender Gleichung:

$$3\,Ag + 4\,HNO_3 \longrightarrow 3\,AgNO_3 + NO + 2\,H_2O$$

Silbernitrat wird durch Reduktionsmittel (z.B. die organische Substanz der Haut) zu schwarzem, metallischem Silber reduziert (*Höllenstein*).

AgF ist ionisch gebaut. Es ist im Gegensatz zu AgCl, AgBr, und AgI leicht löslich in Wasser!

AgCl bildet sich als käsiger weißer Niederschlag aus Ag^+ und Cl^- $Lp_{AgCl} = 1{,}6 \cdot 10^{-10}\,mol^2 \cdot L^{-2}$. In konz. HCl ist AgCl löslich:

$$AgCl + Cl^- \longrightarrow [AgCl_2]^-$$

Mit wässriger verd. NH_3-Lösung entsteht das lineare Silberdiamminkomplex-Kation: $[Ag(NH_3)_2]^+$.

AgBr s. S. 175.

AgF, AgCl, AgBr besitzen NaCl-Struktur.

AgSCN entsteht aus $Ag^+ + SCN^-$, $Lp = 0{,}5 \cdot 10^{-12}\,mol^2 \cdot L^{-2}$. Es ist polymer gebaut:

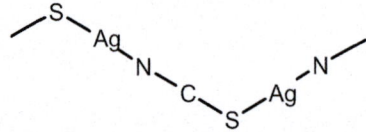

AgCN zeigt eine lineare Kettenstruktur mit kovalenten Bindungsanteilen: –Ag–CN–Ag–CN–. Es ist im CN^--Überschuss löslich.

Silber(II)-Verbindungen sind mit Ausnahme von AgF_2 nur in komplexgebundenem Zustand stabil. Sie werden mit sehr kräftigen Oxidationsmitteln erhalten wie Ozon, Peroxodisulfat $S_2O_8^{2-}$ oder durch anodische Oxidation.

AgF2, Silberdifluorid wird aus den Elementen hergestellt. Es ist ein kräftiges Oxidations- und Fluorierungsmittel.

Silber(III)-Verbindungen: Ag_2O_3 entsteht durch anodische Oxidation einer alkalischen Lösung von Ag(I)-Verbindungen.

Gold (Au)

Vorkommen: hauptsächlich gediegen.

Gewinnung:

(1.) Aus dem Anodenschlamm der **Kupfer-Raffination**.

(2.) Mit dem Amalgamverfahren: Au wird durch Zugabe von Hg als Amalgam (Au/Hg) aus dem Gestein herausgelöst. Hg wird anschließend abdestilliert.

(3.) Aus goldhaltigem Gestein durch **Cyanidlaugerei:** Goldhaltiges Gestein wird unter Luftzutritt mit verdünnter NaCN-Lösung behandelt. Gold geht dabei als Komplex in Lösung. Mit Zn-Staub wird Au^+ dann zu Au reduziert:

a) $\quad 2\,Au + 4\,NaCN + H_2O + \frac{1}{2}\,O_2 \longrightarrow 2\,Na[Au(CN)_2] + 2\,NaOH$

b) $\quad 2\,Na[Au(CN)_2] + Zn \longrightarrow Na_2[Zn(CN)_4] + 2\,Au$

Die Reinigung erfolgt elektrolytisch.

Eigenschaften: Gold ist ein sehr weiches, gelbes und reaktionsträges Edelmetall. Löslich ist es z.B. in Königswasser und Chlorwasser.

Verwendung: zur Herstellung von Münzen und Schmuck und als Legierungsbestandteil mit Cu oder Palladium, in der Dentaltechnik, Optik, Glas-, Keramikindustrie, Elektrotechnik, Elektronik.

Um für Münzen und Schmuck die nötige Härte zu erhalten, wird es mit Kupfer (Rotgold), Silber oder Nickel (Weißgold) legiert.

Gold(I)-Verbindungen sind in wässriger Lösung nur beständig, wenn sie schwerlöslich (AuI, AuCN) oder komplex gebunden sind. Sie disproportionieren leicht in Au(0) und Au (III). *Beispiele:*

$$AuCl + Cl^- \longrightarrow [Cl-Au-Cl]^-; \qquad 3\,AuCl \rightleftharpoons 2\,Au + AuCl_3$$

Gold(III)-Verbindungen: Das Au^{3+}-Ion ist ein starkes Oxidationsmittel. Es ist fast immer in einen planar-quadratischen Komplex eingebaut. *Beispiele:* $(AuCl_3)_2$, $(AuBr_3)_2$ Die Herstellung dieser Substanzen gelingt aus den Elementen. $(AuCl_3)_2$ bildet mit Salzsäure Tetrachlorogoldsäure (hellgelb):

$$2\ HCl + Au_2Cl_6 \longrightarrow 2\ H[AuCl_4]$$

Au(OH)$_3$ wird durch OH^--Ionen gefällt. Im Überschuss löst es sich:

$$Au(OH)_3 + OH^- \rightleftharpoons [Au(OH)_4]^-\ (Aurate)$$

Beim Trocknen entsteht AuO(OH), beim Erhitzen Au.

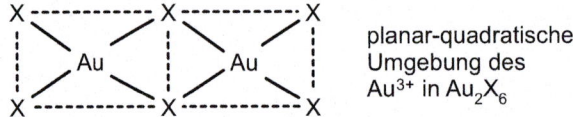

planar-quadratische Umgebung des Au^{3+} in Au_2X_6

Goldsalze lassen sich leicht zu elementarem Gold reduzieren. Es entstehen gefärbte, kolloide Gold-Lösungen (Goldpurpur, Goldrubinglas).

Cassiusscher Goldpurpur ist ein rotes Goldkolloid. Man erhält es aus Au(III)-Lösungen durch Reduktion mit $SnCl_2$. Es dient als analytischer Nachweis von Gold und vor allem zum Färben von Glas und Porzellan.

„Flüssiges Gold" sind Umsetzungsprodukte von Gold(III)-chloro-Komplexen mit schwefelhaltigen Terpenen oder Harzen. Sie werden zum Bemalen von Glas und Porzellan benutzt.

Der Reinheitsgrad von Gold (Tabelle 23) wird in *Karat* oder als *Feingehalt* angegeben. 24 Karat sind 100 % Gold, 18 Karat sind 75 % Gold.

Tabelle 23. Goldgehalt

Goldgehalt (%)	„Feingehalt" (Stempel)	„Karat"
100	1000	24
75	750	18
58,5	585	14
33,3	333	8

II. Nebengruppe
Zink-Gruppe (Zn, Cd, Hg)

Tabelle 24. Eigenschaften der Elemente

	Zink	Cadmium	Quecksilber
Ordnungszahl	30	48	80
Elektronenkonfiguration	$3d^{10} 4s^2$	$4d^{10} 5s^2$	$5d^{10} 6s^2$
Schmp. [°C]	419	321	–39
Sdp. [°C]	906	765	357
Ionenradius M^{2+} [pm]	74	97	110
$E^0_{M/M^{2+}}$ [V]	–0,76	–0,40	+0,85

Übersicht

Die Elemente dieser Gruppe sind Schwermetalle. Sie zeigen besonders niedrige Schmelz- und Siedepunkte. **Quecksilber** zählt zu den Edelmetallen. Es löst sich nur in oxidierenden Säuren.

Zn und **Cd** haben in ihren Verbindungen — unter normalen Bedingungen — die Oxidationszahl +2. **Hg kann positiv ein- und zweiwertig sein**. Im Unterschied zu den Erdalkalimetallen sind die s-Elektronen fester an den Kern gebunden. Die Metalle der II. Nebengruppe sind daher *edler* als die Metalle der II. Hauptgruppe. Die Elemente bilden Verbindungen mit z.T. sehr starkem kovalenten Bindungscharakter, z.B. Alkylverbindungen wie $Zn(CH_3)_2$. Sie zeigen eine große Neigung zur Komplexbildung: $Hg^{2+} \gg Cd^{2+} > Zn^{2+}$. An feuchter Luft überziehen sich die Metalle mit einer dünnen Oxid-, Hydroxidschicht oder auch mit einer Haut von basischem Carbonat, die vor weiterem Angriff schützt **(Passivierung)**. **Hg hat ein positives Normalpotenzial**, es lässt sich daher schwerer oxidieren und löst sich — im Gegensatz zu Zn und Cd — nur in oxidierenden Säuren. Hg bildet mit den meisten Metallen Legierungen, die sog. ***Amalgame***. Einige dieser Legierungen sind weich, plastisch verformbar und erhärten mit der Zeit.

Vorkommen: Zn und Cd kommen meist gemeinsam vor als Sulfide, z.B. ZnS (Zinkblende), Carbonate, Oxide oder Silicate. Die Cd-Konzentration ist dabei sehr gering. Hg kommt elementar vor und als HgS (Zinnober). Quecksilber ist das einzige bei Zimmertemperatur flüssige Metall.

Zink (Zn)

Geschichte: Zink ist als reines Metall erst ziemlich spät, gegen Ende des Mittelalters in Europa, bekannt geworden. Der Grund hierfür war die nicht einfache Verhüttung seiner Erze. In Form seiner Legierung mit Kupfer war es als *Messing* schon im Zeitalter *Homers* bekannt. Der Name Zink kommt von Zinke, „Zahn, Zacke", da Zink zackenförmig erstarrt.

Herstellung:

(1.) Rösten der Sulfide bzw. Erhitzen der Carbonate und anschließende Reduktion der entstandenen Oxide mit Kohlenstoff:

$$ZnS + \tfrac{3}{2} O_2 \longrightarrow ZnO + SO_2$$

bzw. $\quad ZnCO_3 \longrightarrow ZnO + CO_2$

$$ZnO + C \longrightarrow Zn + CO$$

(2.) Elektrolyse von $ZnSO_4$ (aus ZnO und H_2SO_4) mit Pb-Anode und Al-Kathode.

Die Reinigung erfolgt durch fraktionierte Destillation oder elektrolytisch. Cd fällt bei der Destillation an. HgS liefert beim Erhitzen direkt metallisches Hg.

Verwendung: Zink findet Verwendung als Eisenüberzug (Zinkblech, verzinktes Eisen). Hierzu taucht man gut gereinigtes Eisen in eine Zinkschmelze (feuerverzinktes Eisen). Als Legierungsbestandteil z.B. im Messing (CuZn), als Anodenmaterial für Trockenbatterien, mit Säuren als Reduktionsmittel. ZnO, Zinkweiß, ist eine Malerfarbe. Kristallisiertes ZnS findet als Material für Leuchtschirme Verwendung, denn es leuchtet nach Belichten nach (*Phosphoreszenz*). $ZnCl_2$ wird als Flussmittel beim Löten verwendet.

Beachte: Zink wird von Säuren unter Wasserstoffentwicklung und Bildung von giftigen Zn^{2+}-Ionen angegriffen. In verzinkten Gefäßen darf man daher keine Speisen aufbewahren oder kochen. Unterschied zu Zinn!

Zink-Verbindungen

$Zn(OH)_2$ ist amphoter. Mit OH^--Ionen bilden sich Zinkate: $[Zn(OH)_4]^{2-}$ (Tetrahydroxokomplex). Diese Reaktion ist der Grund dafür, dass Zn in alkalischer Lösung stärker reduziert als in saurer Lösung ($E^0 = -1{,}22$ V)

ZnO ist eine Malerfarbe *(Zinkweiß):* $\qquad Zn + \tfrac{1}{2} O_2 \longrightarrow ZnO$.

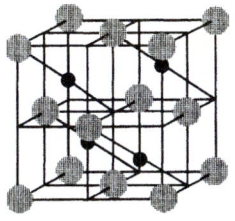
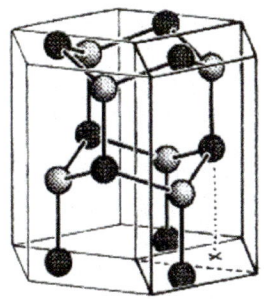

Abb. 63. Zinkblende (ZnS). Die Zn- und S-Atome sitzen jeweils in der Mitte eines Tetraeders

Abb. 64. Wurzitgitter: Die Struktur besteht aus einer hexagonal dichtesten Kugelpackung aus Schwefelatomen, deren Tetraederlücken zur Hälfte mit Zinkatomen besetzt sind

ZnS (weiß) kommt in zwei Modifikationen vor: *Zinkblende* (kubisch, Abb. 63), und *Wurtzit* (hexagonal, Abb. 64). Es ist das einzige weiße Schwermetallsulfid.

ZnSO$_4$ bildet mit BaS Lithopone (weißes Farbstoffpigment):

$$ZnSO_4 + BaS \longrightarrow BaSO_4 + ZnS$$

ZnR$_2$, Zinkorganyle sind die ältesten metallorganischen Verbindungen. $Zn(CH_3)_2$ wurde 1849 von *Edward Frankland* entdeckt. Es sind unpolare, flüssige oder tiefschmelzende Substanzen. Sie sind linear gebaut. *Herstellung:* Zn + Alkylhalogenid im Autoklaven oder Umsetzung von $ZnCl_2$ mit entsprechenden Lithiumorganylen oder Grignard-Verbindungen (s. Bd. II).

Cadmium (Cd)

Geschichte: Cadmium (griech. καδμία, kadmía, lat. cadmea, oxidische oder carbonathaltige Zinkerde) wurde 1817 von *Friedrich Stromeyer* in Göttingen als Bestandteil eines Zinkcarbonats und fast gleichzeitig von *Carl Samuel Hermann* in einem Zinkoxid entdeckt.

Verwendung: Als Rostschutz, als Elektrodenmaterial in Batterien, in Form seiner Verbindungen als farbige Pigmente, Legierungsbestandteil (Woodsches Metall, Schnelllot) und in Form von Steuerstäben zur Absorption von Neutronen in Kernreaktoren.

Cadmium-Verbindungen

Cd(OH)₂ ist in Laugen unlöslich, aber in Säuren löslich (Unterschied zu Zn(OH)₂).

CdS ist schwerlöslich in Säuren.

$$Cd^{2+} + S^{2-} \longrightarrow CdS \text{ (gelb)}$$

Cadmiumgelb ist eine Malerfarbe. $Lp_{CdS} = 10^{-29}$ mol² · L⁻²

CdF₂ kristallisiert im CaF₂-Gitter (Abb. 65).

CdCl₂ und *CdI₂* bilden typische Schichtengitter (Abb. 66).

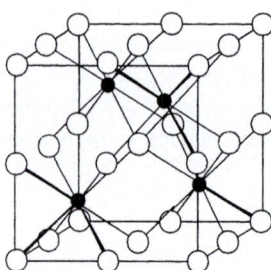

Abb. 65. Calciumfluorid (CaF₂). Die Ca²⁺-Ionen sind würfelförmig von F⁻-Ionen umgeben. Jedes F⁻-Ion sitzt in der Mitte eines Tetraeders aus Ca²⁺-Ionen

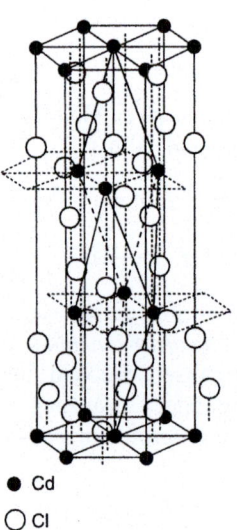

● Cd
○ Cl

Abb. 66. Das CdCl₂-Gitter als Beispiel für ein Schichtengitter. (Nach *Hiller*)

Quecksilber (Hg)

Geschichte: Quecksilber und seine Gewinnung aus Zinnober (HgS) war schon den alten Griechen und Römern bekannt. Erste genaue Nachrichten stammen von *Theophrast* (um 300 v. Chr.). Schon gegen Ende des 6. Jd.s benutzte man Quecksilber zur Gewinnung von Gold aus Golderzen.

Das Symbol Hg für leitet sich im Deutschen von Wassersilber (flüssiges Silber) griech.: **h**ydrar**g**yrum ab. Der englische „mercury" und französische Name „mercure" bezieht sich auf den „beweglichen" Handelsgott *Merkur*.

Verwendung: Quecksilber dient zur Füllung von Thermometern, Barometern, Manometern, als Elektrodenmaterial, Quecksilberdampflampen für UV-reiches Licht usw. Quecksilber-Verbindungen sind wie das Metall sehr giftig und oft Bestandteil von Schädlingsbekämpfungsmitteln; sie finden aber auch bei Hautkrankheiten Verwendung. Silberamalgam war beliebt als Zahnfüllmaterial. Alkalimetall-Amalgame sind starke Reduktionsmittel.

Quecksilber-Verbindungen

Hg(I)-Verbindungen sind diamagnetisch. Sie enthalten die Einheit $[Hg–Hg]^{2+}$ mit einer kovalenten Hg–Hg-Bindung. Hg_2^{2+}-Ionen disproportionieren sehr leicht:

$$Hg_2^{2+} \rightleftharpoons \overset{0}{Hg} + Hg^{2+} \qquad E^0 = -0{,}12 \text{ V}$$

Beispiele:

$$Hg_2^{2+} + 2\,OH^- \rightleftharpoons Hg + HgO + H_2O$$

$$Hg_2^{2+} + S^{2-} \rightleftharpoons Hg + HgS$$

$$Hg_2^{2+} + 2\,CN^- \rightleftharpoons Hg + Hg(CN)_2$$

Hg(I)-halogenide, X–Hg–Hg–X, sind linear gebaut und besitzen vorwiegend kovalenten Bindungscharakter. Mit Ausnahme von Hg_2F_2 sind sie in Wasser schwerlöslich. Hg_2I_2 ist gelb gefärbt, die anderen Halogenide sind farblos.

Hg_2Cl_2 (Kalomel) bildet sich in der Kälte nach der Gleichung:

$$2\,HgCl_2 + SnCl_2 \longrightarrow Hg_2Cl_2 + SnCl_4$$

Es entsteht auch aus $HgCl_2$ und Hg. Mit NH_3 bildet sich ein schwarzer Niederschlag:

$$Hg_2Cl_2 + 2\,NH_3 \longrightarrow Hg + HgNH_2Cl + NH_4Cl$$

Die schwarze Farbe rührt von dem feinverteilten, elementaren Quecksilber her.

Hg(II)-Verbindungen

HgO kommt in zwei Modifikationen vor (verschiedene Korngröße bedingt Farbunterschied!):

$$Hg^{2+} + 2\ OH^- \longrightarrow HgO\ (gelb) + H_2O$$

und $\quad Hg^{2+} + \frac{1}{2} O_2 \longrightarrow HgO\ (rot)$

Bei Temperaturen > 400 °C zerfällt HgO in die Elemente. Kristallines HgO besteht aus [-Hg-O-Hg-O-]-Ketten.

Hg(OH)$_2$ ist nicht isolierbar!

HgS kommt in der Natur als *Zinnober (rot)* vor. Diese Modifikation besitzt Kettenstruktur wie HgO. Aus $Hg^{2+} + S^{2-}$ bildet sich HgS *(schwarz)* mit Zinkblendestruktur, $Lp_{HgS} = 1{,}67 \cdot 10^{-54}\ mol^2 \cdot L^{-2}$. Durch Erwärmen von schwarzen HgS, z.B. in Na$_2$S-Lösung, entsteht rotes HgS.

HgF$_2$ ist ionisch gebaut und besitzt CaF$_2$-Struktur.

Hg(CN)$_2$ $\xrightarrow{\Delta}$ Hg + (CN)$_2$; $\quad$ Hg(CN)$_2$ + 2 CN$^-$ $\longrightarrow$ [Hg(CN)$_4$]$^{2-}$

HgI$_2$ ist enantiotrop und ein schönes Beispiel für das Phänomen der **Thermochromie:**

$$HgI_2\ (rot) \underset{}{\overset{127\ °C}{\rightleftarrows}} HgI_2\ (gelb)$$

Entsprechend der **Ostwaldschen Stufenregel** entsteht bei der Herstellung aus Hg^{2+} und I$^-$ zuerst die gelbe Modifikation, die sich in die rote umwandelt. Mit überschüssigen I$^-$-Ionen bildet sich ein Tetraiodokomplex:

$$HgI_2 + 2\ I^- \longrightarrow [HgI_4]^{2-}$$

Eine alkalische Lösung von K$_2$[HgI$_4$] dient als *Nesslers-Reagens* zum Ammoniak-Nachweis:

$$2\ [HgI_4]^{2-} + NH_3 + 3\ OH^- \longrightarrow [Hg_2N]I \cdot H_2O + 7\ I^- + 2\ H_2O$$
$$\text{(braunrote Färbung)}$$

Mit viel NH$_3$ bildet sich ein rotbrauner Niederschlag von [Hg$_2$N]OH *(Millonsche Base)*.

HgCl$_2$ (Sublimat) bildet sich beim Erhitzen von HgSO$_4$ mit NaCl. Schmp. 280 °C, Sdp. 303 °C. Es ist sublimierbar, leichtlöslich in Wasser und bildet Chlorokomplexe [HgCl$_3$]$^-$ und [HgCl$_4$]$^{2-}$, in denen im festen Zustand sechsfachkoordiniertes Hg vorliegt.

III. Nebengruppe
Scandiumgruppe (Sc, Y, La, Ac)

Tabelle 25. Eigenschaften der Elemente

	Scandium	Yttrium	Lanthan	Actinium
Ordnungszahl	21	39	57	89
Elektronenkonfiguration	$3d^1\,4s^2$	$4d^1\,5s^2$	$5d^1\,6s^2$	$6d^1\,7s^2$
Schmp. [°C]	1540	1500	920	1050
Ionenradius M^{3+} [pm]	81	92	114	118
Dichte [g · cm^{-3}]	2,99	4,472	6,162	

Übersicht

Die **d^1-Elemente** sind typische Metalle, ziemlich weich, silbrigglänzend und sehr reaktionsfähig. Sie haben in allen Verbindungen die Oxidationsstufe +3. Ihre Verbindungen zeigen große Ähnlichkeit mit denen der Lanthanoiden. Sc, Y und La werden daher häufig zusammen mit den Lanthanoiden als Metalle der „Seltenen Erden" bezeichnet. Die Abtrennung von Sc und Y von Lanthan und den Lanthanoiden gelingt mit Ionenaustauschern. Y, La finden Verwendung z.B. in der Elektronik und Reaktortechnik.

Verschiedene keramische Supraleiter bestehen aus Ba–La–Cu-Oxiden. Für die Verbindung YBa$_2$Cu$_3$O$_7$ wurde eine Sprungtemperatur von 92 K angegeben.

Scandium (Sc)

Geschichte: Scandium wurde 1879 von *Lars Fredrik Nilson* entdeckt. Aus Euxenit und Gadolinit isolierte er ein Oxid mit bisher unbekannten Eigenschaften. Das von ihm vermutete neue Element nannte er zu Ehren seiner Heimat „Scandium". Seine Existenz war bereits 1871 von *D. I. Mendelejeff* auf Grund des PSE als *Eka-Bor* vorausgesagt worden. Metallisches Scandium ist erstmalig von *Werner Fischer* (1937) rein hergestellt worden.

Vorkommen: als Oxid (bis 0,2 %) in Erzen von Zn, Zr, W; in dem seltenen Mineral Thortveitit (Y,Sc)$_2$(Si$_2$O$_7$).

Herstellung: durch Schmelzelektrolyse eines Gemisches aus $ScCl_3$ (wasserfrei) und KCl oder LiCl an einer Zn-Kathode. Es entsteht eine Zn–Sc-Legierung. Zn wird bei höherer Temperatur im Vakuum abdestilliert.

Das Fluorid lässt sich auch mit Calcium oder Magnesium reduzieren.

Herstellung von $ScCl_3$:

$$Sc_2O_3 + 3\,C + 3\,Cl_2 \longrightarrow 2\,ScCl_3 + 3\,CO$$

Eigenschaften: Aufgrund seiner Dichte zählt Scandium zu den Leichtmetallen. Sc ist relativ unedel und daher leicht in Säuren löslich. Es bildet Komplexe, z.B. $K_3[ScF_6]$.

Verwendung: Seine Hauptanwendung findet Scandium als Scandiumiodid in Hochleistungs-Hochdruck-Quecksilberdampflampen, für Flutlichter in Stadien. Zusammen mit Holmium und Dysprosium entsteht ein dem Tageslicht ähnliches Licht.

Yttrium (Y)

Geschichte: Yttrium wurde 1794 von *Johan Gadolin* im Mineral Ytterbit entdeckt. 1824 stellte *Friedrich Wöhler* verunreinigtes Yttrium durch Reduktion von Yttriumchlorid mit Kalium her. Erst 1842 gelang *Carl Gustav Mosander* die Trennung des Yttriums von den Begleitelementen Erbium und Terbium. Yttrium ist nach dem ersten Fundort, der Grube Ytterby bei Stockholm, benannt, wie auch Ytterbium, Terbium und Erbium.

Vorkommen: als Oxid in den *Yttererden*. Als Ausgangsmaterial für die Herstellung dient meist das Mineral Xenotim YPO_4. *Herstellung* s. Sc. Bei den Leuchtstoffen von Fernsehröhren besteht die Rotkomponente aus Y_2O_2S, Eu oder YVO_4.

Lanthan (La)

kommt als Begleiter von Cer im Monazitsand vor.

Geschichte: Lanthan (griech. λανθάνειν, lanthanein, „versteckt sein") wurde 1839 von *Carl Gustav Mosander* entdeckt. Es wurde von ihm so benannt wegen des Fehlens spezifischer Reaktionen. Es wurde durch Reduktion des Chlorids mit Kalium freigesetzt. Größere Mengen erhielten *Hillebrand* und *Norton* 1875 durch Elektrolyse des geschmolzenen Chlorids. In größerer Menge hergestellt wurde Lanthan von *W. Muthmann* 1902.

Herstellung siehe Scandium

Actinium (Ac)

Geschichte: Actinium (griech. ακτίνα, aktína „Strahl") wurde 1899 von *André-Louis Debierne* entdeckt, der es aus Pechblende isolierte.

Vorkommen: als radioaktives Zerfallsprodukt in Form der Isotope $^{227}_{89}Ac$ (Halbwertszeit 28 a) und $^{228}_{89}Ac$ (Halbwertszeit 6 h) in sehr geringen Mengen.

Herstellung von $^{227}_{89}Ac$ aus Radium (RaCO$_3$) im Reaktor durch Bestrahlen mit Neutronen. $^{228}_{89}Ac$ ist ein Tochterprodukt von $^{232}_{90}Th$.

$$^{226}_{88}Ra + ^{1}_{0}n \longrightarrow ^{227}_{88}Ra \xrightarrow{\beta} ^{227}_{89}Ac$$

IV. Nebengruppe
Titan-Gruppe (Ti, Zr, Hf)

Tabelle 26. Eigenschaften der Elemente

	Titan	Zirconium	Hafnium
Ordnungszahl	22	40	72
Elektronenkonfiguration	$3d^2\,4s^2$	$4d^2\,5s^2$	$5d^2\,6s^2$
Schmp. [°C]	1670	1850	2000
Sdp. [°C]	3260	3580	5400
Ionenradius [pm] M^{4+}	68	79	78

Übersicht

Titan ist mit etwa 0,5 % Massenanteil an der Lithosphäre beteiligt. Die Elemente überziehen sich an der Luft mit einer schützenden Oxidschicht. Die Lanthanoidenkontraktion ist dafür verantwortlich, dass Zirconium und Hafnium praktisch gleiche Atom- und Ionenradien haben und sich somit in ihren chemischen Eigenschaften kaum unterscheiden. Hf kommt immer zusammen mit Zr vor. Bei allen Elementen ist die Oxidationsstufe +4 die beständigste.

Titan (Ti)

Geschichte: Titan wurde 1789 von *William Gregor* im Titaneisen entdeckt. 1795 entdeckte es *Heinrich Klaproth* im Rutilerz ebenfalls und gab dem Element seinen heutigen Namen mit Bezug auf das griechische Göttergeschlecht der Titanen.

1825 war es *Jöns Jakob Berzelius* gelungen, durch Reduktion von Kaliumtitanfluorid mit Natrium elementares, noch verunreinigtes Titan herzustellen. *Justus von Liebig* gelang es 1831 aus dem Erz das metallische Titan zu gewinnen. Reines Titanmetall (99,9 %) stellte 1910 erstmals *Matthew A. Hunter* her, indem er in einer Stahlbombe Titantetrachlorid mit Natrium auf 700 bis 800 °C erhitzte.

Vorkommen: in Eisenerzen vor allem als $FeTiO_3$ (Ilmenit), als $CaTiO_3$ (Perowskit), TiO_2 (Rutil) und in Silicaten. Titan ist in geringer Konzentration sehr verbreitet.

Herstellung: Ausgangsmaterial ist $FeTiO_3$ und TiO_2.

$$2\ TiO_2 + 3\ C + 4\ Cl_2 \longrightarrow 2\ TiCl_4 + 2\ CO + CO_2$$

$TiCl_4$ (Sdp. 136°C) wird durch Destillation gereinigt. Anschließend erfolgt die Reduktion mit Natrium oder Magnesium unter Schutzgas (Argon):

$$TiCl_4 + 2\ Mg \longrightarrow Ti + 2\ MgCl_2$$

Das schwarze, schwammige Titan wird mit HNO_3 gereinigt und unter Luftausschluss im elektrischen Lichtbogen zu duktilem metallischem Titan geschmolzen **Ferrotitan** wird als Ausgangsstoff für legierte Stähle durch Reduktion von $FeTiO_3$ mit Kohlenstoff hergestellt.

Sehr reines Titan erhält man durch thermische Zersetzung von TiI_4 an einem heißen Wolframdraht. Bei diesem **Verfahren von *van Arkel* und *de Boer* (Aufwachsverfahren)** erhitzt man pulverförmiges Ti und Iod in einem evakuierten Gefäß, das an eine Glühbirne erinnert, auf ca. 500 °C. Hierbei bildet sich flüchtiges TiI_4. Dieses diffundiert an den ca. 1200 °C heißen Wolframdraht und wird zersetzt. Während sich das Titan metallisch an dem Wolframdraht niederschlägt, steht das Iod für eine neue *„Transportreaktion"* zur Verfügung.

Eigenschaften: Das silberweiße Metall ist gegen HNO_3 und Alkalien resistent, weil sich eine zusammenhängende Oxidschicht bildet (Passivierung). Es hat die — im Vergleich zu Eisen — geringe Dichte von 4,5 g · cm^{-1}. In einer Sauerstoffatmosphäre von 25 bar verbrennt Titan mit gereinigter Oberfläche bei 25 °C vollständig zu TiO_2. Das gebildete TiO_2 löst sich dabei in geschmolzenem Metall.

Verwendung: im Apparatebau, für Überschallflugzeuge, Raketen, Rennräder, Brillenfassungen usw., weil es ähnliche Eigenschaften hat wie Stahl, jedoch leichter und korrosionsbeständiger ist.

Titan-Verbindungen

Titan(IV)-Verbindungen: Alle Verbindungen sind kovalent gebaut. Es gibt keine Ti^{4+}-Ionen!

$TiCl_4$: $2\ TiO_2 + 3\ C + 4\ Cl_2 \longrightarrow 2\ TiCl_4 + CO_2 + 2\ CO$

Farblose, an der Luft rauchende Flüssigkeit.

Es hydrolysiert zu TiO_2. Mit HCl bildet es einen oktaedrischen Komplex.

$$TiCl_4 + 2\ HCl \longrightarrow [TiCl_6]^{2-}$$

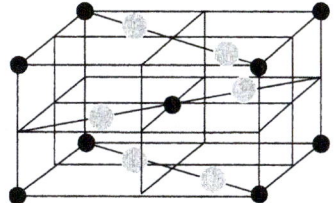

Abb. 67. Rutil (TiO$_2$). Jedes Ti^{4+}-Ion sitzt in einem verzerrten Oktaeder von O^{2-}-Ionen. Jedes O^{2-}-Ion sitzt in der Mitte eines gleichseitigen Dreiecks von Ti^{4+}-Ionen

TiF$_4$ entsteht aus TiCl$_4$ mit HF (wasserfrei). TiF$_4$ ist farblos, fest und sublimiert bei 284 °C. Es besteht aus Makromolekülen mit F-Brücken. Ti hat darin die KZ. 6.

$$TiF_4 + 2\,F^- \longrightarrow [TiF_6]^{2-}; \qquad [TiF_6]^{2-} + H_2O \longrightarrow [TiOF_4]^{2-}$$

TiBr$_4$ (gelb) und *TiI$_4$* (rotbraun) sind direkt aus den Elementen zugänglich. TiBr$_4$: Schmp. 38,25 °C, Sdp. 233 °C; TiI$_4$: Schmp. 155 °C, Sdp. 377 °C.

Beachte: TiCl$_4$, TiBr$_4$ und TiI$_4$ sind starke Lewis-Säuren. Sie bilden mit zahlreichen Lewis-Basen sehr stabile Addukte, so z.B. mit Ethern und Aminen. Titan erreicht damit die KZ. 6.

TiO$_2$ kommt in drei Modifikationen vor: **Rutil** (tetragonal, Abb. 67), **Anatas** (tetragonal) und **Brookit** (rhombisch). Oberhalb 800 °C wandeln sich die beiden letzten *monotrop* in Rutil um. TiO$_2$ + BaSO$_4$ ergibt **Titanweiß** (Anstrichfarbe). Es besitzt ein hohes Lichtbrechungsvermögen und eine hohe Dispersion. TiO$_2$ wird als weißes Pigment vielfach verwendet.

TiOSO$_4$ · H$_2$O Titanoxidsulfat (Titanylsulfat), ist farblos. Bildung:

$$TiO + H_2SO_{4\,konz.} \longrightarrow Ti(SO_4)_2$$
$$Ti(SO_4)_2 + H_2O \longrightarrow TiOSO_4 \cdot H_2O$$

Im Titanylsulfat liegen endlose –Ti–O–Ti–O–Zickzack-Ketten vor. Die SO$_4^{2-}$-Ionen und H$_2$O-Moleküle vervollständigen die KZ. 6 am Titan. Von Bedeutung ist seine Reaktion mit H$_2$O$_2$. Sie findet als qualitative Nachweisreaktion für H$_2$O$_2$ bzw. Titan Verwendung:

$$TiO(SO_4) + H_2O_2 \longrightarrow TiO_2(SO_4) \text{ (Peroxo-Komplex)}$$

Das TiO$_2^{2+}$ · x H$_2$O ist orangegelb.

Titan(III)-Verbindungen entstehen durch Reduktion von Ti(IV)-Substanzen und wirken selbst reduzierend. Sie finden z.B. in der Maßanalyse bei der Reduktion von Fe^{3+} zu Fe^{2+} Verwendung (*Titanometrie*).

TiCl₃, dunkelviolett, kristallisiert in einem Schichtengitter mit sechsfachkoordinierten Ti^{3+}-Ionen. Es entsteht beim Durchleiten von $TiCl_4$ und H_2 durch ein auf ca. 500 °C erhitztes Rohr.

$[Ti(H_2O)_6]^{3+}$-Lösungen sind nur unter Ausschluss von Sauerstoff haltbar.

$Ti(OH)_3$ ist purpurrot und löst sich nur in Säuren.

Titan(II)-Verbindungen sind nur in festem Zustand stabil. Sie sind starke Reduktionsmittel und entstehen beim Erhitzen von Ti(IV)-Verbindungen mit Ti:

$$TiCl_4 + Ti \longrightarrow 2\ TiCl_2$$

oder $\quad TiO_2 + Ti \longrightarrow 2\ TiO$

Titan-organische Verbindungen sind Bestandteile von Katalysatoren (z.B. Ziegler/Natta-Katalysator für Niederdruckpolymerisation von Ethylen.)

„*Titanorganyle*" gibt es mit Ti(III) und Ti(IV).

Eine wichtige Ausgangsverbindung ist *Cp_2TiCl_2 (Schmp.* 230 °C). (Cp ≡ η^5-C_5H_5). Die rote, kristalline Substanz entsteht aus $TiCl_4$ und C_5H_5Na (Cyclopentadienyl-Natrium). Sie besitzt eine quasi-tetraedrische Struktur.

Zirconium (Zr) und Hafnium (Hf)

Geschichte: Zirconium (früher Zirkonium) wurde 1789 von *Martin Heinrich Klaproth* in einer Probe des Minerals Zirkon aus Ceylon entdeckt und nach diesem benannt. Erstmals dargestellt wurde das Metall 1824 von *Jöns Jakob Berzelius* durch Reduktion von Kaliumfluorozirconat K_2ZrF_6 mit Kalium. Ganz reines, kompaktes und duktiles Zirconmetall liefert das „Aufwachsverfahren" von *Anton Eduard van Arkel* und *Jan Hendrik de Boer* (1924). Die erste praktische Anwendung von Zirconium war der Einsatz als rauchloses Blitzlichtpulver.

Hafnium ist ein steter Begleiter des Zirconiums in seinen Mineralien. Die meisten Zircone enthalten über 1 % Hafniumoxid. Hafnium ist benannt nach dem lateinischen Namen der Stadt Kopenhagen, Hafnia, in der das Element entdeckt wurde. Hafnium war eines der letzten stabilen Elemente des Periodensystems, das entdeckt wurde. 1923 wurde es von *Dirk Coster* und *George de Hevesy* in Kopenhagen als erstes Element durch Röntgenspektroskopie nachgewiesen.

Vorkommen: Zr und Hf kommen in der Natur immer zusammen vor. Der Hafniumgehalt beträgt selten mehr als 1 %. Z. B. als $ZrSiO_4$ (Zirkonit) und ZrO_2 (Baddeleyit).

Herstellung: s. Titan.

Verwendung: Metallisches Zr und Hf finden Verwendung in Kernreaktoren. Reines Zirconium eignet sich wegen seiner hohen Neutronendurchlässigkeit als Hüllenmaterial für Brennelemente. Zr ist auch Bestandteil von Stahllegierungen.

ZrO_2 wird zur Herstellung feuerfester chemischer Geräte verwendet (Schmp. 2700 °C) und dient als Trübungsmittel für Email. Der Nernststift, der in der Spektroskopie als Lichtquelle benutzt wird, enthält 15 % Y_2O_3 und 85 % ZrO_2.

$ZrOCl_2$ findet in der *Analytischen Chemie* Anwendung zum Abtrennen von PO_4^{3-} als säurebeständiges $Zr_3(PO_4)_4$.

ZrF_4 bildet (wie HfF_4) mit F^--Ionen $[ZrF_7]^{3-}$-Ionen. Die *Struktur* ist ein **ein**hütiges Oktaeder (mit einem F über einer Fläche).

$Zr(OH)_2Cl_2$ (basisches Chlorid) enthält im Kristallgitter $[Zr_4(OH)_8]^{8+}$-Ionen, wobei 4 Zr^{4+}-Ionen in quadratischer Anordnung durch je zwei OH-Brücken verknüpft sind. Die Substanz findet z.B. beim Weißgerben, in der Keramik und als Textilhilfsmittel Verwendung.

HfC, Hafniumcarbid, hat den höchsten bekannten Schmelzpunkt einer chemischen Verbindung: Schmp. **4160 °C**.

Die *Trennung* von Zirconium und Hafnium gelingt z.B. mit Ionenaustauschern, chromatographisch an Kieselgel über die MCl_4-Lösungen in HCl-haltigem Methanol oder durch mehrfache Extraktion der ammonrhodanidhaltigen, sauren Lösungen der Sulfate mit Ether.

V. Nebengruppe
Vanadium-Gruppe (V, Nb, Ta)

Tabelle 27. Eigenschaften der Elemente

	Vanadium	Niob	Tantal
Ordnungszahl	23	41	73
Elektronenkonfiguration	$3d^3\,4s^2$	$4d^4\,5s^1$	$5d^3\,6s^2$
Schmp. [°C]	1900	2420	3000
Ionenradius [pm] M^{5+}	59	69	68

Übersicht

Die Elemente sind typische Metalle. V_2O_5 ist amphoter, Ta_2O_5 sauer. Die Tendenz, in niederen Oxidationsstufen aufzutreten, nimmt mit steigender Ordnungszahl ab. So sind Vanadium(V)-Verbindungen im Gegensatz zu Tantal(V)-Verbindungen leicht zu V(III)- und V(II)-Verbindungen reduzierbar.

Niedere Halogenide von Niob und Tantal werden durch Metall-Metall-Bindungen stabilisiert. Nb_6Cl_{14} und Ta_6Cl_{14} enthalten $[M_6Cl_{12}]^{2+}$-Einheiten.

Auf Grund der Lanthanoidenkontraktion sind sich Niob und Tantal sehr ähnlich und unterscheiden sich merklich vom Vanadium.

Vanadium (V) (früher Vanadin)

Geschichte: Zum ersten Mal wurde das spätere Vanadium 1801 vom spanischen Mineralogen *Andrés Manuel del Río* im Vanadinit entdeckt. Er nannte es Erythronium, da sich die Salze beim Ansäuern rot färbten. Die Wiederentdeckung des Elementes gelang 1830 dem schwedischen Chemiker *Nils Gabriel Sefström*. Er benannte es nach Vanadis, einem Beinamen der nordischen Gottheit Freyja. Kurze Zeit später wies *Friedrich Wöhler* nach, dass es sich bei Vanadium und Erythronium um identische Elemente handelt.

Vorkommen: Eisenerze enthalten oft bis zu 1 % V_2O_5. Bei der Stahlherstellung sammelt sich V_2O_5 in der Schlacke des Konverters. Weitere Vanadiumvorkommen sind der Carnotit K(UO$_2$)VO$_4$ · 1,5 H$_2$O, der Patronit VS$_4$ (komplexes Sulfid) und der Vanadinit Pb$_5$(VO$_4$)$_3$Cl.

Herstellung:

(1.) Durch Reduktion von V$_2$O$_5$ mit Calcium oder Aluminium.

(2.) Nach dem Verfahren von *van Arkel* und *de Boer* durch thermische Zersetzung von VI$_2$.

Verwendung: Vanadium ist ein wichtiger Legierungsbestandteil von Stählen. Vanadiumstahl ist zäh, hart und schlagfest. *Ferrovanadium* enthält bis zu 50 % Vanadium. Zur Herstellung der Legierung reduziert man ein Gemisch von V$_2$O$_5$ und Eisenoxid mit Koks im elektrischen Ofen. V$_2$O$_5$ dient als Katalysator bei der SO$_3$-Herstellung.

Vanadium-Verbindungen

Vanadium-Verbindungen enthalten das Metall in sehr verschiedenen Oxidationsstufen. Wichtig und stabil sind die Oxidationsstufen +4 und +5.

Vanadium mit der Oxidationsstufe −1: [V(CO)$_6$]$^-$. In dieser Verbindung erreicht Vanadium die Elektronenkonfiguration von Krypton. *Herstellung:* Reduktion von [V(CO)$_6$] mit Natrium.

Vanadium mit der Oxidationsstufe 0 liegt vor im Carbonyl [V(CO)$_6$] oder [V(dipy)$_3$]. *Beachte:* [V(CO)$_6$] (dunkelgrün) ist einkernig, obwohl ihm ein Elektron zur Edelgaskonfiguration fehlt. Es ist paramagnetisch und lässt sich leicht reduzieren. V hat dann 36 Elektronen.

$$V(CO)_6 + Na \longrightarrow [V(CO)_6]^- Na^+$$

Vanadium(II)-Verbindungen sind sehr reaktiv. Sie sind starke Reduktionsmittel. Man erhält sie durch kathodische Reduktion oder Reduktion mit Zink aus V(III)-Verbindungen.

VCl$_2$ ist fest und stabil. KZ 6 für Vanadium.

$$2\ VCl_3 \xrightleftharpoons{800\ °C} VCl_2 + VCl_4$$

VI$_2$ (violett) aus VI$_3$ durch Erhitzen.

VO, schwarz, besitzt metallischen Glanz und elektrische Leitfähigkeit. Es ist nicht stöchiometrisch zusammengesetzt und enthält Metall-Metall-Bindungen.

[V(H$_2$O)$_6$]$^{2+}$ ist ebenso wie *VSO$_4$* **violett.**

Vanadium(III)-Verbindungen sind sehr unbeständig. Die wässrigen Lösungen sind **grün**. *Beispiel:* [(V(H$_2$O)$_6$]$_2$(SO$_4$)$_3$, VCl$_3$ (violett).

$$2\ VCl_4 \xrightleftharpoons{\Delta} 2\ VCl_3 + Cl_2$$

V hat darin die KZ 6.

VI$_3$ (braun) aus den Elementen.

Vanadium(IV)-Verbindungen sind unter normalen Bedingungen sehr beständig. Sie entstehen aus V(II)- und V(III)-Verbindungen durch Oxidation z.B. mit Sauerstoff oder durch Reduktion von V(V)-Verbindungen.

VO$_2$, dunkelblau bis schwarz, ist amphoter (Rutilstruktur).

$$VO_2 + 4\ OH^- \longrightarrow [VO_4]^{4-} + 2\ H_2O$$

Die Vanadate(IV) sind farblos. In schwach alkalischer Lösung bilden sich **Isopolyvanadate(IV)**.

Mit Säuren bildet VO$_2$ **Oxovanadium**-Verbindungen. Sie enthalten die Gruppierung V=O und Koordinationszahl 6 am Vanadium-Kation (Oxovanadium(IV)-Ion: VO^{2+}).

VOSO$_4$ · 2 H$_2$O: in Lösung **blau** durch [OV(H$_2$O)$_5$]$^{2+}$-Ionen.

VO(OH)$_2$ (gelbes Vanadylhydroxid) entsteht aus VOSO$_4$ · 2 H$_2$O mit Laugen.

VOCl$_2$ (grün) erhält man mit H$_2$ aus VOCl$_3$.

VCl$_4$ (rotbraune, ölige Flüssigkeit), Sdp. 154 °C. Herstellung aus V oder V$_2$O$_5$ mit CCl$_4$ bei 500 °C oder aus den Elementen. Es ist tetraedrisch gebaut und nicht assoziiert.

Vanadium(V)-Verbindungen

VF$_5$ (weiß), Schmp. 19,5 °C, enthält im Kristall Ketten von F-verbrückten VF$_6$-Oktaedern. Im Gaszustand liegt ein trigonal-bipyramidal gebautes Molekül vor. *Herstellung* aus den Elementen.

V$_2$O$_5$ (orange), Vanadiumpentoxid, ist das stabilste Vanadiumoxid. Es bildet sich beim Verbrennen von Vanadiumpulver im Sauerstoffüberschuss oder beim Glühen anderer Vanadiumverbindungen an der Luft. Das amphotere Oxid hat einen ähnlichen Bau wie [Si$_2$O$_5$]$^{2-}$, s. S. 96. Seine Lösungen in Säuren sind stark oxidierend. Sie enthalten das VO$_2^+$ in solvatisiertem Zustand (Dioxovanadium(V)-Ion).

Vanadate(V) (Orthovanadate)

Die Reaktion von V_2O_5 mit Alkalihydroxiden gibt farblose Vanadate(V), M_3VO_4. Diese Vanadate sind nur in stark alkalischem Milieu stabil. Mit sinkendem pH-Wert kondensieren sie unter Farbvertiefung zu **Isopolyvanadaten(V)**. Das Ende der Kondensation, die unter Protonenverbrauch abläuft, bildet wasserhaltiges V_2O_5.

Existenzbereich und Kondensationsgrad von Isopolyvanadaten(V):

pH 13–8	HVO_4^{2-}	*Mono*vanadat	farblos
	$HV_2O_7^{3-}$	*Di*vanadate	(Abb. 68)
	$(VO_3^-)_n$	*Meta*vanadate	
pH 7–1,3	$[V_{10}O_{28}]^{6-}$	*Deca*vanadat	orange-braun
	$([HV_{10}O_{28}]^{5-}, [H_2V_{10}O_{28}]^{4-}$ usw.)		(Abb. 69)
pH ~ 2	$V_2O_5 \cdot aq$		
pH 0,5–1,3	VO_2^+ als $[VO_2(H_2O)_5]^{2+}$ (Dioxovanadium(V)-Ion)		farblos

Vorstehend sind nur die stabilsten Kondensationsprodukte aufgeführt.

Die Isopolyvanadate sind über O-Brücken verknüpft. Im Decavanadat(V) liegen zehn miteinander verknüpfte $[VO_6]$-Oktaeder vor.

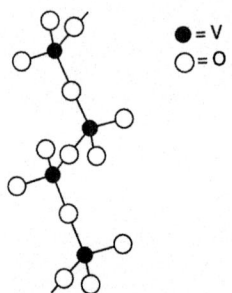

Abb. 68. Ausschnitt aus der Struktur von $(VO_3^-)_n$ (Metavanadat)

Abb. 69. Struktur von $[V_{10}O_{28}]^{6-}$

Niob (Nb) und Tantal (Ta)

Geschichte: Niob wurde 1801 durch *Charles Hatchett* (er nannte es Columbium) und Tantal 1802 von *Anders Gustav Ekeberg* entdeckt. Er trennte ein sehr beständiges Oxid (Tantal(V)-oxid) ab, das sich in keiner Säure löste. Benannt ist Tantal nach *Tantalus*, einer Figur aus der griechischen Mythologie, die in der Unterwelt schmachtet. Bis Mitte des 19. Jd.s ging man davon aus, dass es sich bei Columbium und dem 1802 entdeckten Tantal um dasselbe Element handelt, da sie in Mineralen fast immer zusammen auftreten (Paragenese). Erst 1844 zeigte *Heinrich Rose*, dass Niob- und Tantalsäure unterschiedliche Stoffe sind. Nicht um die Arbeiten *Hatchetts* und dessen Namensgebung wissend, nannte er das wiederentdeckte Element aufgrund dessen Ähnlichkeit mit Tantal nach der Tochter *Niobe* des *Tantalus*.

Erst nach 100 Jahren Auseinandersetzung legte die International Union of Pure and Applied Chemistry (IUPAC) 1950 Niob als offizielle Bezeichnung des Elementes fest.

Christian Blomstrand gelang 1864 die Herstellung von metallischem Niob durch Reduktion von Niobchlorid mit Wasserstoff.

Vorkommen: im Niobit (Columbit, Tantalit) (Fe,Mn)(Nb,TaO$_3$)$_2$.

Herstellung: Zusammenschmelzen von Niobit mit KHSO$_4$ und Auswaschen mit heißem Wasser liefert als Rückstand ein Gemisch der Nb- und Ta-Oxide. Zur Aufarbeitung des Rückstandes stellt man die Kaliumfluorokomplexe her: K$_2$[TaF$_7$], K$_2$[NbF$_7$] oder K$_2$[NbOF$_5$] · H$_2$O. Diese Substanzen unterscheiden sich in ihrer Löslichkeit und können durch *fraktionierte Kristallisation* getrennt werden. Die einzelnen Fluoro-Komplexe werden nun z.B. mit H$_2$SO$_4$ in die Oxide übergeführt und mit Aluminium zum Metall reduziert. Kompaktes Metall erhält man durch Schmelzen im elektrischen Lichtbogen.

Eigenschaften: Eine dünne Metalloxidschicht macht die Metalle gegen Säuren, selbst gegen Königswasser resistent.

Verwendung: als Legierungsbestandteil, z.B. für „warmfeste" Stähle, besonders für Gasturbinen und Brennkammern von Raketen. Tantalfreies Niob dient als Hüllenmaterial für Brennelemente in Kernreaktoren. Metallisches Tantal verwendet man gelegentlich als Ersatz für Platin und für Kondensatoren.

Die *Chemie* dieser Elemente ist dadurch gekennzeichnet, dass Verbindungen mit positiv *fünfwertigen* Metallen besonders beständig sind.

Von Interesse sind die Halogenverbindungen. Sie bilden sich aus den Elementen.

Die Mischung aus **Co**lumbit (Niobit) und **Tan**talit kommt als ***Coltan*** in großen Mengen im östlichen Teil des Kongo vor. Es wird für die Herstellung von Handys, Computern, Digitalkameras und MP3-Playern verwendet.

Niob- und Tantal-Verbindungen

NbF₅ (Abb. 70) und *TaF₅* sind im Gaszustand monomer und trigonal-bipyramidal gebaut. Im festen Zustand liegen sie tetramer vor und besitzen eine Ringstruktur, bei der vier Metallatome ein Quadrat bilden.

Die Fluoride bilden **Fluoro-Komplexe:** $[NbF_6]^-$, $[NbF_7]^{2-}$, $[TaF_6]^-$, $[TaF_7]^{2-}$, $[TaF_8]^{3-}$ ($Na_3[TaF_8]$, quadratisches Antiprisma).

NbCl₅ (Abb. 71) und *TaCl₅* sind im flüssigen und festen Zustand dimer.

Beachte: Ein entsprechendes VCl₅ ist unbekannt.

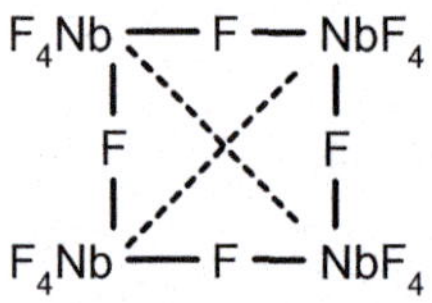

Abb. 70. Struktur von NbF₅ im festen Zustand

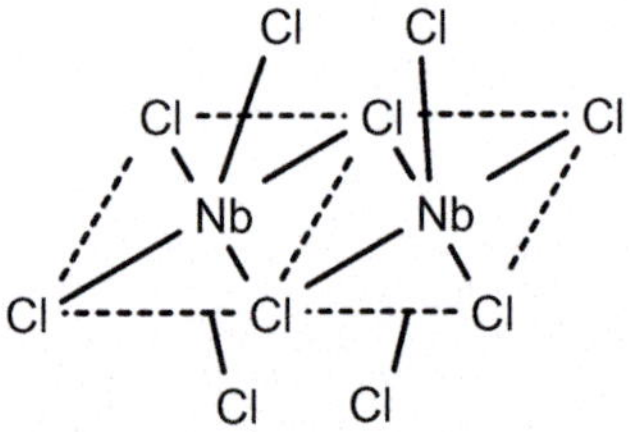

Abb. 71. Struktur von NbCl₅

VI. Nebengruppe
Chrom-Gruppe (Cr, Mo, W)

Tabelle 28. Eigenschaften der Elemente

	Chrom	Molybdän	Wolfram
Ordnungszahl	24	42	74
Elektronenkonfiguration	$3d^5 4s^1$	$4d^5 5s^1$	$5d^4 6s^2$
Schmp. [°C]	1900	2610	3410
Ionenradius [pm]			
M^{6+}	52	62	62
M^{3+}	63		

Übersicht

Die Elemente dieser Gruppe sind hochschmelzende Schwermetalle. Chrom weicht etwas stärker von den beiden anderen Elementen ab. Die Stabilität der höchsten Oxidationsstufe nimmt innerhalb der Gruppe von oben nach unten zu. Die bevorzugte Oxidationsstufe ist bei Chrom +3, bei Molybdän und Wolfram +6.

Beachte: Cr(VI)-Verbindungen sind starke Oxidationsmittel.

Chrom (Cr)

Geschichte: Chrom wurde 1797 von *Louis-Nicolas Vauquelin* in einem sibirischen Mineral (Rotbleierz) entdeckt und von *Tassaert* 1799 im Chromeisenstein. Benannt wurde es nach seiner Farbe (griech. Χρώμα, chroma = „Farbe").

Vorkommen: als $FeCr_2O_4 \equiv FeO \cdot Cr_2O_3$, Chromeisenstein (Chromit). Die Substanz ist ein *Spinell*. Die O^{2-}-Ionen bauen eine dichteste Kugelpackung auf, die Cr^{3+}-Ionen besetzen die oktaedrischen und die Fe^{2+}-Ionen die tetraedrischen Lücken.

Herstellung: **Reines Chrom gewinnt man mit dem *Thermitverfahren*:**

$$Cr_2O_3 + 2\,Al \longrightarrow Al_2O_3 + 2\,Cr \qquad \Delta H = -536\,kJ \cdot mol^{-1}$$

Eigenschaften: Chrom ist silberweiß, weich und relativ unedel. Es löst sich in nichtoxidierenden Säuren unter H_2-Entwicklung. Gegenüber starken Oxidationsmitteln wie konz. HNO_3 ist es beständig (Passivierung).

Verwendung: Beim **Verchromen** eines Werkstückes wird elementares Chrom kathodisch auf einer Zwischenschicht von Cadmium, Nickel oder Kupfer abgeschieden und das Werkstück auf diese Weise vor Korrosion geschützt. Chrom ist ein wichtiger Legierungsbestandteil für Stähle. „**Ferrochrom**" ist eine Cr–Fe-Legierung mit bis zu 60 % Cr. Man erhält sie durch Reduktion von $FeCr_2O_4$ (Chromit) mit Koks im elektrischen Ofen.

Chrom-Verbindungen

In seinen Verbindungen besitzt das Element Chrom formal die Oxidationszahlen –2 bis +6. Am stabilsten ist Chrom in der Oxidationsstufe +3.

Beispiele für Chromverbindungen mit Chrom verschiedener Oxidationszahl:

Oxidationszahl	Verbindung
–2	$Na_2[Cr(CO)_5]$: $Cr(CO)_6 + OH^- \longrightarrow [Cr(CO)_5]^{2+}$
0	$[Cr(CO)_6]$, $[Cr(dipy)_3]$, $[Cr(C_6H_6)_2]$

Chrom(II)-Verbindungen sind starke Reduktionsmittel. Sie entstehen entweder aus den Elementen (wie z.B. $CrCl_2$, CrS) oder durch Reduktion von Cr^{3+}-Verbindungen mit H_2 bei höherer Temperatur.

Chrom(III)-Verbindungen sind besonders stabil. Sie enthalten drei ungepaarte Elektronen.

$CrCl_3$ ist die wichtigste Chromverbindung. Sie ist rot und schuppig. Ihr Gitter besteht aus einer kubisch-dichtesten Packung von Chlorid-Ionen. Zwischen jeder zweiten Cl^--Doppelschicht sind zwei Drittel der oktaedrischen Lücken von Cr^{3+}-Ionen besetzt. Das schuppenartige Aussehen rührt davon her, dass die anderen Schichten aus Cl^--Ionen durch Van der Waals-Kräfte zusammengehalten werden. Reinstes $CrCl_3$ ist unlöslich in Wasser. Bei Anwesenheit von Cr^{2+}-Ionen geht es aber leicht in Lösung. Die Herstellung gelingt aus Chrom oder $Cr_2O_7^{2-}$ mit Koks im Chlorstrom bei Temperaturen oberhalb 1200 °C.

Cr_2O_3 (grün) besitzt *Korundstruktur*. Es entsteht wasserfrei beim Verbrennen von Chrom an der Luft. Wasserhaltig erhält man es beim Versetzen wässriger Lösungen von Cr(III)-Verbindungen mit OH^--Ionen. Wasserhaltiges Cr_2O_3 ist amphoter. Mit Säuren bildet es $[Cr(H_2O)_6]^{3+}$-Ionen und mit Laugen $[Cr(OH)_6]^{3-}$-Ionen (*Chromite*). Beim Zusammenschmelzen von Cr_2O_3 mit Metalloxiden M(II)O bilden sich *Spinelle* M(II)O · Cr_2O_3.

> In **Spinellen** bauen O^{2-}-Ionen eine kubisch-dichteste Packung auf, und die M^{3+}- bzw. M^{2+}-Ionen besetzen die oktaedrischen bzw. tetraedrischen Lücken in dieser Packung. *Beachte:* Die Cr^{3+}-Ionen sitzen in oktaedrischen Lücken.

$Cr_2(SO_4)_3$ entsteht aus $Cr(OH)_3$ und H_2SO_4. Es bildet violette Kristalle mit 12 Molekülen Wasser: $[Cr(H_2O)_6]_2(SO_4)_3$.

$KCr(SO_4)_2 \cdot 12\ H_2O$ (Chromalaun) kristallisiert aus Lösungen von K_2SO_4 und $Cr_2(SO_4)_3$ in großen dunkelvioletten Oktaedern aus.

Verwendung: $Cr_2(SO_4)_3$ und $KCr(SO_4)_2 \cdot 12\ H_2O$ werden zur Chromgerbung von Leder verwendet (Chromleder).

Chrom(IV)-Verbindungen und **Chrom(V)-Verbindungen** sind sehr selten. Das dunkelgrüne CrF_4 und das rote CrF_5 sind durch Reaktion der Elemente zugänglich.

Chrom(VI)-Verbindungen sind starke Oxidationsmittel.

CrF_6 ist ein gelbes, unbeständiges Pulver. Es entsteht aus den Elementen bei 400 °C und 350 bar.

CrO_3: orangerote Nadeln, Schmp. 197 °C. *Herstellung:*

$$Cr_2O_7^{2-} + H_2SO_{4\ konz.} \longrightarrow (CrO_3)_x$$

Die Substanz ist sehr giftig (cancerogen!); sie löst sich leicht in Wasser. In viel Wasser erhält man H_2CrO_4, in wenig Wasser Polychromsäuren $H_2Cr_nO_{3n+1}$ (s. unten). $(CrO_3)_x$ ist das Anhydrid der Chromsäure H_2CrO_4. Es ist aus Ketten von CrO_4-Tetraedern aufgebaut, wobei die Tetraeder jeweils über zwei Ecken verknüpft sind. $(CrO_3)_x$ ist ein starkes Oxidationsmittel. Mit organischen Substanzen reagiert es bisweilen explosionsartig.

CrO_2Cl_2, Chromylchlorid, entsteht aus Chromaten mit Salzsäure. Es ist eine dunkelrote Flüssigkeit mit Schmp. –96,5 °C und Sdp. 116,7 °C.

Chromate $M(I)_2CrO_4$; Dichromate $M(I)_2Cr_2O_7$

Herstellung von Na_2CrO_4:

(1.) Durch Oxidationsschmelze; **in der Technik:**

$$Cr_2O_3 + 1½\ O_2 + 2\ Na_2CO_3 \longrightarrow 2\ Na_2CrO_4 + 2\ CO_2$$

im Labor:

$$Cr_2O_3 + 2\ Na_2CO_3 + 3\ KNO_3 \longrightarrow 2\ Na_2CrO_4 + 3\ KNO_2 + 2\ CO_2$$

(2.) Durch anodische Oxidation von Cr(III)-sulfat-Lösung an Bleielektroden.

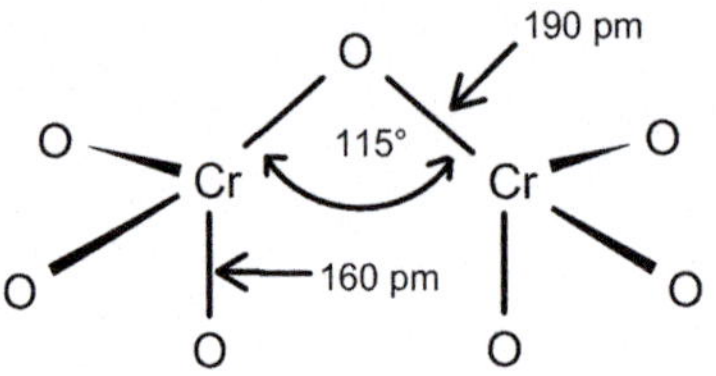

Abb. 72. Struktur von $Cr_2O_7^{2-}$

Herstellung von $Na_2Cr_2O_7$:

$$2\ Na_2CrO_4 + H_2SO_4 \longrightarrow Na_2Cr_2O_7 + Na_2SO_4 + H_2O$$

Eigenschaften: Zwischen CrO_4^{2-} und $Cr_2O_7^{2-}$ besteht in verdünnter Lösung ein pH-abhängiges Gleichgewicht:

$$2\ CrO_4^{2-} \underset{OH^-}{\overset{H_3O^+}{\rightleftharpoons}} Cr_2O_7^{2-} + H_2O$$

gelb   orange

Bei der Bildung von $Cr_2O_7^{2-}$ werden zwei CrO_4^{2-}-Tetraeder unter Wasserabspaltung über eine Ecke miteinander verknüpft (Abb. 72). Diese **Kondensationsreaktion** läuft schon bei Zimmertemperatur ab. Dichromate sind nur bei pH-Werten < 7 stabil. In konzentrierten, stark sauren Lösungen bilden sich unter Farbvertiefung höhere **Polychromate** der allgemeinen Formel: $[Cr_nO_{3n+1}]^{2-}$.

Chromate und Dichromate sind starke Oxidationsmittel. Besonders stark oxidierend wirken **saure** Lösungen. So werden schwefelsaure Dichromat-Lösungen z.B. bei der Farbstoffherstellung verwendet. Einige Chromate sind schwerlösliche Substanzen: $BaCrO_4$, $PbCrO_4$ und Ag_2CrO_4 sind gelb, Hg_2CrO_4 ist rot. $PbCrO_4$ (Chromgelb) und $PbCrO_4 \cdot Pb(OH)_2$ (Chromrot) finden als Farbpigmente kaum noch Verwendung wegen der krebserregenden Eigenschaften vieler Chrom(VI)-Verbindungen, wenn sie in atembarer Form (z.B. als Staub, Aerosol) auftreten. $K_2Cr_2O_7$ dient zum Alkoholnachweis in der Atemluft. Bei Anwesenheit von Alkohol verfärbt es sich von gelb nach grün.

Peroxochromate $M(I)HCrO_6$

Blauviolette Peroxochromate der Zusammensetzung $M(I)HCrO_6$ bilden sich aus **sauren** Chromatlösungen mit 30 %igem H_2O_2 unter Eiskühlung:

$$HCrO_4^- + 2\ H_2O_2 \longrightarrow HCrO_6^- + 2\ H_2O$$

Sie leiten sich vom Chromat dadurch ab, dass zwei O-Atome durch je eine –O–O–-Gruppe (Peroxo-Gruppe) ersetzt sind. Die wässrigen Lösungen der Peroxochromate zersetzen sich leicht unter O_2-Entwicklung.

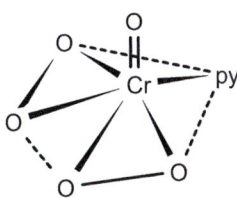
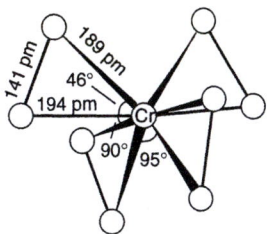

Abb. 73. Struktur von $CrO(O_2)_2 \cdot py$ **Abb. 74.** Struktur von CrO_8^{3-}

Peroxochromate $M(I)_3CrO_8$ entstehen als **rote** Substanzen beim Versetzen von **alkalischen** Chromat-Lösungen mit 30 %igem H_2O_2 unter Eiskühlung. In diesen Substanzen sind alle O-Atome des Chromats durch –O–O–-Gruppen ersetzt (Abb. 74).

$CrO_5 \equiv CrO(O_2)_2$, Chromperoxid ist eine tiefblau gefärbte instabile Verbindung. Mit Ether, Pyridin (Abb. 73) usw. lässt sie sich stabilisieren. Sie zerfällt in Cr^{3+} und Sauerstoff. *Herstellung:*

$$HCrO_4^- + 2\,H_2O_2 + H^+ \xrightarrow{25\,°C} CrO_5 + 3\,H_2O$$

Molybdän (Mo)

Geschichte: Molybdän wurde 1782 von *Peter Jacob Hjelm* aus Molybdänoxid (MoO_3) als Metall hergestellt. Das wesentliche Ausgangsprodukt für die Herstellung ist der Molybdänglanz (MoS_2). Durch unterschiedliche Aufbereitungsprozesse (z.B. das Flotationsverfahren) wird das Molybdänerz bis auf einen Gehalt von 70 % angereichert. Aus dem Oxid wird das Metall durch Reduktion mit Wasserstoff oder mit Kohle bzw. kohlenstoffhaltigen Substanzen hergestellt.

Vorkommen: MoS_2 (Molybdänglanz, Molybdänit), $PbMoO_4$ (Gelbbleierz).

Gewinnung: Durch Rösten von MoS_2 entsteht MoO_3. Dieses wird mit Wasserstoff zu Molybdän reduziert. Das anfallende Metallpulver wird anschließend zu kompakten Metallstücken zusammengeschmolzen.

Eigenschaften: Molybdän ist ein hartes, sprödes, dehnbares Metall. Als Legierungsbestandteil in Stählen erhöht es deren Härte und Zähigkeit. **Ferromolybdän** enthält 50–85 % Mo. Man erhält es durch Reduktion von MoO_3 und Eisenoxid mit Koks im elektrischen Ofen.

Molybdän ist relativ beständig gegen nichtoxidierende Säuren (Passivierung). Oxidierende Säuren und Alkalischmelzen führen zur Verbindungsbildung.

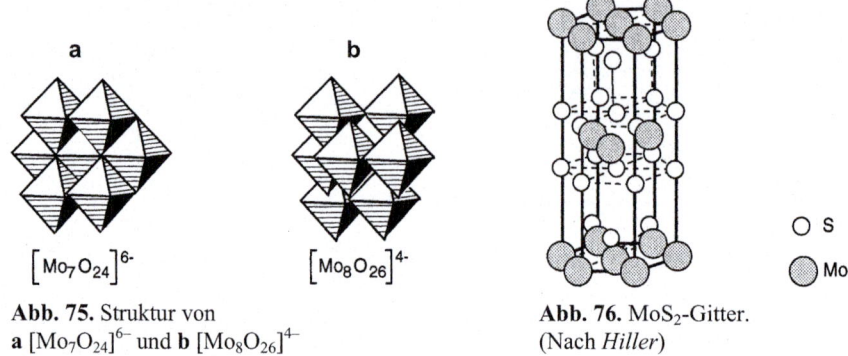

Abb. 75. Struktur von
a $[Mo_7O_{24}]^{6-}$ und b $[Mo_8O_{26}]^{4-}$

Abb. 76. MoS$_2$-Gitter.
(Nach *Hiller*)

Molybdän-Verbindungen

MoO$_3$ ist ein weißes, in Wasser kaum lösliches Pulver. Beim Erhitzen wird es gelb. In Alkalilaugen löst es sich unter Bildung von **Molybdaten.**

Bei einem pH-Wert > 6,5 entsteht **Monomolybdat** M(I)$_2$MoO$_4$. Beim Ansäuern erfolgt Kondensation zu **Polymolybdaten.**

Bei pH ≈ 6 bildet sich vornehmlich $[Mo_7O_{24}]^{6-}$, **Heptamolybdat** (Paramolybdat, Abb. 75a), und bei pH-Werten ≈ 3 $[Mo_8O_{26}]^{4-}$, **Oktamolybdat** (Metamolybdat, Abb. 75b). Die Polysäuren stehen miteinander im Gleichgewicht. Sie kommen auch in hydratisierter Form vor. Bei einem pH-Wert < 1 fällt gelbes (MoO$_3$)$_x$ · aq aus, welches sich bei weiterem Säurezusatz als (MoO$_2$)X$_2$ auflöst.

(NH$_4$)$_6$Mo$_7$O$_{24}$, Ammoniummolybdat findet in der analytischen Chemie Verwendung zum Nachweis von Phosphat. In salpetersaurer Lösung bildet sich ein gelber Niederschlag von (NH$_4$)$_3$[P(Mo$_{12}$O$_{40}$)] = Ammonium-12-molybdato-phosphat. Im $[Mo_7O_{24}]^{6-}$ sind sechs MoO$_6$-Oktaeder zu einem hexagonalen Ring verknüpft, wobei sie das siebte Mo-Atom oktaedrisch umgeben.

Molybdänblau ist eine blaugefärbte, kolloidale Lösung von Oxiden mit *vier- und sechswertigem* Molybdän. Es entsteht beim Reduzieren einer angesäuerten Molybdatlösung z.B. mit SnCl$_2$ und dient als analytische Vorprobe.

MoS$_2$ bildet sich beim Erhitzen von Molybdänverbindungen, wie MoO$_3$ mit H$_2$S. Es besitzt ein Schichtengitter (Abb. 76) und wird als temperaturbeständiger Schmierstoff verwendet.

Wolfram (W)

Geschichte: Wolfram bzw. sei Oxid WO$_3$ wurde 1781 von *C. W. Scheele* in dem heute Scheelit genannten Mineral entdeckt. Den Brüdern *Fausto* und *Juan José Elhuyar* (Schülern von *Scheele*) gelang es das Oxid zum Metall zu reduzieren. Nach seinem Vorkommen im Tungsteit (=Scheelit) erhielt das Metall den Namen Tungstein (schwedisch „schwerer Stein") oder Wolfram (ram = „Dreck"), da es die Reduktion des Zinnsteins im Schmelzofen störte und wie der „Wolf das Schaf" die Ausbeute des Zinns „weg fraß". Schon bei *Agricola* hieß das Mineral Lupi Spuma = Wolfschaum oder Wolfrahm.

Vorkommen: Wolframit (Mn,Fe(II))WO$_4$, Scheelit CaWO$_4$, Wolframocker WO$_3 \cdot$ aq.

Herstellung: Durch Reduktion von WO$_3$ mit Wasserstoff bei ca. 1200°C erhält man Wolfram in Pulverform. Dieses wird zusammengepresst und in einer Wasserstoffatmosphäre elektrisch gesintert.

Eigenschaften: Das weißglänzende Metall zeichnet sich durch einen hohen Schmelzpunkt und große mechanische Festigkeit aus. Es lässt sich zu langen dünnen Drähten ausziehen. An seiner Oberfläche bildet sich eine dünne, zusammenhängende Oxidschicht, wodurch es gegen viele Säuren resistent ist. Wolfram verbrennt bei Rotglut zu WO$_3$. In Alkalihydroxidschmelzen löst es sich unter Bildung von Wolframaten.

Verwendung: Wolfram findet vielfache technische Verwendung, so z.B. als Glühfaden in Glühbirnen und als Legierungsbestandteil in „Wolframstahl". **Ferrowolfram** enthält 60–80 % W. Man gewinnt es durch Reduktion von Wolframerz und Eisenerz mit Koks im elektrischen Ofen. **Wolframcarbid WC** wird mit ca. 10 % Kobalt gesintert und ist unter der Bezeichnung **Widiametall** als besonders harter Werkstoff, z.B. für Bohrerköpfe, im Handel.

Halogenglühlampen enthalten eine Glühwendel aus Wolfram sowie Halogen (Iod, Brom oder Dibrommethan). Beim Erhitzen der Glühwendel verdampft Wolframmetall. Unterhalb von 1400 °C reagiert der Metalldampf mit dem Halogen, z.B. Iod zu WI$_2$ (W + 2 I $\rightleftharpoons$ WI$_2$), das bei ca. 250° C gasförmig vorliegt und an die ca. 1400 °C heiße Wendel diffundiert. Hier wird es wieder in die Elemente gespalten. Wolfram scheidet sich an der Wendel ab, das Halogen steht für eine neue **„Transportreaktion"** zur Verfügung.

> **Transportreaktionen**
>
> Als chemische Transportreaktionen bezeichnet man reversible Reaktionen, bei denen sich ein fester oder flüssiger Stoff mit einem gasförmigen Stoff zu gasförmigen Reaktionsprodukten umsetzt. Der Stofftransport erfolgt unter Bildung flüchtiger Verbindungen (= über die Gasphase), die bei Temperaturänderung an anderer Stelle wieder in die Reaktanden zerlegt werden.
>
> *Beispiele für transportierbare Stoffe:* Elemente, Halogenide, Oxidhalogenide, Oxide, Sulfide, Selenide, Telluride, Nitride, Phosphide, Arsenide, Antimonide.
>
> *Beispiele für Transportmittel:* Cl_2, Br_2, I_2, HCl, HBr, HI, O_2, H_2O, CO, CO_2, $AlCl_3$, $SiCl_4$, $NbCl_5$.
>
> *Wichtige Verfahren* „Mond-Verfahren" s. S. 187, 251.
>
> Verfahren von *van Arkel* und *de Boer* s. S. 216, 222.

Wolfram-Verbindungen

WO_3, Wolfram(VI)-oxid (Wolframocker) entsteht als gelbes Pulver beim Glühen vieler Wolfram-Verbindungen an der Luft. Es ist unlöslich in Wasser und Säuren, löst sich aber in starken Alkalihydroxidlösungen unter Bildung von Wolframaten.

Wolframate, Polysäuren

Monowolframate, $M(I)_2WO_4$ sind nur in stark alkalischem Medium stabil. Beim Ansäuern tritt Kondensation ein zu Anionen von *Polywolframsäuren,* die auch hydratisiert sein können:

$$6\ WO_4^{2-} \rightleftharpoons [HW_6O_{21}]^{5-} \qquad \text{Hexawolframat-Ion}$$

bzw. $[H_7W_6O_{24}]^{5-}$ (hydratisiertes Ion).

$$2\ [HW_6O_{21}]^{5-} \rightleftharpoons [W_{12}O_{41}]^{10-} \qquad \text{Dodekawolframat-Ion}$$

(bzw. hydratisiert).

Bei pH-Werten < 5 erhält man

$$12\ WO_4^{2-} \rightleftharpoons [W_{12}O_{39}]^{6-} \qquad \text{Metawolframat-Ion}$$

bzw. $[H_2W_{12}O_{40}]^{6-}$ (= hydratisiert).

Sinkt der pH-Wert unter 1,5, bildet sich $(WO_3)_x \cdot aq$ (Wolframoxidhydrat).

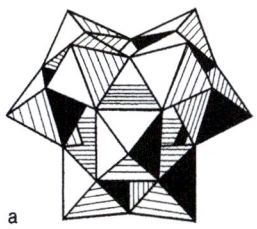 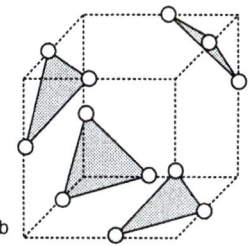

Abb. 77a u. b. Struktur von $[XMo_{12}O_{40}]^{(8-n)-}$ bzw. $[XW_{12}O_{40}]^{(8-n)-}$.
a Anordnung der zwölf MO_6-Oktaeder. **b** Anordnung der zwölf Metallatome

---

Die Säuren, welche diesen Anionen zugrunde liegen, heißen *Isopolysäuren*, weil sie die gleiche Ausgangssäure besitzen.

Heteropolysäuren nennt man im Gegensatz dazu Polysäuren, welche entstehen, wenn man mehrbasige schwache Metallsäuren wie Wolframsäure, Molybdänsäure, Vanadiumsäure mit mehrbasigen, mittelstarken Nichtmetallsäuren
(= *Stammsäuren*) wie Borsäure, Kieselsäure, Phosphorsäure, Arsensäure, Periodsäure kombiniert. Man erhält gemischte Polysäureanionen bzw. ihre Salze.

Heteropolysäuren (Abb. 77) des Typs $[X(W_{12}O_{40})]^{(n-8)-}$ mit n = Wertigkeit des Heteroatoms erhält man mit den Heteroatomen X = P, As, Si.

Heteropolysäuren des Typs $[X(W_6O_{24})]^{(n-12)-}$ kennt man mit X = I, Te, Fe usw.

Wolframblau entsteht als Mischoxid mit W^{4+} und W^{5+} bei der Reduktion von Wolframaten mit $SnCl_2$ u.a.

Wolframbronzen sind halbmetallische Mischverbindungen der Zusammensetzung Na_xWO_3 (x = 0 bis 1). Die blauviolett-goldgelb gefärbten Substanzen haben metallisches Aussehen und leiten den elektrischen Strom. Sie enthalten vermutlich gleichzeitig W(V) und W(VI). Sie entstehen durch Reduktion von geschmolzenen Natriumwolframaten mit Wasserstoff oder elektrolytisch.

WCl_6 entsteht bei Rotglut aus den Elementen. Es ist eine dunkelviolette Kristallmasse. Im Dampf liegen monomere Moleküle vor.

VII. Nebengruppe
Mangan-Gruppe (Mn, Tc, Re)

Tabelle 29. Eigenschaften der Elemente

	Mangan	Technetium	Rhenium
Ordnungszahl	25	43	75
Elektronenkonfiguration	$3d^5\,4s^2$	$4d^5\,5s^2$	$5d^5\,6s^2$
Schmp. [°C]	1250	2140	3180
Ionenradius M^{2+} [pm]	80		
Ionenradius M^{7+} [pm]	46		56

Übersicht

Von den Elementen der VII. Nebengruppe besitzt nur Mangan Bedeutung. Rhenium ist sehr selten und Technetium wird künstlich hergestellt. Die Elemente können in ihren Verbindungen verschiedene Oxidationszahlen annehmen. Während Mn in der Oxidationsstufe +2 am stabilsten ist, sind Re^{2+}- und Tc^{2+}-Ionen nahezu unbekannt. Mn(VII)-Verbindungen sind starke Oxidationsmittel. Re(VII)- und Tc(VII)-Verbindungen sind dagegen sehr stabil.

Mangan (Mn)

Geschichte: Das Dioxid de Mangans Braunstein (MnO_2) war schon im Altertum bekannt. Bekannt war auch die Anwendung als „Glasmacher Seife". Man konnte mit MnO_2 eisenhaltiges Glas entfärben. Am Ende zahlreicher Experimente und deren Auswertung standen die Arbeiten von *C. W. Scheele* und *Johan Gottlieb Gahn*, die fast gleichzeitig metallisches Mangan in reiner Form isolierten. Der Name stammt aus dem Griechischen (μαυγάυμι) und bedeutet „ich entfärbe wirklich").

Vorkommen: in Form von Oxiden: MnO_2 (Braunstein), $MnO(OH) \equiv Mn_2O_3 \cdot H_2O$ (Manganit), $Mn_3O_4 \equiv MnO \cdot Mn_2O_3$ (Hausmannit), Mn_2O_3 (Braunit); ferner als Carbonat (Manganspat) und Silicat sowie in den sog. Manganknollen auf dem Meeresboden der Tiefsee.

Herstellung: durch Reduktion der Oxide mit Aluminium:

$$3\ Mn_3O_4 + 8\ Al \longrightarrow 9\ Mn + 4\ Al_2O_3$$

oder $\quad 3\ MnO_2 + 4\ Al \longrightarrow 3\ Mn + 2\ Al_2O_3$

Eigenschaften: Mangan ist ein silbergraues, hartes, sprödes und relativ unedles Metall. Es löst sich leicht in Säuren unter H_2-Entwicklung und Bildung von Mn^{2+}-Ionen. Mn reagiert mit den meisten Nichtmetallen. An der Luft verbrennt es zu Mn_3O_4.

Verwendung: Mangan ist ein wichtiger Legierungsbestandteil. „**Manganstahl**" entsteht bei der Reduktion von Mangan-Eisenerzen mit Koks im Hochofen oder elektrischen Ofen. Mn dient dabei u.a. als Desoxidationsmittel für Eisen:

$$Mn + FeO \longrightarrow MnO + Fe$$

„**Ferromangan**" ist eine Stahllegierung mit einem Mn-Gehalt von 30–90 %. Von den Mangan-Verbindungen findet vor allem $KMnO_4$, Kaliumpermanganat, als Oxidations- und Desinfektionsmittel Verwendung.

Mangan-Verbindungen

Mangan kann in seinen Verbindungen die Oxidationszahlen -3 bis +7 annehmen. Von Bedeutung sind jedoch nur die Oxidationsstufen +2 in Mn^{2+}-Kationen, +4 im MnO_2 und +7 in $KMnO_4$.

Beispiele für verschiedene Oxidationsstufen:

$\overset{-3}{Mn} : [Mn(NO)_3CO];\ \overset{-1}{Mn} : [Mn(CO)_5]^-;\ \overset{0}{Mn} : [Mn_2(CO)_{10}];$
$\overset{+1}{Mn} : [Mn(CN)_6]^{5-};\ \overset{+2}{Mn} : MnS,\ MnSO_4,\ MnO;\ \overset{+3}{Mn} : Mn_2O_3;$
$\overset{+4}{Mn} : MnO_2;\ \overset{+5}{Mn} : MnO_4^{3-};\ \overset{+6}{Mn} : MnO_4^{2-};\ \overset{+7}{Mn} : MnO_4^-$

Mn(II)-Verbindungen haben die energetisch günstige Elektronenkonfiguration $3d^5$. Mn(II)-Verbindungen sind in Substanz und saurem Medium stabil. In alkalischer Lösung wird Mn^{2+} durch Luftsauerstoff leicht zu Mn^{4+} oxidiert:

$$Mn(OH)_2\ (farblos) \longrightarrow MnO_2 \cdot aq\ (braun)$$

MnO ist ein Basenanhydrid. Es kristallisiert wie NaCl. Beim Erhitzen geht es in Mn_2O_3 über.

MnS fällt im Trennungsgang der qualitativen Analyse als fleischfarbener Niederschlag an. Man kennt auch eine orangefarbene und eine grüne Modifikation.

Mn (IV)-Verbindungen: *MnO₂, Braunstein* ist ein schwarzes kristallines Pulver. Wegen seiner außerordentlich geringen Wasserlöslichkeit ist es sehr stabil. Das amphotere MnO_2 ist Ausgangsstoff für andere Mn-Verbindungen, z.B.

$$MnO_2 + H_2SO_4 \xrightarrow{+C} MnSO_4$$

MnO₂ ist ein Oxidationsmittel:

$$2\ MnO_2 \xrightarrow{>500\ °C} Mn_2O_3 + \tfrac{1}{2}\ O_2$$

Zusammen mit Graphit bildet es die positive Elektrode (Anode) in Trockenbatterien (Leclanché-Element):

Anode (negativer Pol): Zinkblechzylinder; ***Kathode*** (positiver Pol): Braunstein (MnO_2), der einen inerten Graphitstab umgibt; ***Elektrolyt:*** konz. NH_4Cl-Lösung, oft mit Sägemehl angedickt ($NH_4^+ \rightleftharpoons NH_3 + H^+$). Auch eine wässrige $ZnCl_2$-Lösung wird verwendet.

Anodenvorgang: $\qquad Zn \longrightarrow Zn^{2+} + 2\ e^-$

Kathodenvorgang: $\qquad 2\ MnO_2 + 2\ e^- + 2\ NH_4^+ \longrightarrow Mn_2O_3 + H_2O + 2\ NH_3$

Das Potential einer Zelle beträgt ca. 1,5 V.

Anmerkung: Die erwartete H_2-Entwicklung wird durch die Anwesenheit von MnO_2 und mit Sauerstoff gesättigter Aktivkohle verhindert. H_2 wird zu H_2O oxidiert. Ist diese Oxidation nicht mehr möglich, bläht sich u.U. die Batterie auf und „läuft aus".

Als „Glasmacher Seife" dient es zum Aufhellen von Glasschmelzen. *Herstellung:* z.B. durch anodische Oxidation von Mn(II)-Substanzen.

Mn(VI)-Verbindungen: Das tiefgrüne *Manganat(VI), K₂MnO₄* entsteht z.B. bei der Oxidationsschmelze von Mn^{2+} mit $KNO_3 + Na_2CO_3$ oder

$$MnO_2 + \tfrac{1}{2}\ O_2 + 2\ KOH \longrightarrow K_2MnO_4 + H_2O$$

Beim Ansäuern beobachtet man eine Disproportionierungsreaktion:

$$MnO_4^{2-} \xrightarrow{H_3O^+} MnO_2 + MnO_4^-$$

Mn (VII)-Verbindungen: *Beispiel: KMnO₄, Kaliumpermanganat.* Es ist ein starkes Oxidationsmittel. In alkalischem Milieu wird es zu MnO_2 reduziert (E^0 = +0,59 V). In saurer Lösung geht die Reduktion bis zum Mn(II) (E^0 = +1,51 V).

Herstellung: technisch durch anodische Oxidation; im Labor durch Oxidationsschmelze und Ansäuern des grünen Manganat (VI) oder durch Oxidation von Mn(II) bzw. Mn(IV) mit PbO_2 in konz. HNO_3-Lösung.

Mn₂O₇: Dieses Säureanhydrid entsteht als **explosives** grünes Öl aus $KMnO_4$ und konz. H_2SO_4.

Technetium (Tc)

Geschichte: 1925 erhielten von *Walter Noddack, Ida Tacke* (später *Noddack-Tacke*) und *Otto Berg* mit zielbewussten Versuchen in Anreicherungsfraktionen von Columbit $(Fe,Mn)[NbO_3]_2$ und Tantalit $(Fe,Mn)[TaO_3]_2$ röntgenspektroskopisch nachweisbare Mengen der Elemente **43** und **75** die sie nach ihren Heimatländern **Ma** Masurium und **Re** Rheinland (lat. Rhenus für Rhein) benannten. Das natürliche Vorkommen von Element 43 konnte jedoch nicht präparativ gestützt werden.

Technetium („Eka-Mangan") wurde erstmals 1937 von *Emilio Segrè* und *Carlo Perrier* durch Bestrahlen von Molybdän mit Deuteronen hergestellt. Sein Name (τεχνητόσ = künstlich) soll zeigen, dass es in der Natur nicht vorkommt.

Herstellung: Industriell gewinnt man $^{99}_{43}Tc$ (β, $t_{1/2}$ = 2 · 10^5 a) als Spaltprodukt von Uran im Kernreaktor.

Technetium-Verbindungen

Tc_2O_7 ist hellgelb und beständiger als Mn_2O_7. Es entsteht z.B. durch Disproportionierung aus TcO_3:

$$3\ TcO_3 \xrightarrow{\Delta} Tc_2O_7 + TcO_2$$

TcO_4^-, Pertechnetat, ist farblos; es bildet sich aus Tc_2O_7 mit KOH.

Rhenium (Re)

Geschichte: siehe Technetium.

Vorkommen: Rhenium kommt in sehr geringen Konzentrationen vor, vergesellschaftet mit Molybdän in molybdänhaltigen Erzen. Isoliert wird es in Form des schwerlöslichen $KReO_4$.

Herstellung: Metallisches Rhenium erhält man durch Reduktion von NH_4ReO_4, Re_2S_7 oder Re_3Cl_9 mit H_2.

Eigenschaften und *Verwendung:* Das Pt-ähnliche Metall zeigt eine hohe chemische Resistenz. Es löst sich in HNO_3; in Salzsäure ist es unlöslich. Verwendet wird es als Katalysator, in Thermoelementen (bis 900 °C), in elektrischen Lampen.

Rhenium-Verbindungen

Die Verbindungen ähneln denen des Mangans. Die niedrigen Oxidationsstufen sind jedoch unbeständiger und die höheren Oxidationsstufen beständiger als beim Mangan.

Re_2O_7 ist das beständigste Oxid. Die gelbe, hygroskopische Verbindung entsteht z.B. beim Erhitzen von metallischem Rhenium an der Luft.

$MReO_4$, Perrhenate, sind farblos; sie entstehen z.B. durch Lösen von Re_2O_7 in KOH.

ReO_3 entsteht als rote Substanz durch Reduktion von Re_2O_7 mit metallischem Re bei 250°C. Bei stärkerem Erhitzen disproportioniert es:

$$3\ ReO_3 \longrightarrow Re_2O_7 + ReO_2$$

Es besitzt eine unendliche Gitterstruktur („ReO_3-Struktur") mit oktaedrischer Koordination des Rheniums.

Rhenium-Halogenide

$ReCl_3$ (dunkelrot), *$ReBr_3$* (rotbraun), *ReI_3* (schwarz) entstehen durch thermische Zersetzung aus den höheren Halogeniden. Sie sind trimer $(ReX_3)_3$ und besitzen eine „Inselstruktur" (*Dreiecks-Metall-„Cluster"* = dreikerniger Cluster) mit Re–Re-Bindungen. Der kurze Bindungsabstand Re–Re von 248 pm zeigt, dass es sich hier um Doppelbindungen handeln muss. Jedes Re-Atom erhält die Elektronenkonfiguration von Radon (86 Elektronen).

Die KZ. 6 von Rhenium in Re_3X_9 wird auf 7 erhöht, wenn jedes Re-Atom ein zusätzliches Halogenid aufnimmt. Es entstehen die Chlorokomplexe $[Re_3X_{12}]^{3-}$.

$[Re_2X_8]^{2-}$-Ionen enthalten einen so kurzen Re–Re-Abstand, dass man eine Vierfach-Bindung annimmt. Die Edelgaskonfiguration des Radons erreichen die Ionen durch Anlagerung von zwei Molekülen Wasser: $K_2[Re_2X_8] \cdot 2\ H_2O$

$[Re_2Cl_8]^{2-}$ erhält man durch Reduktion von ReO_4 mit H_2 in HCl-saurer Lösung. Die vier Cl-Atome zeigen eine quadratische Anordnung um das Re-Atom. Die Anordnung ist symmetrisch (*quadratisches Prisma*).

$$\left[\begin{array}{c}\text{Cl}\diagdown\quad\text{Cl}\diagup\text{Cl}\\ \text{Cl}-\text{Re}\diagup\text{Cl}\\ ||||\leftarrow 223{,}7\text{ pm}\\ \text{Cl}\diagup\text{Re}\diagdown\text{Cl}\\ \text{Cl}\diagup\quad\text{Cl}\end{array}\right]^{2-}$$

ReF$_7$, ReCl$_6$, ReBr$_5$, ReI$_4$ sind die höchsten stabilen Halogenide. Sie sind aus den Elementen zugänglich.

ReF$_7$ (Schmp. 48° C, Sdp. 73,7 °C), *Bau:* pentagonale Bipyramide. Durch Anlagerung von einem F$^-$-Ion bildet sich ReF$_8^-$ (quadratisches Antiprisma).

ReH$_9^{2-}$ ist ein komplexes Hydrid. Es entsteht aus ReO$_4^-$ mit Natrium in Ethanol. Das Molekül ist stereochemisch nicht starr. Seine Struktur entspricht einem trigonalen Prisma mit drei zusätzlichen Positionen über den Zentren der Rechteckflächen.

Anmerkung zu **Clustern**:

Metall–Metall-Bindungen findet man häufig bei **niedrigen** Oxidationszahlen von Metallen wie Nb, Ta, Mo, W, Re insbesondere bei *Halogeniden* und *niederen Oxiden* (Suboxiden). Für die Bindung werden nämlich „große" d-AO benötigt.

Außer Clustern mit Inselstruktur kennt man solche mit ein- und mehrdimensionalen Metall–Metall-Bauelementen.

Aber auch Elemente **ohne** d-AO wie Rb und Cs bilden in sog. Suboxiden (Oxide mit formal niedrigen Oxidationszahlen) *oktaedrische Cluster* aus sechs Metallatomen mit sehr kurzem Metall–Metall-Abstand, z.B. in Rb$_9$O$_3$ und Cs$_{11}$O$_3$.

Über Metall–Metall-Bindungen bei Komplexen s. Bd. I,

vgl. auch Cl–Hg–Hg–Cl auf S. 209.

VIII. Nebengruppe
Eisen-Platin-Gruppe
(Fe, Co, Ni – Ru, Rh, Pd – Os, Ir, Pt)

Diese Nebengruppe enthält **neun** Elemente mit unterschiedlicher Elektronenzahl im d-Niveau. Die sog. *Eisenmetalle* Fe, Co, Ni sind untereinander chemisch sehr ähnlich. Sie unterscheiden sich in ihren Eigenschaften recht erheblich von den sog. *Platinmetallen* Ru, Rh, Pd – Os, Ir, Pt, welche ihrerseits wieder in Paare aufgetrennt werden können.

Eine weitere Einteilungsmöglichkeit ist die Aufteilung in Gruppen:

Eisengruppe: Die 8. Gruppe enthält die Elemente Eisen (Fe), Ruthenium (Ru), Osmium (Os).

Cobaltgruppe: Als Cobaltgruppe des Periodensystems werden gemäß der anorganischen Nomenklatur der IUPAC die Elemente der 9. Gruppe zusammenfassend bezeichnet. Die Gruppe enthält die Elemente Cobalt (Co), Rhodium (Rh), Iridium (Ir).

Nickelgruppe: Manchmal auch *Platingruppe* genannt, ist die 10. Gruppe des Periodensystems der Elemente mit den Elementen Nickel (Ni), Palladium (Pd), Platin (Pt).

Die Metalle der Eisen-Platin-Gruppe zeigen in besonderem Maße die Merkmale der Übergangselemente wie farbige Ionen, wechselnde Oxidationszahlen und Komplexbildung.

Tabelle 30. Eigenschaften der Eisen-Platin-Gruppe

Element	Ordnungszahl	Elektronenkonfiguration	Schmp.[°C]	Ionenradius [pm] M^{2+}	M^{3+}	M^{4+}	Dichte [g · cm^{-3}]
Fe	26	$3d^6\,4s^2$	1540	76	64		7,9
Co	27	$3d^7\,4s^2$	1490	74	63		8,9
Ni	28	$3d^8\,4s^2$	1450	72	62		8,9
Ru	44	$4d^7\,5s^2$	2300			67	12,2
Rh	45	$4d^8\,5s^1$	1970	86	68		12,4
Pd	46	$4d^{10}$	1550	80		65	12,0
Os	76	$4f^{14}\,5d^6\,6s^2$	3000			69	22,4
Ir	77	$4f^{14}\,5d^7\,6s^2$	2454			68	22,5
Pt	78	$4f^{14}\,5d^9\,6s^1$	1770	80		65	21,4

Eisenmetalle (Fe, Co, Ni)

Eisen (Fe)

Geschichte: Eisen ist schon in den ältesten historischen Zeiten bekannt und in Gebrauch (etwa wie Bronze). Die Herstellung erfolgte wie auch heute noch bei Völkern auf niedriger Kulturstufe im sog. „Rennfeuerbetreib". Dabei wurden Eisenerze in flachen Gruben mit einem Überschuss an glühender Holzkohle erhitzt. Man erhielt auf diese Weise mehr oder weniger zusammenhängende Klumpen (Kappen) von Schmiedeeisen, die durch Hämmern zusammengeschweißt wurden. Im Mittelalter wurden die Gruben oder flachen Herde durch kleine Schachtöfen ersetzt Daraus hat sich der Hochofen entwickelt. Im 14 Jd. wurde der Antrieb der Gebläse durch Wasserkraft ersetzt. Durch die höhere Ofentemperatur erhielt man das stärker kohlenstoffhaltige Gusseisen. Dieses war zunächst nicht schmiedbar. Durch reichliche Luftzufuhr „Frischen" wurde der Kohlenstoffanteil erniedrigt. Die Holzkohle wurde durch mineralische Kohle bzw. durch Koks als Heiz- und Reduktionsmittel ersetzt. Die Frischverfahren wurden in der zweiten Hälfte des 19 Jd.s verbessert: Windfrischen (*Bessemer*-Prozess 1855, *Thomas-Gilchrist*-Verfahren 1878) und der Regenerativfeuerung (*Siemens-Martin*-Verfahren 1865). Für die Erzeugung hochqualifizierter Stahlsorten ist das Schmelzen im elektrischen Ofen (Elektrostahlgewinnung) hinzugekommen. In dem insgesamt erzeugten Roheisen werden 85 % in Flussstahl (einschließlich Schmiedeeisen) umgewandelt.

Vorkommen: Die wichtigsten Eisenerze sind: $Fe_3O_4 \equiv FeO \cdot Fe_2O_3$, Magneteisenstein (Magnetit); Fe_2O_3, Roteisenstein (Hämatit); $Fe_2O_3 \cdot aq$, Brauneisenstein; $FeCO_3$, Spateisenstein (Siderit); FeS_2, Eisenkies (Pyrit); $Fe_{1-x}S$, Magnetkies (Pyrrhotin). 4,7 % der Erdrinde bestehen aus Eisen. Eisen ist Bestandteil vom Hämoglobin.

Herstellung: Die oxidischen Erze werden meist mit Koks im **Hochofen** (Abb. 78) reduziert. Ein Hochofen ist ein 25–30 m hoher schachtförmiger Ofen von ca. 10 m Durchmesser. Die eigenartige Form (aufeinander gestellte Kegel) ist nötig, weil mit zunehmender Temperatur das Volumen der „Beschickung" stark zunimmt und dies ein „Hängen" des Ofens bewirken würde. Daher ist der **„Kohlensack"** die breiteste Stelle im Ofen. Unterhalb des Kohlensacks schmilzt die Beschickung, was zu einer Volumenverminderung führt. Die Beschickung des Ofens erfolgt so, dass man schichtweise Koks und Eisenerz mit **Zuschlag** einfüllt.

Im unteren Teil des Ofens wird heiße Luft **(„Heißwind")** eingeblasen. Hiermit verbrennt der Koks vorwiegend zu CO (Temperatur bis 1800 °C). Die aufsteigenden Gase reduzieren das Erz in der mittleren Zone zu schwammigem Metall. Ein Teil des CO disproportioniert bei 400–900 °C in CO_2 und C (*Boudouard*-Gleichgewicht s. S. 90).

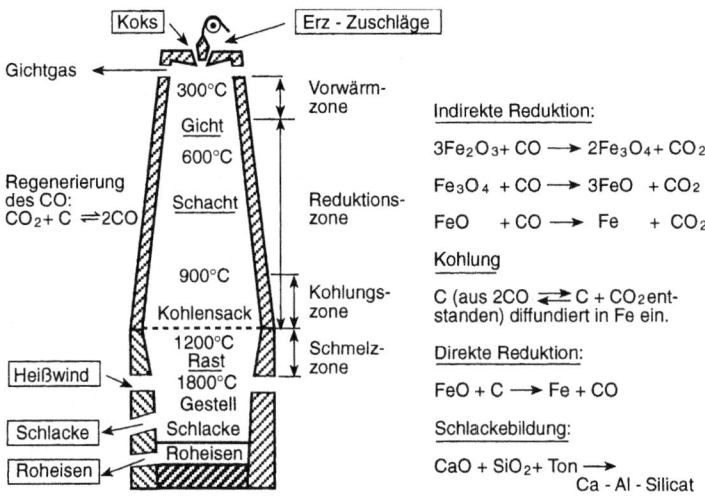

Abb. 78. Schematische Darstellung des Hochofenprozesses

In der „**Kohlungszone**" wird Eisen mit dem Kohlenstoff legiert. Dadurch sinkt der Schmelzpunkt des Eisens von 1539 °C auf ca. 1150–1300 °C ab. Das „**Roheisen**" tropft nach unten und wird durch das „**Stichloch**" abgelassen. Die ebenfalls flüssige **Schlacke** sammelt sich auf dem Roheisen und schützt es vor der Oxidation durch den Heißwind. Die Schlacke wird ebenfalls durch eine Öffnung „abgestochen".

Im oberen Teil des Hochofens wird das Gemisch aus Erz, Koks und Zuschlägen durch die aufsteigenden heißen Gase vorgewärmt. Das 100–300 °C heiße **Gichtgas** (60 % N_2; 30 % CO; CO_2) dient in Wärmetauschern zum Aufwärmen der Luft (Heißwind).

Die **Zuschläge** dienen dazu, die Beimengungen („*Gangart*") der Erze in die **Schlacke** überzuführen. Die Zuschläge richten sich demnach nach der Zusammensetzung des Erzes. Enthält das Erz Al_2O_3 und SiO_2, nimmt man als *basische* Zuschläge z.B. Dolomit, Kalkstein etc. Enthält es CaO, gibt man umgekehrt Feldspat, Al_2O_3 etc. als *sauren* Zuschlag zu. In beiden Fällen will man leichtschmelzbare Calcium-Aluminium-Silicate = „Schlacke" erhalten.

Das **Roheisen** enthält ca. 4 % C, ferner geringe Mengen an Mn, Si, S, P u.a. Es wird als **Gusseisen** verwendet.

Schmiedbares Eisen bzw. **Stahl** erhält man durch Verringerung des C-Gehalts im Roheisen **unter 1,7 %.**

Reines, C-freies Eisen *(Weicheisen)* ist nicht härtbar. Zum Eisen-Kohlenstoff-Zustandsdiagramm s. Bd. I.

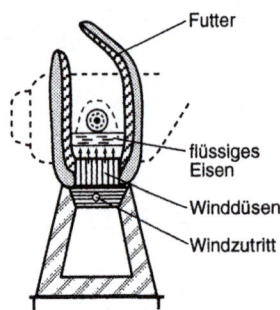

Abb. 79. Schematische Darstellung eines Konverters zur Stahlerzeugung

Zur Stahlerzeugung dienen das Siemens-Martin-Verfahren und das Windfrisch-Verfahren im Konverter (Abb. 79).

Beim **Siemens-Martin-Verfahren** (Herdfrischverfahren) wird ein Gemisch aus Roheisen und Schrott geschmolzen und der Kohlenstoff des Roheisens durch den Sauerstoffgehalt des Schrotts oxidiert. Der Prozess verläuft relativ langsam und kann jederzeit unterbrochen werden. Man kann so Stahl mit einem bestimmten C-Gehalt herstellen.

Beim **Konverterverfahren** (Windfrischverfahren) wird der gesamte Kohlenstoff im Roheisen durch Einblasen von Luft oder Aufblasen von Sauerstoff verbrannt. Man erhält eine Oxidschlacke und reines Eisen. Anschließend wird das entkohlte Eisen mit der gewünschten Menge Kohlenstoff dotiert, z.B. durch Zugabe von kohlenstoffhaltigem Eisen.

Der nach beiden Verfahren erzeugte Stahl wird je nach Verwendungszweck mit anderen Metallen **legiert**, z.B. Ti, V, Mo, W, Ni, Cr.

Über Legierungen s. Bd. I. Über das *Boudouard*-Gleichgewicht s. S. 90.

Eigenschaften: Eisen ist ein silbrigweißes Metall. Im reinen Zustand ist es weich. Mit zunehmendem Kohlenstoffgehalt wird es härter. In verdünnten Säuren löst sich Eisen unter H_2-Entwicklung und Bildung von Eisen(II)-Salzen. Reines Eisen kommt in drei enantiotropen Modifikationen vor: **α-Fe** (kubisch-innenzentriert), **γ-Fe** (kubisch-dicht), **δ-Fe** (kubisch-innenzentriert):

$$\alpha\text{-Eisen} \xrightleftharpoons{906\,°C} \gamma\text{-Eisen} \xrightleftharpoons{1401\,°C} \delta\text{-Eisen} \xrightleftharpoons{1539\,°C} \text{flüssiges Eisen}$$

α-Fe ist wie Cobalt und Nickel *ferromagnetisch*. Bei **768 °C** (***Curie*-Temperatur**) wird es paramagnetisch. Eisen wird von feuchter, CO_2-haltiger Luft angegriffen. Es bilden sich Oxidhydrate, FeO(OH) · aq (= ***Rostbildung***). Die Rostbildung ist ein sehr komplexer Vorgang.

VIII. Nebengruppe – Eisenmetalle (Fe, Co, Ni) 245

Anmerkung: Für die Chlorophyll-Bildung ist Eisen notwendig, obwohl Blattgrün kein Eisen enthält.

Eisen-Verbindungen

In seinen Verbindungen ist Eisen hauptsächlich *zwei-* und *dreiwertig*, wobei der Übergang zwischen beiden Oxidationsstufen relativ leicht erfolgt:

$$Fe^{2+} \rightleftharpoons Fe^{3+} + e^- \qquad E^0 = +0{,}77 \text{ V}$$

Fe(II)-Salze sind Reduktionsmittel und Fe(III)-Salze sind Oxidationsmittel.

Eisen(0)-verbindungen: *Beispiele* sind die Carbonyle, die im Bd. I besprochen werden.

Eisen(II)-Verbindungen

Fe(OH)$_2$ entsteht unter Luftausschluss als weiße Verbindung bei der Reaktion:

$$Fe^{2+} + 2\ OH^- \longrightarrow Fe(OH)_2$$

Es wird an der Luft leicht zu Fe(OH)$_3 \cdot$ aq oxidiert.

FeO ist nicht in reinem Zustand bekannt und nur oberhalb 560 °C stabil. Es entsteht z.B. aus FeC$_2$O$_4$ durch Erhitzen.

FeCl$_2 \cdot$ 6 H$_2$O bildet sich beim Auflösen von Eisen in Salzsäure.

FeSO$_4 \cdot$ 7 H$_2$O entsteht aus Eisen und verdünnter H$_2$SO$_4$. *Beachte:* Wegen der Bildung einer Oxidschicht (Passivierung) wird Eisen von konz. H$_2$SO$_4$ nicht angegriffen.

(NH$_4$)$_2$SO$_4 \cdot$ FeSO$_4 \cdot$ 6 H$_2$O **(Mohrsches Salz)** ist ein Doppelsalz. In Lösung zeigt es die Eigenschaften der Komponenten. Im Gegensatz zu anderen Fe(II)-Verbindungen wird es durch Luftsauerstoff nur langsam oxidiert.

FeS$_2$ (Pyrit, Schwefelkies), glänzend-gelb, enthält S$_2^{2-}$-Ionen.

Fe(II)-Komplexverbindungen sind ebenfalls mehr oder weniger leicht zu Fe(III)-Komplexen zu oxidieren. Relativ stabil ist z.B. K$_4$[Fe(CN)$_6$] $\cdot$ 3 H$_2$O, Kaliumhexacyanoferrat(II) (*gelbes Blutlaugensalz*). Es wurde ursprünglich durch Erhitzen von Blut mit K$_2$CO$_3$ und anschließendem Auslaugen mit Wasser gewonnen.

Herstellung:

$$Fe^{2+} + 6\ CN^- \longrightarrow [Fe(CN)_6]^{4-}$$

Biologisch wichtig ist der Eisenkomplex, welcher im *Hämoglobin* vorkommt.

Häm

Häm ist die farbgebende Komponente des Hämoglobins, des Farbstoffs der roten Blutkörperchen (Erythrocyten). Im Zentrum des Porphin-Ringsystems, dem Protoporphyrin, befindet sich beim Häm ein **Fe^{2+}-Ion**, das mit den Stickstoffatomen der Pyrrolringe vier Bindungen eingeht, von denen zwei „**koordinative**" **Bindungen** sind. Im Hämoglobin wird eine fünfte Koordinationsstelle am Eisen durch das Histidin des Globins beansprucht. Dadurch wird das Häm koordinativ an das Eiweiß gebunden. Hämoglobin besteht aus vier Untereinheiten, enthält also 4 Häm-Moleküle.

Eisen(III)–Verbindungen

γ-Fe$_2$O$_3$: In der kubisch-dichten Packung aus O^{2-}-Ionen sind die tetraedrischen und oktaedrischen Lücken willkürlich mit Fe^{3+}-Ionen besetzt. Bei 300 °C erhält man aus der γ-Modifikation **α-Fe$_2$O$_3$** mit einer hexagonal-dichten Kugelpackung aus O^{2-}-Ionen, wobei zwei Drittel der Lücken mit Fe(III) besetzt sind.

Fe$_3$O$_4$ besitzt eine *inverse* **Spinell-Struktur**, Fe^{3+}[Fe^{II} Fe^{III} O$_4$]. In einer kubisch-dichten Kugelpackung aus O^{2-}-Ionen sitzen die **Fe^{2+}**-Ionen in oktaedrischen Lücken, die **Fe^{3+}**-Ionen in tetraedrischen *und* oktaedrischen Lücken.

FeCl$_3$ entsteht aus den Elementen. Es bildet wie CrCl$_3$ ein Schichtengitter aus. Im Dampf liegen bei 400 °C dimere Fe$_2$Cl$_6$-Moleküle vor. Die Umgebung der Fe-Atome ist tetraedrisch; s. Al$_2$Cl$_6$.

Fe^{3+}-Ionen in Wasser: Beim Auflösen von Fe (III)-Salzen in Wasser bilden sich [Fe(H$_2$O)$_6$]$^{3+}$-Ionen. Diese reagieren sauer:

$$[Fe(H_2O)_6]^{3+} + H_2O \rightleftharpoons [Fe(H_2O)_5(OH)]^{2+} + H_3O^+$$
$$[Fe(H_2O)_5OH]^{2+} + H_2O \rightleftharpoons [Fe(H_2O)_4(OH)_2]^+ + H_3O^+$$

[Fe(H$_2$O)$_6$]$^{2+}$ ist eine sog. **Kationsäure** und [Fe(H$_2$O)$_5$OH]$^{2+}$ eine **Kationbase**.

Bei dieser „Hydrolyse" laufen dann Kondensationsreaktionen ab (besonders beim Verdünnen oder Basenzusatz); es entstehen unter Braunfärbung kolloide Kondensate der Zusammensetzung (FeOOH)$_x$ · aq. Mit zunehmender Kondensation flockt Fe(OH)$_3$ · aq bzw. Fe$_2$O$_3$ · n H$_2$O aus. Die Kondensate bezeichnet man auch als **„Isopolybasen"**.

Al^{3+} und Cr^{3+} verhalten sich analog.

Um die „Hydrolyse" zu vermeiden, säuert man z.B. wässrige FeCl$_3$-Lösungen mit Salzsäure an. Es bilden sich gelbe Chlorokomplexe: [FeCl$_4$(H$_2$O)$_2$]$^-$.

Fe$_2$(SO$_4$)$_3$ entsteht nach der Gleichung:

$$Fe_2O_3 + 3\ H_2SO_4 \longrightarrow Fe_2(SO_4)_3 + 3\ H_2O$$

Mit Alkalisulfaten bildet es Alaune (Doppelsalze) vom Typ M(I)Fe(SO$_4$)$_2$ · 12 H$_2$O, s. S. 79.

Fe(SCN)$_3$ ist blutrot gefärbt. Seine Bildung ist ein empfindlicher Nachweis für Fe^{3+}:

$$Fe^{3+} + 3\ SCN^- \longrightarrow Fe(SCN)_3$$

Mit überschüssigem SCN$^-$ entsteht u.a. [Fe(SCN)$_6$]$^{3-}$ bzw. [Fe(NCS)$_6$]$^{3-}$. (Die Umlagerung ist IR-spektroskopisch nachgewiesen.)

K$_3$[Fe(CN)$_6$], Kaliumhexacyanoferrat(III) (rotes Blutlaugensalz) ist **thermodynamisch instabiler** als das gelbe K$_4$[Fe(CN)$_6$] (hat Edelgaskonfiguration) und gibt langsam Blausäure (HCN) ab. *Herstellung:* Aus K$_4$[Fe(CN)$_6$] durch Oxidation, z.B. mit Cl$_2$.

Fe^{III}[Fe^{III}Fe^{II}(CN)$_6$]$_3$ ist „unlösliches Berlinerblau" oder „unlösliches Turnbulls-Blau". Es entsteht entweder aus K$_4$[Fe(CN)$_6$] und überschüssigen Fe^{3+}-Ionen oder aus K$_3$[Fe(CN)$_6$] mit überschüssigen Fe^{2+}-Ionen und wird als blauer Farbstoff, zur Herstellung von Blauer Tinte und als Farbstoff für Lichtpausen verwendet. Lösliches Berlinerblau ist *K[Fe^{III}Fe^{II}(CN)$_6$]*.

Eisen(IV)-, Eisen(V)- und **Eisen(VI)-Verbindungen** sind ebenfalls bekannt. Es sind Oxidationsmittel.

Ferrate (VI): *FeO$_4^{2-}$*, entstehen bei der Oxidation von Fe(OH)$_3$ in konzentrierter Alkalilauge mit Chlor oder durch anodische Oxidation von metallischem Eisen als purpurrote Salze. Das Anion ist tetraedrisch gebaut. Das Fe-Kation enthält zwei ungepaarte Elektronen (paramagnetisch). FeO$_4^{2-}$ ist ein sehr starkes Oxidationsmittel.

(π-C₅H₅)₂Fe, Ferrocen:

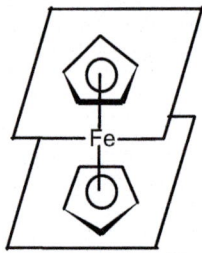

Bis (π-cyclopentadienyl)-eisen(II), Fe(C₅H₅)₂

Eisenoxide sind wichtige Bestandteile anorganischer Pigmente.

Pigmente sind feinteilige Farbmittel, die in Löse- oder Bindemitteln praktisch unlöslich sind. Sie bestehen mit Ausnahme der „Metallischen Pigmente" (Al, Cu, α-Messing), der „Magnetpigmente" (z.B. γ-Fe$_2$O$_3$, Fe$_3$O$_4$/Fe$_2$O$_3$, Cr$_2$O$_3$) und „Farbruße" im Wesentlichen aus Oxiden, Oxidhydraten, Sulfiden, Sulfaten, Carbonaten und Silicaten der Übergangsmetalle.

Beispiele

Natürliche anorg. Pigmente erhält man durch mechanische Behandlung von Mineralien und farbigen „Erden" wie *Kreide* (CaCO$_3$); *Ocker* (Limonit, Brauneisenerz/α-FeOOH); *Terra die Siena* (Montmorillonit/Halloysit, 50 % Fe$_2$O$_3$); *Umbra* (45–70 % Fe$_2$O$_3$, 5–20 % MnO$_2$).

Künstliche Pigmente: Weißpigmente: TiO$_2$; Lithopone: ZnS/BaSO$_4$; Zinkblende: ZnS; Baryt: BaSO$_4$ (Permanentweiß).

Buntpigmente: Verantwortlich für die Farben sind: α-FeOOH (gelb); α-Fe$_2$O$_3$ (rot); Fe$_3$O$_4$ (schwarz).

Eisen-Blaupigmente: M$^+$[Fe^{II}Fe^{III} (CN)$_6$] · x H$_2$O; M$^+$ = Na$^+$, K$^+$, NH$_4^+$ (= „lösliches Berliner Blau"), Fe^{III}[Fe^{III}Fe^{II}(CN)$_6$]$_3$ (= „unlösliches Berliner Blau").

Cadmium-Pigmente: CdS (gelb), CdSe (rot).

Chrom(III)-oxid-Pigmente

Korrosionsschutzpigmente: z.B. Mennige (Pb$_3$O$_4$).

Cobalt (Co) und Nickel (Ni)

Geschichte: In der Bergmannsprache nannte man früher Mineralien, die sich ihres metallischen Aussehens nicht zu Metallen verhütten ließen Kobalte, da sie wie neckische Berggeister („Kobolde") die Bergleute foppten. Später wurden nur schwer verhüttbare Erze Kobalte genannt, die Glas blau färben. Das Element Cobalt (lat. cobaltum Kobold) wurde 1735 von dem schwedischen Chemiker *Georg Brandt* hergestellt.

Nickel (von den Namen für Berggeister „Nickeln") wurde 1751 von *Axel Frederic Cronstedt* als neues Metall aufgefunden. Er gab ihm nach seinem Vorkommen im „Kupfernickel" (Rotnickelkies NiAs) den Namen Nickel. „Kupfernickel" nannten die Bergleute ein Erz, das sie nach seinem Aussehen für kupferhaltig hielten, das aber kein Kupfer enthielt. 1775 gelang *Torbern Olof Bergman* die Reindarstellung von Nickel.

Vorkommen und Herstellung:

Cobalterze: CoAsS, Cobaltglanz; $CoAs_2$, Speiscobalt; Co_3S_4, Cobaltkies u.a.

Nickelerze: NiS, Gelbnickelkies (Millerit); NiAs, Rotnickelkies; NiAsS, Arsennickelkies; Magnesiumnickelsilicat (Garnierit) u.a.

Da die Mineralien relativ selten sind, werden Cobalt und Nickel bei der Aufarbeitung von **Kupfererzen** und **Magnetkies** (FeS) gewonnen. Nach ihrer Anreicherung werden die Oxide mit **Kohlenstoff** zu den Rohmetallen reduziert. Diese werden elektrolytisch gereinigt.

Reines Nickel erhält man z.B. auch nach dem *Mond-Verfahren* durch Zersetzung von Nickeltetracarbonyl:

$$Ni(CO)_4 \underset{}{\overset{\Delta}{\rightleftharpoons}} Ni + 4\ CO$$

Verwendung: Cobalt und Nickel sind wichtige Legierungsbestandteile von Stählen. Cobalt wird auch zum Färben von Gläsern (Cobaltblau) benutzt. Nickel findet Verwendung als Oberflächenschutz (Vernickeln), als Münzmetall, zum Plattieren von Stahl und als Katalysator bei katalytischen Hydrierungen.

Cobalt-Verbindungen

In seinen Verbindungen hat Cobalt meist die Oxidationszahlen +2 und +3. In einfachen Verbindungen ist die zweiwertige und in Komplexen die dreiwertige Oxidationsstufe stabiler.

Cobalt(II)-Verbindungen: In einfachen Verbindungen ist die zweiwertige Oxidationsstufe sehr stabil. Es gibt zahlreiche wasserfreie Substanzen wie **CoO**, das zum Färben von Glas benutzt wird, oder **$CoCl_2$** (blau), das mit Wasser einen rosa gefärbten Hexaqua-Komplex bildet. Es kann daher als Feuchtigkeitsindikator dienen, z.B. im „Blaugel", s. S. 97. Co^{2+} bildet oktaedrische (z.B. $[Co(H_2O)_6]^{2+}$), tetraedrische (z.B. $[CoCl_4]^{2-}$) und mit bestimmten Chelatliganden planar-quadratische Komplexe.

Cobalt(III) -Verbindungen: Einfache Co(III)-Verbindungen sind instabil. So wird z.B. Co^{3+} in CoF_3 von Wasser sofort zu Co^{2+} reduziert. **CoF_3** ist deshalb ein gutes **Fluorierungsmittel**.

Besonders stabil ist die dreiwertige Oxidationsstufe in Komplexverbindungen. Co^{3+} bildet oktaedrische Komplexe, z.B. $[Co(H_2O)_6]^{3+}$, von denen die Ammin-, Acido- und Aqua-Komplexe schon lange bekannt sind und bei der Erarbeitung der Theorie der Komplexverbindungen eine bedeutende Rolle gespielt haben. Ein wichtiger biologischer Co(III)-Komplex ist das **Vitamin B_{12}, Cyanocobalamin** (Abb. 80). Es ähnelt im Aufbau dem Häm. Das makrocyclische Grundgerüst heißt **Corrin**. Vier Koordinationsstellen am Cobalt sind durch die Stickstoffatome des Corrins besetzt, als weitere Liganden treten die CN^--Gruppe und 5,6-Dimethylbenzimidazol auf, das über eine Seitenkette mit einem Ring des Corrins verknüpft ist.

Die Vitamin-B_{12}-Wirkung bleibt auch erhalten, wenn CN^- durch andere Anionen ersetzt wird, z.B. OH^-, Cl^-, NO_2^-, OCN^-, SCN^- u.a. Vgl. Bd. II.

(π-C_5H_5)$_2$Co, Cobaltocen, s. Ferrocen.

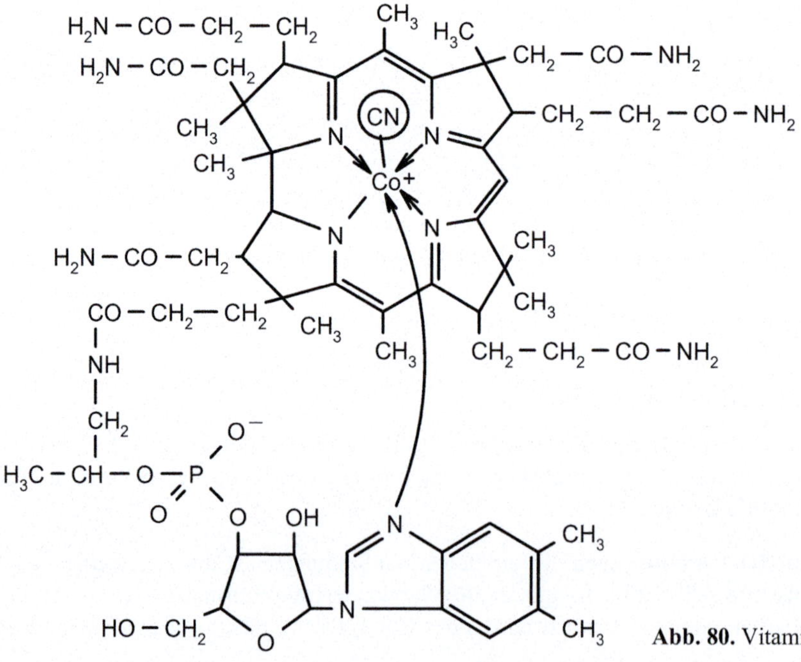

Abb. 80. Vitamin B_{12}

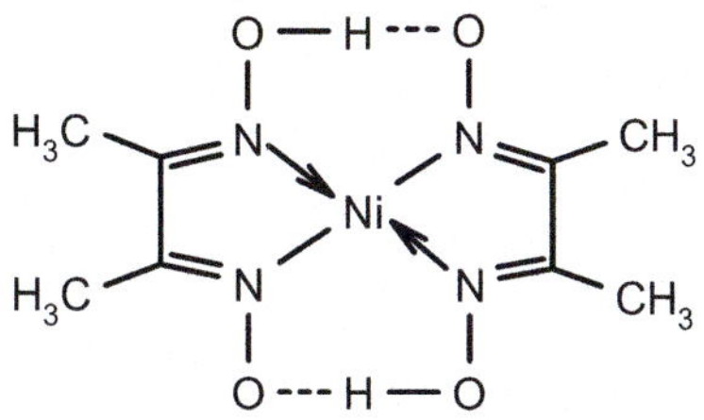

Abb. 81. Bis(dimethylglyoximato)-nickel(II), Ni-Diacetyldioxim (Grenzstruktur)

Nickel-Verbindungen

Nickel tritt in seinen Verbindungen fast nur *zwei*wertig auf. Da sich Nickel in verdünnten Säuren löst, sind viele Salze bekannt, die meist gut wasserlöslich sind. Das schwerlösliche $Ni(CN)_2$ geht mit CN^- als $[Ni(CN)_4]^{2-}$ komplex in Lösung.

Nickel bildet **paramagnetische oktaedrische Komplexe** wie z.B. $[Ni(H_2O)_6]^{2+}$ und $[Ni(NH_3)_6]^{2+}$, **paramagnetische tetraedrische Komplexe** wie $[NiCl_4]^{2-}$ und **diamagnetische planar-quadratische Komplexe** wie $[Ni(CN)_4]^{2-}$ und Bis(dimethylglyoximato)-nickel(II), bekannt auch als **Nickeldiacetyldioxim** (Abb. 81). Dieser rote Komplex entsteht aus einer ammoniakalischen Lösung von Ni-Salzen und einer Lösung von Diacetyldioxim (= Dimethylglyoxim) in Ethanol. Er dient zum qualitativen Nickelnachweis sowie zur quantitativen Nickelbestimmung. Im Kristall sind die quadratischen Komplexe parallel übereinander **gestapelt**, wobei eine Metall-Metall-Wechselwirkung zu beobachten ist.

Nickel (0) -Verbindungen:

$\overset{0}{Ni}(CO)_4$, tetraedrisch.

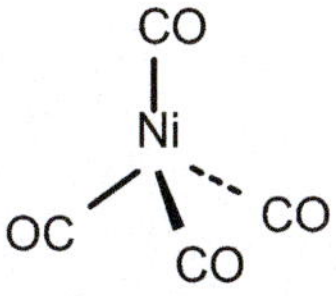

$Ni(CO)_4$ (vier sp³-Hybridorbitale, Tetraeder)

$[\overset{0}{Ni}(CN)_4]^{4-}$ entsteht durch Reduktion von $[Ni(CN)_4]^{2-}$ mit Alkalimetall in flüssigem Ammoniak.

(π-C_5H_5)$_2$Ni, Nickelocen, s. Ferrocen.

Platinmetalle (Ru, Rh, Pd – Os, Ir, Pt)

Als *Platinmetalle* oder Platinoide werden die Elemente der Gruppen 8 bis 10 der 5. Periode (die „leichten Platinmetalle": Ruthenium, Rhodium, Palladium) und der 6. Periode (die „schweren Platinmetalle": Osmium, Iridium, Platin) bezeichnet. Alle Platinmetalle sind Edelmetalle, haben hohe Dichten und ähnliche chemische Eigenschaften; sie fallen bei der Nickel- und Kupferherstellung als Nebenprodukt an. Dagegen ist die *Platingruppe* die 10. Gruppe des Periodensystems der Elemente mit den Elementen Nickel, Palladium und Platin

Geschichte: Die erste zuverlässige Nachricht über Platin stammt von *Antonio de Ulloa* von 1748. Sein Name ist abgeleitet vom spanischen plata „Silber". 1750 stellte der englische Arzt *William Brownrigg* gereinigtes Platinpulver her. Die Platinmetalle: Palladium, Rhodium (griech ρόδου rhodeos: „rosenrot"), Iridium (griech. ἱριοειδής „regenbogenfarbig") und Osmium wurden von 1803–1804 von *William Hyde Wollaston* und *Smithson Tennant* in Platinerzen entdeckt. Ruthenium (von lat. ruthenia: „Russland", das Herkunftsland des Erzes) wurde 1844 von *Karl Ernst Claus* entdeckt. Palladium wurde in Anlehnung an den Planetoiden Pallas benannt, der kurz vorher entdeckt wurde. Der Name „Osmium" entstammt dem rettichartigen Geruch (griech. ὀσμή osmē) seines in geringer Konzentration vorhandenen flüchtigen Tetroxids.

Vorkommen und *Herstellung:* Die Elemente kommen meist gediegen (z.T. als Legierung) oder als Sulfide vor. Daher finden sie sich oft bei der Aufbereitung von z.B. Nickelerzen oder der Goldraffination. Nach ihrer Anreicherung werden die Elemente in einem langwierigen Prozess voneinander getrennt. Er beruht auf Unterschieden in der Oxidierbarkeit der Metalle und der Löslichkeit ihrer Komplexsalze.

Eigenschaften und *Verwendung*: Die Elemente sind hochschmelzende, schwere Metalle, von denen **Ruthenium** und **Osmium** kaum verwendet werden. **Rhodium** wird Platin zulegiert (1–10 %), um dessen Haltbarkeit und katalytische Eigenschaften zu verbessern. **Iridium** ist widerstandsfähiger als Platin; es ist unlöslich in Königswasser. Zur Herstellung von Laborgeräten und Schreibfedern findet eine Pt–Ir-Legierung Verwendung. **Platin** und **Palladium** sind wichtige Katalysatoren in Technik und Labor, s. z.B. NO-Herstellung S. 113 und Hydrierungsreaktionen (s. Bd. II). Platin wird darüber hinaus in der Schmuckindustrie benutzt und dient zur Herstellung von technischen Geräten sowie der Abgasreinigung von Ottomotoren. Heißes Palladiumblech ist so durchlässig für Wasserstoff, dass man es zur Reinigung von Wasserstoff benutzen kann. Die Elemente gehören zu den edelsten Metallen.

Palladium löst sich in Cl_2-haltiger Salzsäure oder in konz. HNO_3.

Platin geht in Königswasser in Lösung, es bildet sich $H_2[PtCl_6] \cdot 6\,H_2O$, Hexachloroplatin(IV)-Säure.

Beachte: Platingeräte werden angegriffen von schmelzenden Cyaniden, Hydroxiden, Sulfiden, Phosphat, Silicat, Blei, Kohlenstoff, Silicium, LiCl, $HgCl_2$ u.a. Zum Reinigen empfiehlt sich eine Schmelze von $KHSO_4$.

Verbindungen der Platinmetalle

Wichtige Verbindungen der Platinmetalle sind die **Oxide**, **Halogenide** und die Vielzahl von **Komplexverbindungen**, s. Bd. I.

Ruthenium und Osmium

Sie bilden Verbindungen mit den Oxidationszahlen von -2 bis +8 (z.B. in RuO_4 und OsO_4). Das farblose, giftige OsO_4 (Schmp. ~ 40 °C, Sdp. 130 °C) ist bei Zimmertemperatur flüchtig. Es eignet sich als selektives Oxidationsmittel in der organischen Chemie. Bekannt sind ferner **Halogenide** wie $OsOF_5$; RuF_6, OsF_6; RuF_5, OsF_5; RuF_4, OsF_4; $RuCl_3$, $OsCl_3$; $RuCl_2$, $OsCl_2$. Komplexverbindungen mit Ru^{2+} bzw. Os^{2+} sind oft diamagnetisch und oktaedrisch gebaut. Über Carbonyle s. Bd. I.

Rhodium und Iridium

Die beständigste Oxidationszahl ist +3. Man kennt eine Vielzahl von Komplexen: Bei Koordinationszahl 4 sind sie planar-quadratisch und bei Koordinationszahl 6 oktaedrisch gebaut. Rh(III)-Komplexe sind diamagnetisch.

Palladium und Platin

Viele ihrer Verbindungen waren Forschungsobjekte der klassischen Komplexchemie (s. Bd. I). Komplexverbindungen mit Pd^{2+} und Pt^{2+} sind **planar-quadratisch** gebaut. Verbindungen mit Pd^{4+} und Pt^{4+} haben Koordinationszahl 6 und somit **oktaedrischen** Bau.

PdCl₂ entsteht aus den Elementen. Die **stabile β-Modifikation** (Abb. 82), welche bei Temperaturen unterhalb 550 °C entsteht, enthält Pd_6Cl_{12}-Einheiten mit planar-quadratischer Umgebung am Palladiumatom und Metall-Metall-Bindungen (= Metall-Cluster). Bei Temperaturen oberhalb 550 °C erhält man eine **instabile α-Modifikation** (Abb. 82). Sie besteht aus Ketten mit planar-quadratischer Umgebung am Palladium.

Von besonderer praktischer Bedeutung ist die Fähigkeit von metallischem Palladium, Wasserstoffgas in sein Gitter aufzunehmen. Unter beträchtlicher Gitteraufweitung entsteht hierbei eine **Palladium-Wasserstoff-Legierung** (maximale Formel: $PdH_{0,85}$) Bei Hydrierungen kann der Wasserstoff in sehr reaktiver Form

α-Modifikation von PdCl$_2$ β-Modifikation von PdCl$_2$

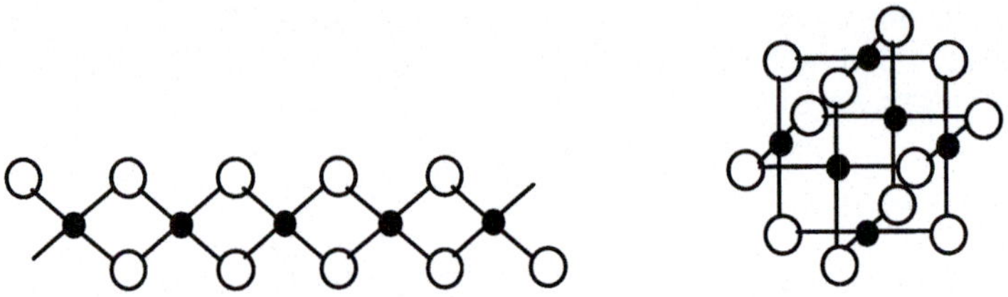

Abb. 82. Modifikationen von PdCl$_2$

wieder abgegeben werden. Ähnlich, jedoch weniger ausgeprägt, ist diese Erscheinung beim Platin. Da Platin auch Sauerstoffgas absorbieren kann, wird es häufig als Katalysator bei Oxidationsprozessen eingesetzt.

Pd(PF$_3$)$_4$ bzw. *Pt(PF$_3$)$_4$* enthalten $\overset{0}{Pd}$ bzw. $\overset{0}{Pt}$. Sie sind tetraedrisch gebaut.

PtF$_6$ mit Pt (VI) ist ein sehr starkes Oxidationsmittel. Es reagiert mit O$_2$ bzw. Xenon zu O$_2^+$[PtF$_6$]$^-$ bzw. Xe$^+$[PtF$_6$]$^-$.

cis-PtCl$_2$(NH$_3$)$_2$ (quadratisch, Abb. 83) zeigt Anti-Tumor-Wirkung und findet Einsatz in der Chemotherapie (medikamentöse Therapie von Krebserkrankungen). *Cisplatin* (DDP, **D**iammin-**d**ichlorido-**p**latin(II)) ist ein sehr verbreitetes Zytostatikum (Mittel zur Hemmung des Zellwachstums bzw. der Zellteilung). Die Wirkung beruht auf einer Hemmung der DNA-Replikation durch Querverknüpfungen zwischen den beiden DNA-Strängen, die dadurch funktionsunfähig werden. Der Zellstoffwechsel kommt zum Erliegen und die Zelle leitet die Apoptose (programmierter Zelltod) ein. Wie andere Zytostatika auch wirkt Cisplatin daher nicht nur auf schnell wachsende Tumorzellen, sondern in gewissem Grad auch auf gesunde Körperzellen. Anwendung findet es in modifizierter Form z.B. als Carboplatin oder Oxaliplatin, s. Abb. 83.

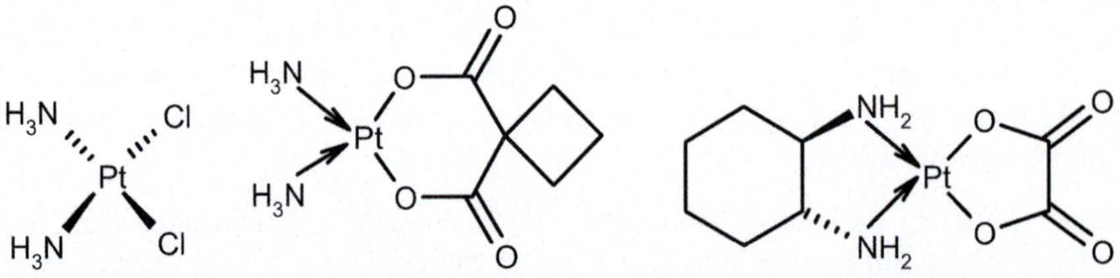

DDP   Carboplatin   Oxaliplatin

Abb. 83. Strukturformel von Cisplatin (DDP), Carboplatin und Oxaliplatin

Lanthanoide, Ln

Tabelle 31. Eigenschaften der Lanthanoide

Element	Ordnungszahl	Elektronenkonfiguration	Schmp. [°C]	Ionenradius [pm]	Farben der M^{3+}-Ionen
Ce	58	$4f^2\ 5s^2\ 5p^6\ 5d^0\ 6s^2$	795	107	**fast farblos**
Pr	59	$4f^3\ 5s^2\ 5p^6\ 5d^0\ 6s^2$	935	106	gelbgrün
Nd	60	$4f^4\ 5s^2\ 5p^6\ 5d^0\ 6s^2$	1020	104	violett
Pm	61	$4f^5\ 5s^2\ 5p^6\ 5d^0\ 6s^2$	1030	106	violettrosa
Sm	62	$4f^6\ 5s^2\ 5p^6\ 5d^0\ 6s^2$	1070	100	tiefgelb
Eu	63	$4f^7\ 5s^2\ 5p^6\ 5d^0\ 6s^2$	826	98	fast farblos
Gd	**64**	**$4f^7\ 5s^2\ 5p^6\ 5d^1\ 6s^2$**	1310	97	**farblos**
Tb	65	$4f^9\ 5s^2\ 5p^6\ 5d^0\ 6s^2$	1360	93	fast farblos
Dy	66	$4f^{10}\ 5s^2\ 5p^6\ 5d^0\ 6s^2$	1410	92	gelbgrün
Ho	67	$4f^{11}\ 5s^2\ 5p^6\ 5d^0\ 6s^2$	1460	91	gelb
Er	68	$4f^{12}\ 5s^2\ 5p^6\ 5d^0\ 6s^2$	1500	89	tiefrosa
Tm	69	$4f^{13}\ 5s^2\ 5p^6\ 5d^0\ 6s^2$	1550	87	blassgrün
Yb	70	$4f^{14}\ 5s^2\ 5p^6\ 5d^0\ 6s^2$	824	86	fast farblos
Lu	71	$4f^{14}\ 5s^2\ 5p^6\ 5d^1\ 6s^2$	1650	85	**farblos**

Übersicht

Zu den Lanthanoiden gehören die Elemente Cer (Ce), Praseodym (Pr), Neodym (Nd), Promethium (Pm), Samarium (Sm), Europium (Eu), Gadolinium (Gd), Terbium (Tb), Dysprosium (Dy), Holmium (Ho), Erbium (Er), Thulium (Tm), Ytterbium (Yb) und Lutetium (Lu).

Die Chemie der 14 auf das Lanthan (La) folgenden Elemente ist der des La sehr ähnlich, daher auch die Bezeichnung **Lanthanoide** (früher Lanthanide) („Lanthanähnliche"). Der ältere Name „Seltene Erden" ist irreführend, da die Elemente weit verbreitet sind. Sie kommen meist jedoch nur in geringer Konzentration vor. Alle Lanthanoide bilden stabile M(III)-Verbindungen, deren Metall-Ionenradien mit zunehmender Ordnungszahl infolge der Lanthanoidenkontraktion abnehmen (s. S. 195).

Vorkommen und *Herstellung*: Meist als **Phosphate** oder **Silicate** im Monazitsand $CePO_4$, Thorit $ThSiO_4$, Orthit (Cer-Silicat), Gadolinit $Y_2Fe(SiO_4)_2O_2$, Xenotim YPO_4 u.a. Die Mineralien werden z.B. mit konz. H_2SO_4 aufgeschlossen und die Salze aus ihren Lösungen über Ionenaustauscher abgetrennt. Die Metalle gewinnt man durch Reduktion der Chloride von Ce – Eu mit Natrium oder der Fluoride von Gd – Lu mit Magnesium. Die Isotope des kurzlebigen, radioaktiven Pm werden durch Kernreaktionen hergestellt.

Eigenschaften und *Verwendung:* Die freien Metalle reagieren mit Wasser unter H_2-Entwicklung und relativ leicht mit H_2, O_2 oder N_2 zu **Hydriden, Oxiden** oder **Nitriden.** Auch die Carbide besitzen Ionencharakter. Bei den Salzen ist die Schwerlöslichkeit der Fluoride (LnF_3) und Oxalate in Wasser erwähnenswert.

Verwendung findet Ce im Cer-Eisen (70 % Ce, 30 % Fe), als Zündstein in Feuerzeugen und als Oxid in den Gasglühstrümpfen (1 % CeO_2 + 99 % ThO_2). Oxide von Nd und Pr dienen zum Färben von Brillengläsern. Einige Lanthanoiden-Verbindungen werden als Zusatz in den Leuchtschichten von Farbfernsehgeräten verwendet.

Lanthanoiden-Verbindungen

Ln(II)-Verbindungen: Die Stabilität nimmt in der Reihe $Eu^{2+} > Yb^{2+} > Sm^{2+} > Tm^{2+}$ ab. Die Verbindungen zeigen ein ähnliches Verhalten wie die der Erdalkalimetalle.

Ln(IV)-Verbindungen: Ce, Tb, Pr, Dy und Nd treten auch vierwertig auf, jedoch sind nur Ce(IV)-Verbindungen in Wasser beständig. Da beim Redoxprozess Ce^{3+} (farblos) $\rightleftharpoons Ce^{4+}$ (gelb) $+ e^-$ die Farbe umschlägt, wird Ce(IV)-sulfat als Oxidationsmittel in der Maßanalyse verwendet („**Cerimetrie**"). Die Fluoride und Oxide dieser Elemente sind besonders gut untersucht.

Ln(III)-Verbindungen: Alle Lanthanoide bilden stabile Ln(III)-Verbindungen, wobei (La), **Gd** und **Lu** praktisch **nur dreiwertig** auftreten, während von den anderen je nach Elektronenkonfiguration auch stabile Ln(II)- bzw. Ln(IV)-Verbindungen existieren. Bekannt sind Salze wie die Halogenide, Sulfate, Nitrate, Phosphate und Oxalate, die früher teilweise zur Trennung der Elemente durch fraktionierte Kristallisation benutzt wurden. Heute erfolgt die Trennung mit Ionenaustauschern mit z.B. Citronensäure als Elutionsmittel.

Die Aquakationen $[Ln(H_2O)_n]^{3+}$ zeigen von Ce – Lu die unter „Eigenschaften" genannten Farben. Auffällig ist die Abhängigkeit der Farbe von der Elektronenkonfiguration.

Actinoide, An

Tabelle 32. Eigenschaften der Actinoide

Element	Ordnungszahl	vermutliche Elektronenkonfiguration	Schmp.[°C]	Ionenradius[pm] M^{3+}	M^{4+}
Th	90	$5f^0\ 6s^2\ 6p^6\ 6d^2\ 7s^2$	1700		102
Pa	91	$5f^2\ 6s^2\ 6p^6\ 6d^1\ 7s^2$	1230	113	98
U	92	$5f^3\ 6s^2\ 6p^6\ 6d^1\ 7s^2$	1130		97
Np	93	$5f^5\ 6s^2\ 6p^6\ 6d^0\ 7s^2$	640	110	95
Pu	94	$5f^6\ 6s^2\ 6p^6\ 6d^0\ 7s^2$	640	108	93
Am	95	$5f^7\ 6s^2\ 6p^6\ 6d^0\ 7s^2$	940	107	92
Cm	96	$\mathbf{5f^7}\ 6s^2\ 6p^6\ 6d^1\ 7s^2$	1350	98	89
Bk	97	$5f^8\ 6s^2\ 6p^6\ 6d^1\ 7s^2$	980	94	87
Cf	98	$5f^{10}\ 6s^2\ 6p^6\ 6d^0\ 7s^2$	900	98	86
Es	99	$5f^{11}\ 6s^2\ 6p^6\ 6d^0\ 7s^2$		93	
Fm	100	$5f^{12}\ 6s^2\ 6p^6\ 6d^0\ 7s^2$			
Md	101	$5f^{13}\ 6s^2\ 6p^6\ 6d^0\ 7s^2$			
No	102	$5f^{14}\ 6s^2\ 6p^6\ 6d^0\ 7s^2$			
Lr	103	$\mathbf{5f^{14}}\ 6s^2\ 6p^6\ 6d^1\ 7s^2$			

Übersicht

Zu den Actinoiden („Actiniumähnliche") gehören die Elemente Thorium (Th), Protactinium (Pa), Uran (U) und die Transurane Neptunium (Np), Plutonium (Pu), Americium (Am), Curium (Cm), Berkelium (Bk), Californium (Cf), Einsteinium (Es), Fermium (Fm), Mendelevium (Md), Nobelium (No) und Lawrencium (Lr).

Th, Pa und U kommen natürlich vor, alle anderen Elemente werden durch Kernreaktionen gewonnen. Im Gegensatz zu den Lanthanoiden treten sie in mehreren Oxidationsstufen auf und bilden zahlreiche Komplexverbindungen, zum Teil mit KZ 8.

Vorkommen und *Herstellung:* Die künstlich durch Kernumwandlung hergestellten Elemente werden durch Ionenaustauscher getrennt und gereinigt. **Th** wird aus dem Monazitsand gewonnen, **Pa** aus Uranmineralien und **U** aus Uranpecherz UO_2

und anderen uranhaltigen Mineralien wie $U_3O_8 \equiv UO_2 \cdot 2\,UO_3$ (Uraninit). U wird in Form von $UO_2(NO_3)_2$ aus den Erzen herausgelöst und über UO_2 in UF_4 übergeführt. Aus diesem wird mit Ca oder Mg metallisches Uran erhalten.

Eigenschaften und *Verwendung:* Alle Actinoide sind unedle Metalle, die in ihren Verbindungen in mehreren Oxidationsstufen auftreten. Meist sind die Halogenide und Oxide besser als die anderen Verbindungen bekannt und untersucht.

Actinoiden-Verbindungen

Oxidationszahl VII: nur bei Np und Pu bekannt als Li_5NpO_6 und Li_5PuO_6.

Oxidationszahl VI: Die Beständigkeit nimmt in der Reihe U > Np > Pu > Am ab.

Besonders wichtig ist das flüchtige **Hexafluorid des Urans UF_6**, das zur Isotopentrennung mittels Gasdiffusion verwendet wird. Daneben sind viele Salze (Nitrate, Sulfate etc.) bekannt, welche das **Uranylion UO_2^{2+}** enthalten. Uranat(VI) bildet in saurer Lösung **keine** Polyanionen wie Mo oder W, sondern nur ein **Di-uranat(VI)**:

$$2\,[UO_4]^{2-} + 2\,H_3O^+ \rightleftharpoons [U_2O_7]^{2-} + 3\,H_2O$$

Oxidationszahl V: Die Beständigkeit nimmt ab in der Reihe Pa > Np > U > Pu > Am. UF_5 disproportioniert:

$$3\,UF_5 \rightleftharpoons U_2F_9 + UF_6$$

Oxidationszahl IV: Wichtige Verbindungen sind die stabilen Dioxide AnO_2 mit Fluoritstruktur und zahlreiche Komplexverbindungen (z.B. Fluorokomplexe).

Oxidationszahl III: Alle Actinoide bilden An^{3+}-Ionen, die meist leicht oxidierbar und in ihrem chemischen Verhalten den Ln(III)-Ionen ähnlich sind.

Oxidationszahl II: Bekannt sind Oxide wie PnO, NpO, AmO etc. und Halogenide wie ThX_2, AmX_2 u.a. Diese Oxidationsstufe ist charakteristisch für Am.

Technische Verwendung finden die Elemente u.a. in Kernreaktoren und als Energiequelle, z. B. in Weltraumsatelliten.

Anhang

Edelsteine

Unter **Edelsteinen** versteht man Stoffe, die wegen der Schönheit ihrer Farben oder ihres besonderen Farbenspiels („Feuer", „Glanz"), ihrer Seltenheit sowie einer gewissen Härte zu Schmuckzwecken verwendet werden. Die meisten Edelsteine sind Minerale. Kleinere Steine sowie viele industriell verwendete Edelsteine werden auch synthetisch hergestellt.

Beispiele:

Smaragd, $Al_2Be_3[Si_6O_{18}]$, Mohshärte 7,5–8, hellblau, blau, blaugrün, farbgebende Substanz: Chrom, Vanadium.

Aquamarin, $Al_2Be_3[Si_6O_{18}]$, Mohshärte 7,5–8, hellblau, blau, blaugrün, farbgebende Substanz: Eisen.

Granat (Gruppe verschiedenfarbiger Mineralien mit ähnlicher Zusammensetzung). *Beispiel:* $Mg_3Al_2[SiO_4]_3$ rot.

Turmalin (Aluminium-Borat-Silicat), farbenreich

Bergkristall, SiO_2, farblos

Amethyst, SiO_2, violett – rotviolett

Citrin, SiO_2, hellgelb – goldbraun

Achat, SiO_2, verschiedenfarbig

Opal, $SiO_2 \cdot n\,H_2O$, weiß, grau, blau, grün, orange, schwarz

Lapislazuli, $Na_8[Al_6Si_6O_{24}]S_2$, lasurblau

Andere Edelsteine:

Diamant, Mohshärte 10; **Rubin**, Al_2O_3, Mohshärte 9, farbgebende Substanz: Chrom, bei bräunlichen Tönen auch Eisen, **Saphir**, Al_2O_3, Mohshärte 9, farbenreich, farbgebende Substanz: blau: Eisen, Titan; violett: Vanadium; rosa: Chrom; gelb/grün: wenig Eisen.

Düngemittel

Düngemittel sind Substanzen oder Stoffgemische, welche die von der Pflanze benötigten Nährstoffe in einer für die Pflanze geeigneten Form zur Verfügung stellen.

Pflanzen benötigen zu ihrem Aufbau verschiedene Elemente, die unentbehrlich sind, deren Auswahl jedoch bei den einzelnen Pflanzenarten verschieden ist. Dazu gehören die Nichtmetalle H, B, **C**, **N**, O, **S**, **P**, Cl und die Metalle **Mg**, **K**, Ca, Mn, Fe, Cu, Zn, Mo. C, H und O werden als CO_2 und H_2O bei der Photosynthese verarbeitet, die anderen Elemente werden in unterschiedlichen Mengen, z.T. nur als Spurenelemente benötigt. Die sechs wichtigen Hauptnährelemente sind fett geschrieben; N, P, K sind dabei von besonderer Bedeutung.

Allgemein wird unterschieden zwischen *Handelsdüngern* mit definiertem Nährstoffgehalt und *wirtschaftseigenen Düngern*. Letztere sind Neben- und Abfallprodukte, wie z.B. tierischer Dung, Getreidestroh, Gründüngung (Leguminosen), Kompost, Trockenschlamm (kompostiert aus Kläranlagen).

Handelsdünger aus *natürlichen* Vorkommen

Organische Dünger sind z.B. Guano, Torf, Horn-, Knochen-, Fischmehl.

Tabelle 33. Organische Handelsdünger

Düngemittel	% N	% P_2O_5	% K_2O	% Ca	% org. Masse
Blutmehl	10–14	1,3	0,7	0,8	60
Erdkompost	0,02	0,15	0,15	0,7	8
Fischguano	8	13	0,4	15	40
Holzasche	–	3	6-10	30	–
Horngrieß	12–14	6-8	–	7	80
Horn-Knochen-Mehl	6–7	6–12	–	7	40–50
Horn-Knochen-Blutmehl	7-9	12	0,3	13	50
Hornmehl	10–13	5	–	7	80
Hornspäne	9–14	6-8	–	7	80
Knochenmehl, entleimt	1	30	0,2	30	–
Knochenmehl, gedämpft	4-5	20-22	0,2	30	–
Klärschlamm	0,4	0,15	0,16	2	20
Kompost	0,3	0,2	0,25	10	20–40
Peruguano	6	12	2	20	40
Rinderdung, getrocknet	1,6	1,5	4,2	4,2	45
Ricinusschrot	5	–	–	–	40
Ruß	3,5	0,5	1,2	5-8	80
Stadtkompost	0,3	0,3	0,8	8-10	20–40
Stallmist, Rind, frisch	0,35	1,6	4	3,1	20–40

Anorganische Dünger (Mineraldünger) aus *natürlichen* Vorkommen sind z.B. $NaNO_3$ (Chilesalpeter (seit 1830)), $CaCO_3$ (Muschelkalk), KCl (Sylvin). Sie werden bergmännisch abgebaut und kommen gereinigt und zerkleinert in den Handel.

Kunstdünger

Organische Dünger: Harnstoff, $H_2N-CO-NH_2$, wird mit Aldehyden kondensiert als Depotdüngemittel verwendet; es wird weniger leicht ausgewaschen. Ammonnitrat-Harnstoff-Lösungen sind Flüssigdünger mit schneller Düngewirkung.

Harnstoff wirkt relativ langsam ($-NH_2 \rightarrow -NO_3^-$). Dies gilt auch für $CaCN_2$ s. u.

Mineraldünger

Stickstoffdünger

Sie sind von besonderer Bedeutung, weil bisher der Luftstickstoff nur von den Leguminosen unmittelbar verwertet werden kann. Die anderen Pflanzen nehmen Stickstoff als NO_3^- oder NH_4^+ je nach pH-Wert des Bodens auf. Bekannte Düngemittel, die i.a. als Granulate ausgebracht werden, sind:

Ammoniumnitrat, „Ammonsalpeter", NH_4NO_3 (seit 1913)

$$NH_3 + HNO_3 \longrightarrow NH_4NO_3 \text{ (explosionsgefährlich)}$$

wird mit Zuschlägen gelagert und verwendet. Zuschläge sind z.B. $(NH_4)_2SO_4$, $Ca(NO_3)_2$, Phosphate, $CaSO_4 \cdot 2\,H_2O$, $CaCO_3$.

Kalkammonsalpeter, $NH_4NO_3/CaCO_3$.

Natronsalpeter, $NaNO_3$, **Salpeter,** KNO_3.

Kalksalpeter, $Ca(NO_3)_2$

Kalkstickstoff (seit 1903) $\quad CaC_2 + N_2 \underset{}{\overset{1100\,°C}{\rightleftharpoons}} CaCN_2 + C$

$$(CaO + 3C \rightleftharpoons CaC_2 + CO)$$

Ammoniumsulfat, $(NH_4)_2SO_4$,

$$2\,NH_3 + H_2SO_4 \longrightarrow (NH_4)_2SO_4$$

oder $\quad (NH_4)_2CO_3 + CaSO_4 \longrightarrow (NH_4)_2SO_4 + CaCO_3$

$(NH_4)_2HPO_4$ s. Phosphatdünger

Vergleichsbasis der Dünger ist % N.

Phosphatdünger

P wird von der Pflanze als Orthophosphat-Ion aufgenommen. Vergleichbasis der Dünger ist % P_2O_5. Der Wert der phosphathaltigen Düngemittel richtet sich auch nach ihrer Wasser- und Citratlöslichkeit (Citronensäure, Ammoniumcitrat) und damit nach der vergleichbaren Löslichkeit im Boden.

Beispiele

„**Superphosphat**", (seit 1850) ist ein Gemisch aus $Ca(H_2PO_4)_2$ und $CaSO_4 \cdot 2H_2O$ (Gips).

$$Ca_3(PO_4)_2 + 2\ H_2SO_4 \longrightarrow Ca(H_2PO_4)_2 + 2\ CaSO_4$$

„**Doppelsuperphosphat**" entsteht aus carbonatreichen Phosphaten:

$$Ca_3(PO_4)_2 + 4\ H_3PO_4 \longrightarrow 3\ Ca(H_2PO_4)$$

$$CaCO_3 + 2\ H_3PO_4 \longrightarrow Ca(H_2PO_4)_2 + CO_2 + H_2O$$

„**Rhenaniaphosphat**" (seit 1916) $3\ CaNaPO_4 \cdot Ca_2SiO_4$ entsteht aus einem Gemisch von $Ca_3(PO_4)_2$ mit Na_2CO_3, $CaCO_3$ und Alkalisilicaten bei 1100–1200 °C in Drehrohröfen („Trockener Aufschluss"). Es wird durch organische Säuren im Boden zersetzt.

„**Ammonphosphat**" $(NH_4)_2HPO_4$

$$H_3PO_4 + 2\ NH_3 \longrightarrow (NH_4)_2HPO_4$$

„**Thomasmehl**" (seit 1878) ist feingemahlene „Thomasschlacke". Hauptbestandteil ist: Silico-carnotit $Ca_5(PO_4)_2[SiO_4]$

Kaliumdünger

K reguliert den Wasserhaushalt der Pflanzen. Es liegt im Boden nur in geringer Menge vor und wird daher ergänzend als wasserlösliches Kalisalz aufgebracht. Vergleichbasis der Dünger ist % K_2O.

Beispiele

„**Kalidüngesalz**" KCl (Gehalt ca. 40 %) (seit 1860).

„**Kornkali**" mit Magnesiumoxid: 37 % KCl + 5 % MgO

Kalimagnesia $K_2SO_4 \cdot MgSO_4 \cdot 6\ H_2O$

Kaliumsulfat K_2SO_4 (Gehalt ca. 50 %).

Carnallit $KMgCl_3 \cdot 6\ H_2O$

Kainit $KMgClSO_4 \cdot 3\ H_2O$

Mehrstoffdünger

Dünger, die mehrere Nährelemente gemeinsam enthalten, aber je nach den Bodenverhältnissen in unterschiedlichen Mengen, werden **Mischdünger** genannt. Man kennt **Zwei**nährstoff- und **Mehr**nährstoffdünger mit verschiedenen N–P–K–Mg-Gehalten. So bedeutet z.B. die Formulierung 20–10–5–1 einen Gehalt von 20 % N – 10 % P_2O_5 – 5 % K_2O – 1 % MgO.

Häufig werden diese Dünger mit Spurenelementen angereichert, um auch bei einem einmaligen Streuvorgang möglichst viele Nährstoffe den Pflanzen anbieten zu können.

Beispiele

„**Kaliumsalpeter**": KNO_3/NH_4Cl

„**Nitrophoska**": $(NH_4)_2HPO_4/NH_4Cl$ bzw. $(NH_4)_2SO_4$ **und** KNO_3

„**Hakaphos**": KNO_3, $(NH_4)_2HPO_4$, Harnstoff

Literaturauswahl und Quellennachweis

Zahlreiche Quellen von Einzelschriften zur Geschichte der „Anorganischen Chemie" finden sich im „Lehrbuch der Anorganischen Chemie" von *H. Remy* Band I und Band II Leipzig 1960 und 1961, Akademische Verlagsgesellschaft Geest & Portig K.-G.

Weiterhin sei verwiesen auf die Internetseiten der Online Enzyklopädie „Wikipedia" (http://de.wikipedia.org) die in der Regel sehr gut recherchiert sind.

1. Große Lehrbücher

Cotton, F.A., Wilkinson, G.: Advanced Inorganic Chemistry. New York: Interscience Publishers.

Emeléus, H.J., Sharpe, A.G.: Modern Aspects of Inorganic Chemistry. London: Routledge & Kegen Paul.

Greenwoodn N.N., Earnshaw A.: Chemistry of the Elements. Pergamon Press.

Heslop, R.B., Jones, K.: Inorganic Chemistry. Elsevier.

Hollemann, A.F., Wiberg, E.: Lehrbuch der anorganischen Chemie. Berlin: Walter de Gruyter.

Huheey, I.E., Keiter, E.A. u.a.: Anorganische Chemie. Berlin: Walter de Gruyter.

Lagowski, J.J.: Modern Inorganic Chemistry. New York: Marcel Dekker.

Purcell, K.F., Kotz, J.C.: Inorganic Chemistry. Philadelphia: W.B. Saunders.

Riedel,E.: Anorganische Chemie. Berlin: Walter de Gruyter.

Riedel,E. Hrsg.: Moderne Anorganische Chemie, Berlin: Walter de Gruyter.

2. Kleine Lehrbücher

Cotton, F.A., Wilkinson, G.: Basic inorganic chemistry. New York: John Wiley & Sons.

Gutmann/Hengge: Allgemeine und anorganische Chemie. Weinheim: Verlag Chemie.

Jander, G., Spandau, H.: Kurzes Lehrbuch der anorganischen und allgemeinen Chemie. Berlin – Heidelberg – New York: Springer.

Kaufmann, H.: Grundlagen der allgemeinen und anorganischen Chemie. Basel: Birkhäuser.

Mortimer, Ch.E., Müller, U.: Chemie. Stuttgart: Thieme.

Riedel, E.: Allgemeine und Anorganische Chemie. Berlin: Walter de Gruyter.

3. Darstellungen der allgemeinen Chemie

Becker, R.S., Wentworth, W.E.: Allgemeine Chemie. Stuttgart: Thieme.

Blaschette, A.: Allgemeine Chemie. Frankfurt: Akademische Verlagsgesellschaft.

Christen, H.R.: Grundlagen der allgemeinen und anorganischen Chemie. Aarau und Frankfurt: Sauerländer-Salle.

Dickerson/Gray/Haight: Prinzipien der Chemie. Berlin: Walter de Gruyter.

Fachstudium Chemie, Lehrbuch 1 - 7. Weinheim: Verlag Chemie.

Gründler, W., et al.: Struktur und Bindung. Weinheim: Verlag Chemie.

Heyke, H.E.: Grundlagen der Allgemeinen Chemie und Technischen Chemie. Heidelberg: Hüthig.

Sieler, J., et al.: Struktur und Bindung – Aggregierte Systeme und Stoffsystematik. Weinheim: Verlag Chemie.

4. Monographien über Teilgebiete

Emsley, J.: Die Elemente. Berlin: Walter de Gruyter.

Hard, H.-D.: Die periodischen Eigenschaften der chemischen Elemente. Stuttgart: Thieme.

Hiller, J.-E.: Grundriss der Kristallchemie. Berlin: Walter de Gruyter.

Kettler, S.F.A.: Koordinationsverbindungen. Weinheim: Verlag Chemie.

Klapötke, T.M., Tornieporth-Oetting, I.C.: Nichtmetallchemie. Weinheim: Verlag Chemie

Kleber, W.: Einführung in die Kristallographie. Berlin: VEB Verlag Technik.

Krebs, H.: Grundzüge der Anorganischen Kristallchemie. Stuttgart: Enke.

Latscha, H.P., Klein, H.A., Linti, G.W.: Analytische Chemie. Berlin – Heidelberg – New York: Springer.

Latscha, H.P., Schilling, G., Klein, H.A.: Chemie-Datensammlung. Berlin – Heidelberg – New York: Springer.

Lieser, K.H.: Einführung in die Kernchemie. Weinheim: Verlag Chemie.

Powell, P., Timms, P.: The Chemistry of the Non-Metals. London: Chapman and Hall.

Schmidt, A.: Angewandte Elektrochemie. Weinheim: Verlag Chemie.

Steudel, R.: Chemie der Nichtmetalle. Berlin: Walter de Gruyter.

Tobe, M.L.: Reaktionsmechanismen der anorganischen Chemie. Weinheim: Verlag Chemie.

Weiss, A., Witte, H.: Kristallstruktur und chemische Bindung. Weinheim: Verlag Chemie.

Wells, A.F.: Structural Inorganic Chemistry. Oxford: University Press.

West, A.R.: Grundlagen der Festkörperchemie. Weinheim: Verlag Chemie.

Winkler, H.G.F.: Struktur und Eigenschaften der Kristalle. Berlin Heidelberg New York: Springer.

5. Nachschlagewerke und Übersichtsartikel

Adv. Inorg. Chem. Radiochemistry. New York: Academic Press.

Aylward, G.H., Findlay, T.J.V.: Datensammlung Chemie. Weinheim: Verlag Chemie.

Chemie in unserer Zeit. Weinheim: Verlag Chemie.

Comprehensive inorganic chemistry. New York: Pergamon Press.

Fachlexikon ABC Chemie. Frankfurt: Harri Deutsch.

Gmelin Handbuch-Bände der Anorganischen Chemie. Berlin Heidelberg New York: Springer.

Halogen Chemistry (Gutmann, V., Ed.). New York: Academic Press.

Harrison, R.D.: Datenbuch Chemie Physik. Braunschweig: Vieweg.

Kolditz, L., Hrsg.: Anorganikum. Weinheim: Wiley-VCH.

Progress in Inorganic Chemistry. New York: John Wiley & Sons.

Römpps Chemie-Lexikon. Stuttgart: Franckh'sche Verlagshandlung.

Außer diesen Büchern wurden für spezielle Probleme weitere Monographien benutzt. Sie können bei Bedarf im Literaturverzeichnis der größeren Lehrbücher gefunden werden.

Abbildungsnachweis

Die in der rechten Spalte aufgeführten Abbildungen und Tabellen in diesem Buch wurden, zum Teil mit Änderungen, den nachstehenden Werken entnommen:

Chemiekompendium. Kaiserlei Verlagsgesellschaft 1972.	Abb. 78, Tab. 1
Christen, H.R.: Grundlagen der allgemeinen und anorganischen Chemie. Aarau – Frankfurt a.M.: Sauerländer-Salle 1968.	Abb. 7, 10, 65
Fluck, E., Brasted, R.C.: Allgemeine und Anorganische Chemie. In: Uni-Taschenbücher, Bd.53. Heidelberg: Quelle & Meyer 1973.	Abb. 2
Gillespie, R.J.: Molekülgeometrie. Weinheim: Verlag Chemie 1975.	Tab. 3
Hiller, J.-E.: Grundriß der Kristallchemie. Berlin: de Gruyter 1952.	Abb. 66
Hollemann, A.F., Wiberg, E.: Lehrbuch der anorganischen Chemie. 81.-90. Aufl. Berlin; de Gruyter 1976.	Abb. 8, 11, 69, 75, 77
Lieser, K.H.: Einführung in die Kernchemie. Weinheim: Verlag Chemie 1969.	Tab. 4
Mortimer, C.-E.: Chemie. Das Basiswissen der Chemie in Schwerpunkten. Übersetzt von P. Jacobi und J. Schweizer. Stuttgart: Thieme 1973.	Abb. 3, 63, 67

Weitere Abbildungen stammen aus Vorlesungsskripten von H.P. Latscha. Einige davon wurden — mit zum Teil erheblichen Veränderungen — den im Literaturverzeichnis aufgeführten Büchern und Zeitschriften entnommen.

Sachverzeichnis

Absorbtionsspektroskopie 11
Achat 94, 259
Acidität 173
Actinium 49, 209, 211
– Reihe 8
Actinoid 24, 185, 257
– Verbindungen 258
Actinoiden-Kontraktion 193
Aktivkohle 81, 145, 168, 181, 237
Alabaster 57
Alaun 77, 247
Alkalimetall 24, 33, 37ff, 83, 185, 186
Alkylchlorsilan 91
Allotropie 81, 103
Aluminat 76
Aluminium 74ff
– bromid 77
– carbid 89
– chlorid 76
– hydroxid 76
– iodid 77
– oxid 76
– sulfat 77
– trialkyle 77
– Verbindungen 76
aluminothermisches Verfahren 76, 185
Amalgam 45, 51, 57, 63, 74, 150, 201, 203, 207
– Verfahren 44, 201
Americium 257
Amethyst 94, 259
Amid 107
Amin 77, 107
Ammoniak 73, 87, 103, 106ff, 163, 179, 208
Ammoniummolybdat 230
Ammoniumnitrat 261
Ammoniumsulfat 261
Ammonphosphat 262
Ammonsalpeter 261
amu 5
Anatas 215

Anionen 25
Anodenschlamm 153, 196, 201
Antimon 128
– dioxid 130
–, graues 129
– oxide 129
– pentachlorid 129
– säure 129, 130
–, schwarzes 129
– sulfid 130
– tetraoxid 130
– trichlorid 129
– Verbindungen 129
– wasserstoff 129
Antrachinonderivat 139
Apatit 57, 83, 116, 159
Aquamarin 53, 259
Äquivalenz-Prinzip 6
Aragonit 59
Argon 179ff
Arsabenzol 132
Arsen 125
– chlorid 127
– fluorid 127, 128
–, gelbes 126
– Halogen-Verbindungen 127
– hydrid 127
– iodid 128
– nickelkies 249
– oxid 127
– säure 127
–, schwarzes 126
– Schwefel-Verbindungen 128
– spiegel 127
– sulfid 128
– trioxid 127
– Verbindungen 127
Arsenige Säure 127
Arsenik 127
Asbest 95
Astat 172
Aston-Regel 5

Atomarten 4
Atomaufbau 2
Atomhülle 3
Atomkern 2, 3
Atommasse 4, 5
–, relative 5
–, absolute 5
Atommodell
-, Bohrsches 9ff, 21ff
Atomorbital 13, 17
Atomradius 26, 192
–, Bohrscher 10
–, relativer 21
Atomspektrum 11
Ätzkali 39, 47, 52
Ätznatron 39, 44
Aufbauprinzip 17
Aufwachsverfahren 186, 214, 216
Auripigment 126
Austauschreaktion 35
Autoprotolyse 138
Azide 109

Baddeleyit 216
Balmer-Serie 9
Bandenspektrum 187
Barium 61
– hydroxid 62
– oxid 62
– peroxid 62
– sulfat 62
– Verbindungen 62
Baryt 52, 61, 62, 248
Basalt 75
Basenanhydrid 140
Basenstärke 37
Bauxit 75, 76, 77, 141
Bayer-Verfahren 75
Bergkristall 94, 259
Berkelium 257
Berliner-Blau 247, 248
Berry-Mechanismus 123
Beryll 53
Beryllium 51, 53
– chlorid 54
– organyle 54
– Verbindungen 53
Beton 61
Bindungsenthalpie 173
Bismut 130

– bromid 131
– chlorid 131
– fluorid 131
– glanz 130
– iodid 131
– nitrat 130
– ocker 130
– oxid 130
– Verbindungen 131
Bismutabenzol 132
Bittersalz 51
Bitterspat 55
Blaugel 95, 250
Blausäure 176, 247
Blei 98, 99ff
– dioxid 101
– glanz 100, 141
– glätte 100
– halogenid 100
– hydroxid 101
– oxid 100
– sulfat 100
– sulfid 100
– tetrachlorid 101
Bleichkalk 58
Bleikammerverfahren 147
Blutlaugensalz 245, 247
Bohr, Niels 9
Bor 67ff
– amid 73
– gruppe 65
– halogenid 70
– imid 73
– oxid 71
– nitrid 73
– sauerstoff-Verbindungen 71
– stickstoff-Verbindungen 73
– säure 71
– säure-Ester 72
– trichlorid 71
– trifluorid 70
– triiodid 71
– Verbindungen 67ff
– wasserstoff-Verbindungen 67
Boran 67, 69
Borat 67, 72
Borax 43, 67, 72
Borazin 73
Borid 67
Bornitrid 73

Boudouard-Gleichgewicht 88, 242
Brackett-Serie 9
Brauneisenstein 242
Braunit 235
Braunkohle 81
Braunstein 235
Britanniametall 129
Brom 167
– dioxid 169
– säure 169
– silber 168
– Verbindungen 168
– wasserstoff 168
– wasserstoffsäure 168
Bromcarnallit 167
Bromid 168
Bromige Säure 169
Bromit 169
Bronze 197
Brookit 215
Bunsenflamme 37

Cadmium 205
– chlorid 206
– chlorid-Gitter 206
– fluorid 206
– hydroxid 206
– iodid 206
– sulfid 206
– Verbindungen 206
Calcit 59
Calcium 57
– carbid 59, 89
– carbonat 59
– chlorid 59
– cyanid 60
– fluorid 59
– fluorid-Gitter 206
– hydrid 57
– hydrogencarbonat 59
– hydroxid 58
– hypochlorit 164
– komplexe 60
– oxid 57
– sulfat 58
– Verbindungen 57
Californium 257
Carbaminsäure 87
Carbid 89, 185
Carboran 69

Carborundum 96
Carbothermisches Verfahren 55
Carnallit 46, 55, 162, 262
Carnotit 220
Carosche Säure 150
Cäsium 48
Cassiusscher Goldpurpur 202
Castner-Zelle 42
Cer 255
Cerimetrie 256
Chalkogen 24, 133
Charakter
–, metallischer 29
–, nichtmetallischer 29
Chemische Elemente 3
Chilesalpeter 42, 45
Chlor 162
– dioxid 166
– kalk 58, 164
– oxide 166
– säure 165
– sulfonsäure 147
– Verbindungen 162
– wasser 162, 201
– wasserstoff 163
– wasserstoffsäure 163
Chloralkalielektrolyse 162
Chlorid 163
Chlorige Säure 164
Chlorit 165
Chlorophyll 55, 56
Chrom 225
– alaun 227
– Gruppe 225
– oxid 226
– peroxid 229
– sulfat 227
– trichlorid 226
– trioxid 227
– Verbindungen 226
Chromat 227
Chromeisenstein 225
Chromit 225, 226
Chromleder 227
Chromylchlorid 227
Cisplatin 254
Citrin 259
Clathrat 183
Claus-Prozess 141
closo 69

Cluster 239, 240
Cobalt 249
– glanz 249
– Gruppe 241
– kies 249
– Verbindungen 249
Cobaltocen 250
Coelestin 61
Coesit 94
Coltan 223
Columbit 223
Crackprozess 32
Cristobalit 94
Cuprit 196
Curie-Temperatur 244
Curium 257
Cyanat 176
Cyanid 176
Cyanidlaugerei 185, 199, 201
Cyankali 176
Cyanocobalamin 250
Cyansäure 176
Cyanwasserstoff 176
Cyclo-Hexaschwefel 142

Dalton 5
DDP 254
Deuterium 7, 33, 35ff
Diamant 83, 259
Diammin-dichlorido-platin 254
Diaphragma-Verfahren 44
Diboran 68
Dibromoxid 169
Dichlorheptoxid 167
Dichlorhexoxid 167
Dichloroxid 166
Dichlortrioxid 167
Dichromat 227
Dicyan 175
Difluordisulfan 143
Dioxygenyl-Kation 133
Diphosphan 119
Diphosphorsäure 121
Dipol 137
Diradikal 135, 142
Dirhodan 175
Disauerstoffdifluorid 161
Dischwefeldinitrid 152
Disproportionierung 47, 92, 112, 113, 159, 161, 164, 165, 166, 167, 169, 171, 198, 237, 238
Distickstoffmonoxid 110
Distickstoffpentoxid 112
Dithionige Säure 150
Dolomit 55, 57
Doppelbindungsregel 132
Doppelsalz 77, 245, 247
Doppelsuperphosphat 121, 262
Downs-Zelle 42
Dreifachbindung 105
Dreizentrenbindung 68
Düngemittel 148, 260
Dünger 260ff
–, anorganische 261
–, Handels 260
–, Kalium 262
–, Kunst 261
–, Mehrstoff 263
–, Mineral 261
–, Misch 263
–, organische 260
–, Phosphat 262
–, Stickstoff 261
–, wirtschaftseigene 260
Duraluminium 76
Dysprosium 210, 255

Edelgas 22, 24, 179
– Halogenide 181
– Verbindungen 181
Edelgaskonfiguration 22, 179
Edelmetall 32, 195
Edelstein 259
EDTA 60
Einschlussverbindung 183
Einsteinium 257
Eisen 242
– Gruppe 241
– kies 242
– Komplexverbindung 245
– metall 241, 242
– Platin-Gruppe 241
– Verbindungen 245
Eisenmetall 187
elektrolytische Verfahren 186
Elektron 12, 13ff, 16
Elektronegativität 28, 29, 31
Elektronenaffinität 26, 29, 30
Elektronenhülle 3, 8
Elektronenkonfiguration 14, 17, 21, 51

Elektronenmangelverbindung 54, 68
Elektronenschale 21, 22, 26, 179
Elektronenspin 13
Elektronenübergang 12
Elektronenzahl 14, 16, 22
Elektronmetall 55
Elektroraffination 196
Element 1
Elementarladung
–, elektrische 3
Eloxal-Verfahren 75
Emissionsspektroskopie 11
Emissionsspektrum 8
EN 28, 29, 31, 157
enantiotrop 81
Energieniveau 10, 11, 16, 17, 27ff
Energieniveauschema 15, 18
Erbium 210, 255
Erdalkalimetall 24, 51
Erdmetall 24
Europium 255

Feingehalt 202
Feldspat 46, 75, 83
Fermium 257
Ferrat 247
Ferrocen 248
Ferrochrom 226
ferromagnetisch 244
Ferromangan 236
Ferromolybdän 229
Ferrotitan 214
Ferrovanadium 220
Ferrowolfram 231
Fixiersalz 173
Fluor 29, 159
– Sauerstoff-Verbindungen 161
– Verbindungen 160
– wasserstoff 160
– wasserstoffsäure 160
Fluorit 57, 159
Fluoroborsäure 70
Fluoro-Komplex 161
Flusssäure 160
Flussspat 57, 59, 83, 159
Francium 49
Frasch-Verfahren 141
Fulleren 84
Fulminsäure 176

Gadolinium 255
Gallium 78
Gangart 243
Garnierit 249
Gelbbleierz 229
Gelbnickelkies 249
Generatorgas 85
Germanium 96
Gips 57, 58, 83, 141
Glas 95
– faser 95
Glaubersalz 42
Glimmer 46
Gneis 75
Gold 201
–, flüssiges 202
– hydroxid 202
– purpur 202
– Verbindungen 201
Granat 259
Granit 46, 75
Graphen 82
Graphit 82
– fluorid 83
– Intercalationsverbindung 83
– salz 83
– Verbindungen 83
Grauspießglanz 128, 130
Grignard-Verbindung 56
Grundzustand 11, 14
Grünspan 197
Gruppe 16, 21, 22, 24, 26ff
Gusseisen 243

Haber-Bosch-Verfahren 34, 105, 106
Hafnium 216
– carbid 217
Hakaphos 263
Halbmetall 29, 32
Halogen 22, 157
– glühlampen 231
– wasserstoffsäuren 157
Häm 246
Hämatit 242
Hämoglobin 242, 246
Hartblei 129
Härteskala nach Mohs 83, 259
Hauptgruppe 22
–, I. 37
–, II. 51

–, III. 65
–, IV. 79
–, V. 103
–, VI. 133
–, VII. 157
–, VIII. 179
Hauptgruppenelement 22
Hauptquantenzahl 10
Hausmannit 235
Heißwind 242
Helium 179
Heliumkern 6
Heptamolybdat 230
Herdfrischverfahren 244
Heteropolysäure 233
Hochofen 242
Holmium 210, 255
Holzkohle 81
Hornsilber 199
Hundsche Regel 14
Hydrargillit 75
Hydrazin 108
Hydrid 34ff
–, hochpolymeres 35
–, komplexes 35
–, kovalentes 35
–, metallartiges 35
–, salzartiges 34
Hydrogencarbonat 86
Hydronalium 76
Hydronium-Ion 137
Hydroxylamin 110
Hyperoxid 37
Hypobromige Säure 168
Hypobromit 169
Hypochlorige Säure 164
Hypofluorige Säure 161
Hypoiodige Säure 171

Ikosaeder 68
Ilmenit 213
Imid 108
Indium 78
inert-pair-Effekt 102
Inselstruktur 239
Intercalationsverbindung 83
Interhalogenverbindung 174
Inversion 107
Iod 169
– iodat 172

– oxid 172
– säure 172
– wasserstoff 171
– wasserstoffsäure 171
– Verbindungen 171
Iodat 172
Ionen 25
Ionenaustauscher 93
Ionenprodukt des Wassers 138
Ionenradius 26, 193
Ionisierungsenergie 27
Ionisierungspotenzial 27ff
Iridium 252
Isobare 5
isoelektronisch 87
Iso-Form 177
Isonitril 176
Isopolybase 247
Isopolysäure 233
Isopolyvanadat 222
isoster 87
Isosterie 87
Isotop 1, 4ff, 16
–, Trennung 7
Isotopieeffekt 6
–, kinetischer 6

Jenaer Glas 95

Kainit 162, 262
Kalidüngesalz 262
Kalilauge 47
Kalimagnesia 262
Kalium 46
– bromid 168
– carbonat 47
– chlorat 47
– chlorid 47
– cyanat 176
– cyanid 176
– hexacyanoferrat 247
– hydroxid 47
– nitrat 47
– permanganat 237
– salpeter 263
– sulfat 262
– Verbindungen 47
Kalk 57, 59
– ammonsalpeter 261
–brennen 57

-, gebrannter 57
-, gelöschter 58, 164
– milch 165
– salpeter 261
– spat 83
- stein 57
– stickstoff 261
Kalomel 207
Kanalstrahl 16
Kaolin 75
Karat 83, 202
Kathodenstrahl 16
Kationbase 246
Kationen 24
Kationsäure 246
Kernfusion 36
Kernit 67
Kernkräfte 5
Kernladungszahl 3, 5, 16
Kernregel 5
Ketazin 108
Kieselfluorwasserstoffsäure 96
Kieselgel 95
Kieselsäure 92
Kieselsinter 94
Kieserit 55
Kippscher Apparat 32
Knallgasreaktion 34
Knallsäure 176
Kochsalz 42, 43, 162
Kohlendioxid 30, 85ff
Kohlenmonoxid 85
Kohlenoxidsulfid 88
Kohlensack 242
Kohlensäure 86
Kohlenstoff 79
– gruppe 79
– isotop 5
– Verbindungen 85
Kohlensuboxid 88
Kohlevergasung 31
Koks 31, 40, 55, 59, 75, 82, 85, 96, 117, 220, 226, 229, 231, 236, 242
Komproportionierung 113
Kondensationsreaktion 228, 247
Königswasser 114, 201
Kontaktverfahren 148
Konverterverfahren 244
Konvertierung 31
Korund 75, 83

kovalente Bindung 65
Kreide 57, 248
Kreisprozess 139
Kristallfeldtheorie 194
Kryolith 42, 75, 159
Krypton 179
– difluorid 181
Kupfer 196
– chlorid 197
– cyanid 199
– fluorid 197
– glanz 196
– Gruppe 195
– hydroxid 197
– kies 196
– oxid 197, 199
– Raffination 196, 201
– seide 198
– sulfat 197
– sulfid 197
– tetrammin-Komplex 198
– Verbindungen 197
– vitriol 197

Lachgas 110
Ladungsdichte 39
Lagermetall 129, 197
Langmuir-Fackel 33
Lanthan 24, 210, 255
Lanthanoide 24, 255
– Verbindungen 256
Lanthanoiden-Kontraktion 193
Lapislazuli 259
Lawrencium 257
Leclanché-Element 237
Leichtmetall 32
Letternmetall 129
Lewis-Säuren 128
Linde-Verfahren 135
Linienspektrum 8
Lithium 39
– aluminiumhydrid 35, 41, 77
– carbid 89
– hydrid 41
– ionenakku 40
– organyle 41
– oxid 41
– Verbindungen 41
Lithopon 205, 248
Luft 106, 133, 179

Luftmörtel 60
Lutetium 255
Lyman-Serie 9

Magnesia 55
Magnesit 55
Magnesium 54
– carbid 89
– chlorid 56
– hydroxid 56
– mixtur 56
– nickelsilicat 249
– oxid 55
– sulfat 56
– Verbindungen 55
Magneteisenstein 242
Magnetit 242
Magnetkies 242
Malachit 196
Mangan 235
– dioxid 237
– Gruppe 235
– knollen 235
– monoxid 236
– spat 235
– stahl 236
– sulfid 236
– Verbindungen 236
Manganat 237
Manganit 235
Manganstahl 236
Marmor 57
Marshsche-Probe 127
Massendefekt 6
Masseneinheit, atomare 5
Massenspektrometer 7
Massenzahl 4, 5
Mattauch-Regel 5
Mehrzentrenbindung 68
Mendelevium 257
Mennige 101, 248
Messing 197, 204
Metall 29
–, Darstellungsmethoden 185
Metaphosphorsäure 122
Millerit 249
Millonsche-Base 208
Mineraldünger 261
Mineralwässer 138
Mischelement 4, 5

Modifikation 81
Mohrsche-Salz 245
Mohshärte 83, 259
Molekülorbital (MO) 105, 111, 135, 136
–, nichtbindendes 68
Molybdän 229
– blau 230
– disulfid 230
– glanz 229
– Verbindungen 230
Molybdänit 229
Monazitsand 210
Mond-Verfahren 186, 249
Monelmetall 160
Monophosphan 118
monotrop 81, 215
Monowolframat 232
Mörtel 60
Müller-Rochow-Verfahren 91
Münzmetalle 195
Musivgold 99

Natrium 42
– amid 176
– carbonat 45
– chlorid 43
– cyanid 176
– dithionat 46
– hydrogencarbonat 46
– hydroxid 44
– hypochlorid 164
– iodit 170
– nitrat 45
– perborat 72
– peroxid 46
– sulfat 45
– thiosulfat 46
– tripolyphosphat 122
– Verbindungen 43
Natronlauge 44, 45
Natronsalpeter 261
Nebengruppe 24
Nebengruppe 24, 187
–, I. 195
–, II. 203
–, III. 209
–, VI. 213
–, V. 219
–, VI. 225
–, VII. 235

–, VIII. 241
Nebengruppenelement 24, 187
Nebenquantenzahl 12
Neodym 155
Neon 179
Neptunium 257
– Reihe 8
Nessler-Reagens 208
Neusilber 197
neutral 138
Neutron 3, 16
Neutronenzahl 4
nichtbindendes MO 68
Nichtmetall 29, 30
Nickel 249
– diacetyldioxim 251
– Gruppe 241
– Verbindungen 251
Nickelocen 251
nido-Verbindung 69
Niederschlagsarbeit 186
Niob 223
– chlorid 224
– fluorid 224
– Verbindungen 224
Niobit 223
Nitrat 51, 112, 114
Nitrid 108
Nitril 176
Nitrit 112, 113
Nitrophoska 263
Nitrosylhalogenid 111
Nitrylverbindung 116
Niveau 17
–, halbbesetztes 18
–, vollbesetztes 18
Nobelium 257
Normalpotenzial 40, 148, 203
Nucleon 3
Nucleonenzahl 4
Nuclid 4, 5
Nuclidgemisch 4

Ocker 248
Oktamolybdat 230
Oktettregel 133
Oleum 148
Opal 94, 259
Ordnungszahl 3
Orthoborsäure 71

Orthovanadat 222
Osmium 252
Ostwaldsche-Stufenregel 208
Ostwald-Verfahren 107, 111, 115
Oxidationsstufe 24, 25
Oxidationszahl 25, 191
Oxide 140
–, amphotere 140
–, basische 140
–, salzartig gebaute 140
–, saure 141
Ozon 136

Palladium 252
– dichlorid 253
paramagnetisch 244
Parkesieren 199
Partialladung 137
Paschen-Serie 9
Passivierung 34, 75, 114, 160, 203, 245
Patina 197
Patronit 220
Pauli-Prinzip 14
Pauli-Verbot 14
Pechblende 62
Perborate 72
Perbromsäure 169
Perchlorsäure 165
Perhydrol 140
Periode 21, 22, 26, 28
Periodensystem 3
Periodensystem der Elemente 16ff, 23ff
Periodsäure 172
permanente Härte 58, 59
permanentes Gas 33
Permanentweiß 148, 248
Perowskit 113
Peroxid 140
Peroxochromat 228, 229
Peroxodischwefelsäure 139, 150
Peroxo-Komplex 215
Peroxomonoschwefelsäure 150
Peroxo-Verbindung 140
Pfund-Serie 9
Phosphabenzol 132
Phosphazene 124
Phosphinsäure 120
Phosphonsäure 120
Phosphor 116

– chlorid 124
– fluorid 123
– Halogen-Verbindungen 123
–, Hittdorfscher 118
– oxidchlorid 124
– pentoxid 117
– Sauerstoff-Verbindungen 119
– Stickstoff-Verbindungen 124
– säure 121
– säuren 119
–, schwarzer 118
– sulfide 122
– Verbindungen 118
–, violetter 118
–, weißer 117
Phosphorit 57
photographischer Prozess 173
Photon 11
physikalische Verbindung 183
Pigmente 248
Platin 252
–, Cis 254
– Gruppe 241
– hexafluorid 254
– metall 187, 241, 252
– metall-Verbindungen 253
Platinoide 252
Plutonium 257
Polonium 154
Polychromat 228
Polyhalogenid-Ion 174
Polymorphie 81
Polysäuren 122, 232
Polysiloxan 91
Polysulfan 143
Polythiazyl 152
Polywolframsäure 232
Porphyr 75
Pottasche 39, 47
Praseodym 255
Promethium 255
Protactinium 257
Protolysekonstante 138
Proton 3, 16
Protonenzahl 4
PSE 16ff, 23ff
Pseudohalogen 175
Pseudohalogenid 109, 175
Pseudorotation 123
Pyrit 242, 245

Pyrrhotin 242

Quarz 83, 89, 94
– glas 95
Quecksilber 201, 207
– chlorid 207, 208
– cyanid 208
– fluorid 208
– iodid 208
– oxid 208
– sulfid 208
– Verbindungen 207

Radikal 111, 112
Radioaktivität 3, 8
Radionuclid 8
Radium 62
Radon 179
– fluorid 181
Raschig-Synthese 108, 164
rauchende Schwefelsäure 148
Realgar 128
Redoxpotenzial 157
Reindarstellung von Metallen 185
Reinelement 4, 5
Rhenaniaphosphat 262
Rhenium 238
– Halogenid 239
– Verbindungen 239
Rhodium 252
Roheisen 243
Rohkupfer 196
Röntgenspektrum 16
Rose's-Metall 130
Rostbildung 135, 244
rösten 146
Röst-Reaktionsverfahren 100, 186, 196
Röst-Reduktionsverfahren 100
Roteisenstein 242
Rotfeuer 61
Rotgold 201
Rotkupfererz 196
Rotnickelkies 249
Rotschlamm 75
Rubidium 48
Rubin 75, 76, 259
Ruthenium 252
Rutil 113, 213, 215

Salpeter 47, 261

Salpetersäure 114
salpetrige Säure 113
Salzcharakter 160, 173
Salzsäure 163
–, konzentrierte 163
–, rauchende 163
Samarium 255
Saphir 75, 76, 259
Sassolin 67
Sauerstoff 133
–, atomarer 136
– difluorid 161
– Verbindungen 137
Säureanhydrid 141
Scandium 209
– Gruppe 209
Scheelit 231
Scheidewasser 114
Scherbenkobalt 126
Schiefer 75
Schlacke 243
Schmelzelektrolyse 186
Schmelzflusselektrolyse 40, 46, 55, 57
Schnelllot 205
Schrägbeziehung im PSE 39
Schwefel 141
– bromid 144
–, catena- 142
– chlorid 144
–, cyclo-Hexa 142
– dioxid 29, 146
– fluorid 143, 144
– Halogen-Verbindungen 143
– imide 151
– kies 141, 245
– kohlenstoff 88
– oxidhalogenide 145
–, plastischer 142
– säure 147
–, rauchende 148
– Stickstoff-Verbindungen 151
– trioxid 147
– Verbindungen 143
– wasserstoff 143
Schweflige Säure 146
Schweizers Reagens 198
schweres Wasser (D_2O) 7, 35, 36
Schwermetall 32
Schwerspat 61, 62
Selen 152

– dioxid 153
–, graues 153
– säure 153
– trioxid 153
– Verbindungen 153
– wasserstoff 153
Selenige Säure 153
Selenocyan 175
Serienspektrum 9
Siderit 242
Siemens-Martin-Verfahren 244
Silan 90
Silanol 91
Silber 199
– bromid 168, 173, 200
– chlorid 200
– cyanid 200
– difluorid 201
– fluorid 200
– glanz 199
– keime 173
– nitrat 200
– oxid 200
– rhodanid 200
– sulfid 200
– Verbindungen 200
Silicat 89, 93
Silicid 90
Silicium 89
– carbid 96
– dioxid 94
– disulfid 96
– Verbindungen 90
– wasserstoffe 90
Silicon 91
Siloxan 91
Smaragd 53, 259
Soda 39
Söderberg-Elektrode 75
Solvay-Verfahren 45
Spanischweiß 130
Spannungsreihe der Elemente 32
Spateisenstein 242
Speiscobalt 249
Spektrallinie 8
Spinell 76, 225, 226, 227
– Struktur 246
Spinquantenzahl 13
Stahl 107, 159, 214, 220, 223, 226, 229, 242ff, 249

Stammsäure 233
Standartpotenzial 191
Steam-Reforming 32
Steinkohle 81
Steinsalz 42, 43, 162
Stickstoff 103
– dioxid 30, 112
– Gruppe 103
– Halogen-Verbindungen 116
– monoxid 111
– trifluorid 116
– Verbindungen 106
– wasserstoffsäure 109
Stishovit 94
Strahlung
–, radioaktive 7, 8
Strontionit 61
Strontium 61
Sublimat 208
Sulfid 143
Sulfit 146
Sulfurylchlorid 145
Superphosphat 121, 262
supraflüssig 180
Sylvin 46, 162

Talk 83
Tantal 223
– chlorid 224
– fluorid 224
– Verbindungen 224
Tantalit 223
Tautomerie 176
Technetium 238
– Verbindungen 238
Teilchen, subatomare 3
Tellur 153
– dioxid 154
– säure 154
– trioxid 154
– Verbindungen 154
Tellurat 154
Tellurit 154
temporäre Härte 59, 86
Terbium 210, 255
Tetraederlücke 205
Tetraiodokomplex 208
Tetramesityldisilen 132
Tetraschwefeltetranitrid 151
Thallium 65, 78

Thermitverfahren 225
Thermochromie 208
Thionylchlorid 145
Thionyltetrafluorid 145
Thioschwefelsäure 150
Thomasmehl 262
Thorium 257
– Reihe 8
Thortveitit 209
Thulium 255
Titan 213
– bromid 215
– chlorid 214
– fluorid 215
– Gruppe 213
– hydroxid 216
– iodid 215
– organyle 216
– oxidsulfat 215
– trichlorid 216
– Verbindungen 214
– weiß 215
Titanometrie 215
Titanylsulfat 215
Ton 75
Tonerde 74
–, essigsaure 77
Topas 83
Transportreaktion 186, 214, 231, 232
Transuran 257
Treibarbeit 199
Trichloramin 116
Tridymit 94
Trithiazolium-Kation 152
Tritium 7, 33, 36
Trockenbatterie 237
Trockenmittel 43, 45, 59, 62, 95, 119, 148
Turmalin 259
Turnbulls-Blau 247

Übergangselement 17, 24, 187
Umbra 248
Uran 257
– hexafluorid 258
– pecherz 258
– Reihe 8
Uraninit 258
Uranylion 258

Valenzelektron 22, 25
Valenzelektronenkonfiguration 25
van Arkel/de Boer-Verfahren 186, 214
Van der Waals-Kräfte 86, 179, 226
Vanadat 222
Vanadin 219
Vanadinit 220
Vanadium 219
– Gruppe 219
– oxid 148
– pentoxid 221
– Verbindungen 220
Vaterit 59
Verbreitung der Elemente 2
Verchromen 236
Vitamin B12 250

Wasser 137
– entsalzung 58
– gas 31
– glas 93
– molekül 137
– mörtel 61
Wasserhärte 58ff
–, bleibende 58
–, permanente 58
–, temporäre 59
Wasserstoff 8, 31ff
– atom 3
– atomarer 8, 33
– isotope 33
– peroxid 139
–, physikalische Eigenschaften des 6
– speicher 35
– spektrum 9
– Verbindungen 34
– überspannung 34
Weicheisen 243
Weichlot 98
Weißbleierz 100
Weißgold 201
Weißspießglanz 128
Widia 89
– metall 231
Windfrischverfahren 244
Wismut 130
Witherit 61
Wolfram 231
– blau 233
– bronze 233

– carbid (WC) 231
– hexachlorid 233
– ocker 231, 232
– Verbindungen 232
Wolframat 232
Wolframit 231
Woodsches Metall 130, 205
Wurtzit 205

Xenon 179
– chlorid 181
– fluoride 182
– oxide 182
– oxidfluoride 183
Xenotim 210

Ytterbium 210, 255
Yttererde 210
Yttrium 210

Zement 61
– kupfer 196
Zementation 196
Zeolith 93
Zerfallsreihe
–, radioaktive 8
Ziegler-Katalysator 77, 216
Zink 204
– blech 204
– blende 141, 204, 205, 248
– Gruppe 203
– hydroxid 204
– organyle 205
– sulfat 205
– sulfid 205
– Verbindungen 204
– weiß 204
Zinn 97
– asche 99
– butter 99
– dichlorid 98
– dioxid 99
– disulfid 99
– hydroxid 98
– kies 97
– oxid 204
– salz 98
– sulfid 99
– stein 97, 99
– tetrachlorid 99

– Verbindungen 98
Zinnober 204, 208
Zirconium 216
– dioxid 217
– tetrafluorid 217

Zirconylchlorid 217
Zirkon 48, 93, 216, 217
Zirkonit 216
Zonenschmelzen 186
Zuschlag 242

The manufacturer's authorised representative in the EU is Springer Nature Customer Service Centre GmbH, Europaplatz 3, 69115 Heidelberg, Germany. If you have any concerns regarding our products, please contact ProductSafety@springernature.com

Printed and bound by CPI Group (UK) Ltd, Croydon, CR0 4YY

23/03/2026

02076652-0001